计算机辅助制图

Computer Aided Design

主　编　徐　杰　金　良
副主编　陈图南　周春生　赵盼盼

 经济管理出版社
ECONOMY & MANAGEMENT PUBLISHING HOUSE

图书在版编目（CIP）数据

计算机辅助制图/徐杰，金良主编. —北京：经济管理出版社，2017.7

ISBN 978-7-5096-5248-0

Ⅰ . ①计⋯ Ⅱ . ①徐⋯ ②金⋯ Ⅲ . ①计算机制图—AutoCAD 软件 Ⅳ . ①TP391.72

中国版本图书馆 CIP 数据核字（2017）第 168919 号

组稿编辑：王光艳

责任编辑：许　兵

责任印制：黄章平

责任校对：赵天宇

出版发行：经济管理出版社

　　　　　（北京市海淀区北蜂窝 8 号中雅大厦 A 座 11 层　100038）

网　　址：www. E-mp. com. cn

电　　话：（010）51915602

印　　刷：玉田县昊达印刷有限公司

经　　销：新华书店

开　　本：787mm×1092mm/16

印　　张：25.25

字　　数：515 千字

版　　次：2018 年 1 月第 1 版　2018 年 1 月第 1 次印刷

书　　号：ISBN 978-7-5096-5248-0

定　　价：68.00 元

前　言

Computer Aided Design（CAD）技术，是计算机技术的一个重要分支。在众多以CAD技术作为支撑的软件平台中，全球知名的软件供应商 Autodesk 公司出品的 Auto CAD 无疑是其中的佼佼者。Auto CAD 是由美国 Autodesk 公司开发的计算机辅助绘图软件包。该软件拥有强大的二维、三维绘图功能，灵活方便的编辑修改功能，规范的文件管理功能，人性化的界面设计等优点。由于 Auto CAD 具有易于掌握、使用方便及体系结构开放等特点，深受广大工程技术人员的喜爱。自 1982 年问世以来，经过多年的发展，Auto CAD 已经进行了近 20 次升级，其功能逐渐增强，且日趋完善，Auto CAD 已成为目前全球应用最广的 CAD 软件，市场占有率在同类软件中稳居世界第一。如今，Auto CAD 已广泛应用于包括城市规划、机械、建筑、电子、航天、造船、石油化工、土木工程、冶金、农业、气象、纺织和轻工业等领域，并取得了丰硕的成果和巨大的经济效益。就城市规划领域而言，在 20 世纪 80 年代中期至末期，国内一些知名的城市规划设计院开始使用 Auto CAD 作为规划设计的工具。由于 Auto CAD 在绘制城市图形要素时具有操作简便、定位准确、快速高效等特点，至 20 世纪 90 年代初，Auto CAD 的普及率明显提高，国内大多数的规划设计院均以其作为主要的规划设计工具。由于规划设计成果在计算机里完成，图板逐渐淡出了规划设计人员的视野。与此同时，受规划设计院广泛使用 Auto CAD 这一现实的推动，建设、规划管理职能部门也纷纷使用 Auto CAD，以便能充分利用规划设计成果，有效地实施城市规划管理和监督等职能。自 20 世纪 80 年代末以来，熟练使用 Auto CAD 作为一项基本的计算机技能逐渐引入到高等院校规划设计相关专业课堂里，被纳入相关专业的培养方案中。从几十年的实践中可以看出，Auto CAD 在规划设计领域发挥着极其重要的辅助设计作用。

本书旨在为开设"计算机辅助制图"课程的专业提供一本参考的专业技术图书。全书共十三章：第一章至第十章为基础理论。其中，第一章介绍 Auto CAD 2007 基础知识；第二章介绍二维图形绘制；第三章介绍二维图形编辑；第四章介绍精确绘图的辅助工具；第五章介绍图层设置与对象特性管理；第六章介绍文字与表格；第七章介绍创建图块与编辑图块；第八章介绍尺寸标注；第九章介绍面域与图案填充；第十章介绍图纸输出、打印与发布图形。第十一章至第十三章为综合应用实践，结合了不同的应用方向。其中，第十一章介绍建筑平面图，第十二章介绍 Auto（A1）与地形图的准备，第十三章介绍总图绘制。

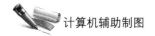

本书适于作为高等院校人文地理与城乡规划、土地资源管理等相关专业的参考书籍。本书由徐杰、金良任主编，陈图南、周春生、赵盼盼任副主编，参加编写的有吴海珍、王慧、魏晓宇、敖日格乐毕力格、张海庆和孙兴辉等。

值此书完稿之际，心情激动，犹存感激！感谢学院领导的大力协助！感谢林思瑾同学、那木汗同学的无私帮助！在本书编写过程中，得到了黑龙江农垦建筑设计院陈图南高级工程师的真诚帮助，在此深表谢意！

由于时间仓促及笔者水平有限，错误和缺点在所难免，敬请读者批评指正。

编　者

2017 年 2 月

目　录

第一章　Auto CAD 2007 基础知识 ·· 001

第一节　Auto CAD 2007 简介 ·· 001

　一、Auto CAD 发展概述 ··· 001

　二、计算机辅助制图的特点 ··· 002

第二节　Auto CAD 2007 的安装、启动和退出 ··············· 003

　一、Auto CAD 2007 的系统要求 ···································· 003

　二、安装和启动 Auto CAD 2007 ···································· 003

　三、退出 Auto CAD 2007 ··· 003

第三节　Auto CAD 2007 用户界面介绍 ·························· 004

　一、标题栏 ··· 005

　二、绘图区 ··· 005

　三、下拉菜单、快捷菜单和键盘快捷键 ························ 006

　四、工具栏 ··· 009

　五、命令行和文本窗口 ··· 009

　六、状态栏 ··· 010

　七、模型选项卡/布局选项卡 ·· 011

　八、帮助 ·· 011

第四节　管理图形文件 ·· 011

　一、建立新图形文件 ··· 011

　二、打开图形文件 ··· 012

　三、保存图形文件 ··· 013

　四、换名保存图形文件 ··· 014

第五节　Auto CAD 2007 基本操作 ································· 014

　一、绘制同心圆 ·· 014

　二、命令的调用 ·· 015

习题 ·· 017

第二章　二维图形绘制 ………………………………………………… 019

第一节　Auto CAD 坐标系 ………………………………………… 019
一、世界坐标系 WCS …………………………………………… 020
二、用户坐标系 UCS …………………………………………… 020
第二节　坐标输入方式 ……………………………………………… 020
一、笛卡尔坐标系和极坐标系 ………………………………… 021
二、绝对坐标和相对坐标 ……………………………………… 022
第三节　二维图形绘制的基本工具 ……………………………… 023
一、点（Point） ………………………………………………… 024
二、直线（Line） ……………………………………………… 027
三、多段线（Pline） …………………………………………… 029
四、矩形（Rectang） …………………………………………… 031
五、正多边形（Polygon） ……………………………………… 033
六、圆（Circle） ………………………………………………… 035
七、圆弧（Arc） ………………………………………………… 037
八、椭圆和椭圆弧（Ellipse） ………………………………… 040
九、圆环（Donut） ……………………………………………… 043
十、样条曲线（Spline） ………………………………………… 044
十一、云线（Revcloud） ……………………………………… 045
十二、构造线（Xline） ………………………………………… 046
十三、射线（Ray） ……………………………………………… 046
十四、多线（Mline） …………………………………………… 047
第四节　二维绘制实例 ……………………………………………… 055
一、绘制风玫瑰 ………………………………………………… 055
二、正六边形绘制 ……………………………………………… 059
习题 …………………………………………………………………… 060

第三章　二维图形编辑 ………………………………………………… 061

第一节　图元要素选择 ……………………………………………… 062
一、激活命令前的目标选择 …………………………………… 062
二、"选择对象"命令解释 ……………………………………… 068
第二节　夹点编辑模式 ……………………………………………… 069
一、激活夹点编辑模式 ………………………………………… 069
二、使用自动编辑模式 ………………………………………… 070

第二节　视图工具 ……………………………………………………… 074

　　一、视图平移和视图缩放 ………………………………………… 074

　　二、视图管理操作 ………………………………………………… 076

第四节　基本编辑命令 …………………………………………………… 081

　　一、删除（Erase）………………………………………………… 082

　　二、复制（Copy）………………………………………………… 082

　　三、镜像（Mirror）……………………………………………… 083

　　四、偏移（Offset）……………………………………………… 083

　　五、阵列（Array）……………………………………………… 086

　　六、移动（Move）……………………………………………… 089

　　七、旋转（Rotate）……………………………………………… 090

　　八、缩放（Scale）……………………………………………… 091

　　九、拉伸（Stretch）……………………………………………… 092

　　十、修剪（Trim）………………………………………………… 093

　　十一、延伸（Extend）…………………………………………… 094

　　十二、打断（Break）……………………………………………… 096

　　十三、合并（Join）……………………………………………… 098

　　十四、倒角（Chamfer）………………………………………… 099

　　十五、倒圆角（Fillet）…………………………………………… 101

　　十六、分解（Explode）………………………………………… 103

第五节　综合实例 ………………………………………………………… 104

　　一、种植迷宫绘制 ………………………………………………… 104

　　二、商业建筑屋顶平面图 ………………………………………… 109

　　三、小区组团平面图绘制 ………………………………………… 113

　　四、绘制学生宿舍立面图 ………………………………………… 115

习题 ………………………………………………………………………… 120

第四章　精确绘图的辅助工具 …………………………………………… 123

第一节　捕捉和栅格 ……………………………………………………… 124

　　一、栅格 …………………………………………………………… 124

　　二、捕捉 …………………………………………………………… 125

　　三、利用"草图设置"对话框设置捕捉和栅格 ………………… 126

第二节　正交 ……………………………………………………………… 128

第三节　对象捕捉 ………………………………………………………… 128

　　一、对象捕捉概述 ………………………………………………… 128

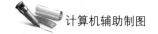

二、单点对象捕捉方式 …………………………………… 129

三、固定对象捕捉方式 …………………………………… 132

第四节　追踪功能 …………………………………………… 134

一、极轴追踪 ……………………………………………… 134

二、对象捕捉追踪 ………………………………………… 137

第五节　动态输入 …………………………………………… 139

一、动态输入概念 ………………………………………… 139

二、动态输入设置 ………………………………………… 140

习题 ………………………………………………………… 144

第五章　图层设置与对象特性管理 ………………………… 145

第一节　设置绘图单位和界限 ……………………………… 146

一、设置绘图单位 ………………………………………… 146

二、设置绘图界限 ………………………………………… 147

第二节　设置对象显示特性 ………………………………… 148

一、设定线型命令 ………………………………………… 148

二、设定线型比例 ………………………………………… 149

三、设定线宽 ……………………………………………… 150

四、设定颜色 ……………………………………………… 151

第三节　图层设置 …………………………………………… 152

一、图层的概念 …………………………………………… 152

二、图层的设置与管理 …………………………………… 154

三、使用"设计中心"跨文件复制图层 ………………… 157

第四节　使用"图层"工具栏和"对象特性"工具栏进行设置 … 159

一、设置当前图层和控制图层开关 ……………………… 159

二、设置当前对象的颜色、线型和线宽 ………………… 160

第五节　对象特性的修改 …………………………………… 160

一、特性工具栏 …………………………………………… 161

二、样式工具栏 …………………………………………… 161

三、特性选项板 …………………………………………… 161

习题 ………………………………………………………… 162

第六章　文字与表格 ………………………………………… 165

第一节　创建文本样式 ……………………………………… 166

一、新建文字样式 ………………………………………… 166

二、制图文字标准 ………………………………………………… 169

第二节　创建单行文字 …………………………………………………… 169

一、创建单行文字 ………………………………………………… 170

二、编辑单行文字 ………………………………………………… 172

三、特殊符号与软键盘 …………………………………………… 176

四、单行文字创建实例 …………………………………………… 176

第三节　创建多行文字 …………………………………………………… 179

一、多行文字命令激活方式 ……………………………………… 180

二、创建多行文字 ………………………………………………… 180

三、编辑多行文字 ………………………………………………… 185

四、多行文字创建技术说明文字 ………………………………… 186

第四节　表格 ……………………………………………………………… 187

一、表格样式创建 ………………………………………………… 188

二、创建表格 ……………………………………………………… 191

习题 ………………………………………………………………………… 195

第七章　创建图块与编辑图块 ………………………………………………… 197

第一节　创建图块 ………………………………………………………… 197

一、图块的概念和分类 …………………………………………… 197

二、图块的优点 …………………………………………………… 198

三、图块与图形文件和图层的关系 ……………………………… 199

四、创建块 ………………………………………………………… 199

五、写块 …………………………………………………………… 203

第二节　插入块 …………………………………………………………… 205

一、单一块插入 …………………………………………………… 205

二、利用拖动方式插入图形文件 ………………………………… 207

三、块的插入基点设置 …………………………………………… 207

第三节　块的编辑 ………………………………………………………… 208

第四节　创建属性定义 …………………………………………………… 208

一、属性的基本概念、特点 ……………………………………… 208

二、创建属性定义 ………………………………………………… 209

第五节　修改属性定义、属性显示控制 ………………………………… 217

一、属性定义修改 ………………………………………………… 217

二、属性显示控制（Attdisp） …………………………………… 218

习题 ………………………………………………………………………… 219

第八章　尺寸标注 ··· 221

　第一节　尺寸标注概述 ······································· 222
　　一、尺寸标注构成 ··· 222
　　二、尺寸标注标准 ··· 223
　第二节　创建尺寸标注样式 ··································· 228
　　一、创建尺寸标注样式 ····································· 229
　　二、创建尺寸标注的基本步骤 ······························· 241
　　三、创建建筑制图尺寸标注样式 ····························· 242
　　四、不同绘图比例图纸的尺寸标注 ··························· 245
　第三节　常用标注创建 ······································· 246
　　一、线性尺寸标注 ··· 247
　　二、对齐尺寸标注 ··· 249
　　三、基线尺寸标注 ··· 250
　　四、连续尺寸标注 ··· 251
　　五、半径尺寸标注 ··· 252
　　六、直径尺寸标注 ··· 253
　　七、折弯标注 ··· 254
　　八、引线标注 ··· 255
　　九、坐标标注 ··· 258
　　十、圆心标注 ··· 259
　　十一、角度标注 ··· 260
　第四节　尺寸标注编辑 ······································· 262
　　一、编辑标注（Dimedit） ·································· 263
　　二、编辑标注文字（Dimtedit） ···························· 263
　　三、标注替代（Dimoverride） ····························· 264
　　四、标注文字 ··· 265
　　五、夹点编辑 ··· 265
　习题 ··· 266

第九章　面域与图案填充 ··· 269

　第一节　面域（Region） ····································· 270
　　一、创建面域 ··· 270
　　二、面域的布尔运算 ······································· 270
　　三、从面域中提取数据 ····································· 271

第二节　图案填充（Hatch）·· 271

　　一、创建图案填充 ·· 272

　　二、创建渐变色填充（Gradient）·· 279

　　三、编辑填充图案（Hatchedit）·· 280

习题 ··· 281

第十章　图纸输出、打印与发布图形 ·· 285

第一节　图形的输入与输出 ·· 286

　　一、导入图形 ··· 286

　　二、插入 OLE 对象 ··· 286

　　三、输出图形 ··· 286

第二节　在模型空间与图形空间之间切换 ······································ 287

第三节　创建和管理布局 ··· 287

　　一、使用布局向导创建布局 ··· 287

　　二、管理布局 ··· 287

　　三、布局的页面设置 ·· 288

第四节　使用浮动视口 ·· 288

　　一、删除、新建和调整浮动视口 ·· 288

　　二、相对图纸空间比例缩放视图 ·· 288

第五节　打印图形 ·· 289

　　一、打印预览 ··· 289

　　二、图形输出 ··· 289

第六节　发布 DWF 文件 ·· 294

　　一、输出 DWF 文件 ·· 294

　　二、在外部浏览器中浏览 DWF 文件 ······································· 295

　　三、将图形发布到 Web 页 ·· 295

习题 ··· 295

第十一章　建筑平面图 ·· 297

第一节　概述 ··· 297

第二节　创建 A2 样板图 ·· 298

第三节　绘制建筑平面图 ··· 302

　　一、创建底层平面图 ·· 302

　　二、二层平面图绘制 ·· 330

　　三、绘制屋顶平面图 ·· 339

习题 …………………………………………………………………………… 350

第十二章 Auto CAD 与规划地形图的准备 …………………………… 355

第一节 地形图的基本知识 ………………………………………………… 355

一、地形图的比例尺 …………………………………………………… 356

二、地形图的图名、图号和图廓 …………………………………… 357

第二节 Auto CAD 中的地形图处理 …………………………………… 359

第三节 高程分析图的绘制 ………………………………………………… 362

第四节 坡度分析图的绘制 ………………………………………………… 363

习题 …………………………………………………………………………… 364

第十三章 总图绘制 ……………………………………………………… 365

第一节 总图概述 …………………………………………………………… 365

一、总平面图的内容 …………………………………………………… 365

二、总图的绘制步骤 …………………………………………………… 366

第二节 绘制实例 …………………………………………………………… 367

一、创建 A2 图幅 ……………………………………………………… 367

二、设置图层 …………………………………………………………… 370

三、创建图例 …………………………………………………………… 373

习题 …………………………………………………………………………… 388

参考文献 ………………………………………………………………… 389

第一章 Auto CAD 2007 基础知识

教学目标

通过本章的学习，应掌握 Auto CAD 2007 的基本功能；熟悉经典操作界面组成；掌握图形文件的创建、打开和保存方法；了解 Auto CAD 命令的调用方法。

教学重点和教学难点

1. 了解 Auto CAD 2007 的基本功能是本章教学重点
2. 掌握图形文件的创建、打开和保存方法是本章教学重点
3. 熟悉命令的调用方法是本章教学重点和教学难点

本章知识点

1. Auto CAD 的基本功能
2. Auto CAD 2007 的经典界面组成
3. 图形文件管理

第一节 Auto CAD 2007 简介

一、Auto CAD 发展概述

Auto CAD 是由 USA Autodesk 公司开发的计算机辅助设计软件（Computer Aided Design），目前版本有 R14 版、2000 版、2002 版、2004 版、2006 版、2007 版、2008 版、2009 版、2010 版、2011 版、2012 版、2013 版、2014 版、2015 版、2016 版、

2017 版等。它是对几何图形和工程对象进行表达、分析、编辑、保存和交流的一种技术方法。Auto CAD 具有强大的二维设计功能和较强的三维几何建模及编辑功能，可以绘制任意二维和三维的图形，同传统的手工绘图相比，用它绘图速度更快，精度更高，且便于修改，并已在建筑、机械、航空航天、造船、电子、化工、轻纺等很多领域得到了广泛的应用，并取得了丰硕的成果和巨大的经济效益。目前，Auto CAD 软件广泛应用在城市规划、航空航天、机械、电子、建筑、服装等设计领域，在国内外拥有众多用户。自 1982 年问世以来，经过不断的升级改进，其功能也日趋完善，已经成为工程设计领域应用最为广泛的计算机辅助绘图与设计软件之一。

二、计算机辅助制图的特点

使用计算机辅助绘图与手工绘图的目的相同，都是为了将设计师的设计意图准确、清晰地表达和展现出来。在当前的信息化社会中，各类规划设计图纸最终都要以数字化的形式来保存。将数字化的图形分专题、分层次建立相应的数据库，大大提高了工作效率。这样既便于管理部门对设计方案的保存，又便于工作人员的查询和检索。与传统的手工绘图相比较，计算机绘图具有以下特点。

1. 精确美观

手工绘制的图形与计算机所绘制的图形相比，自然是后者更为精确。手工制图总是会出现这样或者那样的误差，在比例较大的图纸上，细微的差距可能就是现实中的十几公里。当然，计算机制图也是由人来操作绘制的，所以就要求绘图人员必须有谨慎、认真的工作态度。

传统的手工绘图需要先使用铅笔绘制一遍草稿线，再用针管笔或其他类型的笔上一遍墨线。为了绘制粗细不同的线型，有时还需要多上几遍墨线。这样手工上线经常会在线条的起始处出现较粗的线头，或者线条粗细不一，甚至还会因为修改使图形模糊不清。使用计算机制图就完全没有这些问题了，清晰、精确的图纸，看上去也比较美观。

2. 高效率

作图迅速是工作中的一大优势，但首先要能保证质量，使用 Auto CAD 可以两者兼得。虽然某些对象用手工绘制可能更快，但修改起来用 Auto CAD 却要快得多。绘图过程中的移动、复制操作在手工绘图中是无法实现的。如果需要制定间距进行复制，还可以使用阵列命令，迅速复制出大量整齐的图形，这一点手工制图虽然能够做到，但是需要花费大量的时间。使用计算机辅助制图相比传统手工绘图，效率更高，可以将设计师从绘制大量重复性的绘图工作中解放出来。

3. 高度统一

作图中的一致性是集体作业中所要考虑的重要问题，不只是针对自己的图，而是针对整个集体的图。采用 Auto CAD，团体中每个成员的文字标注都能够统一起来，其他重要绘图因素，例如线宽、线型与字体标准，使用计算机辅助制图很容易控制。

4.易于保存和发送

将年代久远、濒临破损的陈旧图纸数字化来取代原件，可以防止重要的文件流失，可以使图纸保存得更为方便，更为长久。在实际工作中往往会遇到跨地域办公，要将图纸送交其他部门或者其他公司传阅，这时收发图形文件的部门或公司可以直接通过局域网或者互联网进行传输，不但方便快捷，而且还节省了人力、物力。

第二节　Auto CAD 2007 的安装、启动和退出

一、Auto CAD 2007 的系统要求

Auto CAD 2007 对计算机硬件的要求不太高，主要硬件要求如下：PentuimⅣ 800 MHz 以上的 CPU；内存 512MB；硬盘容量 750MB；CRT 或液晶显示器，屏幕分辨率 1024×768，显示器尺寸最好 17 英寸以上；配置三键鼠标、网卡，可以接入 Internet。

Auto CAD 2007 对计算机软件运行环境如下：操作系统使用 Windows XP/ Windows 2000 Service；Web 浏览器使用 Microsoft Internet Explorer 6.0 以上版本。

二、安装和启动 Auto CAD 2007

1.安装 Auto CAD 2007

打开安装或者将安装光盘内容复制到某个硬盘目录中，然后双击 Setup.exe 运行安装程序，稍等片刻，出现一个安装界面，在"安装"选项卡中，选择"单机安装"。Auto CAD 2007 的安装比较容易，先进行安装设置，然后完成程序的安装。

2.Auto CAD 2007 的启动

Auto CAD 2007 的启动方法有 3 种（以 Windows 7 系统为例）：

（1）单击屏幕左下角"开始"｜"所有程序"｜"Autodesk"｜"Auto CAD 2007– simplified Chinese"｜"Auto CAD 2007"，如图 1–1 所示。

（2）点击桌面上的快捷方式图标，双击"Auto CAD 2007– simplified Chinese"图标，如图 1–2 所示。

（3）双击一个任意扩展名为 dwg 的文件，系统会自动启动 Auto CAD 2007 软件，如图 1–3 所示。

选择其中一个方法，进入到如图 1–4 所示的 Auto CAD 2007 的用户界面。

三、退出 Auto CAD 2007

要退出 Auto CAD 2007，有以下 3 种方法。

图 1-1 从"开始"菜单启动软件

图 1-2 快捷方式

建筑屋顶

图 1-3 双击图形文件

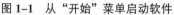

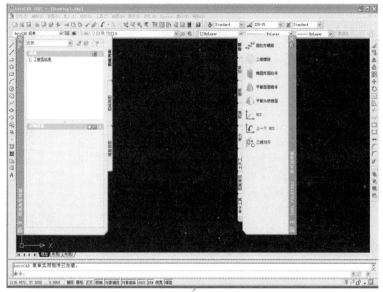

图 1-4 Auto CAD 2007 的用户界面

其一，在 Auto CAD 2007 主界面窗口的标题栏上，单击"关闭"按钮 ⬛ 。

其二，在"文件（F）"下拉菜单中单击"退出（X）"选项。

其三，在命令行，输入"Exit"或"Quit"，然后按回车（Enter）键。

第三节 Auto CAD 2007 用户界面介绍

Auto CAD 2007 为用户提供"三维建模"和"Auto CAD 经典"两种工作空间模式。用户可以根据自己的习惯和需要选择合适的工作空间模式。对于习惯 Auto CAD 传统界面的用户，可以采用"Auto CAD 经典"工作空间模式，如图 1-5 所示。

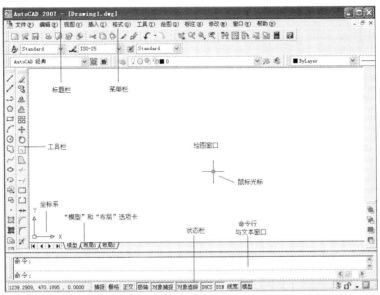

图 1-5　"Auto CAD 经典"工作空间

"Auto CAD 经典"工作空间界面主要由标题栏、工具栏、菜单栏、绘图窗口、命令行与文本窗口、状态栏等部分组成。

一、标题栏

标题栏位于应用程序窗口的最上方，用于显示当前正在运行的程序名及文件名等信息。

单击标题栏右端的 ▬▭☒ 按钮可以进行窗口的最小化、最大化或关闭应用程序窗口。标题栏最左边是图标，单击它会弹出一个下拉菜单，可以执行窗口的最小化、最大化、恢复窗口、移动窗口、关闭 Auto CAD 2007 等操作。

二、绘图区

绘图区又称绘图窗口，它是用户绘图的工作区域，用户所做的一切工作，如绘制图形、标注尺寸、输入文本等都要反映在该窗口，可以把绘图区域理解为一张可大可小的图纸，由于可以设置图层（图层的概念和作用请参考本书相关章节），其实绘图区域还可以理解为透明的多张图纸重叠在一起。用户可以根据需要关闭某些工具栏，以增大绘图空间。

在绘图区中，左下角有个坐标系图标，如图 1-6 所示，用于显示当前坐标系的位置和坐标方向，如坐标系原点，X 轴、Y 轴、Z 轴正向（二维绘图中，不涉及 Z 轴值）。Auto CAD 2007 默认的是一个笛卡尔坐标系，即世界坐标系（World Coordinate System，WCS）。坐标系图标的显示与否以及显示状态可以通过在命令行输入命令"UCSICON"来控制。也可以通过菜单栏执行这一命令，如点击菜单"视图（V）"|"显示（O）…"

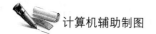

图 1-6 "Auto CAD 经典"工作界面

｜"UCS 图标（U）"｜"□开（O）"，默认情况下 处于勾选状态，如若关闭坐标系的图标显示，则把勾选符号 去掉即可。

在绘图区中还有一个鼠标光标，鼠标光标会根据使用状态改变形状，十字光标在绘图区域用于指定点或者选择对象。通常情况下，光标是一个十字线并且在十字线中心有一个小方框，十字线的交点是光标的实际位置。

在使用绘图命令时，例如绘制圆 "Circle" 命令，确定圆心后，还需要给出圆上一点（即确定圆的半径）。如果没有打开对象捕捉功能，则光标仅仅显示"+"字线；如果打开对象捕捉功能，则光标显示十字线和方框，此时的方框成为靶框（TARGET BOX），其大小决定了对象捕捉的有效范围。如果使用的是编辑命令，修改已经绘制的对象，如删除 "Erase" 命令，光标的十字线会消失，只留下小方框，此时可以用方框选择要删除的对象，这时的方框成为拾取框（PICK BOX），用来选择对象；也可以按下鼠标左键，拖动鼠标，弹出一个矩形框来选择对象。如果将鼠标光标移出绘图区，光标将变为箭头，此时可以从工具栏或菜单栏中选择要执行的命令选项。如果将鼠标光标移到命令行区域，光标将变为"I"形状，此时可以输入命令。

三、下拉菜单、快捷菜单和键盘快捷键

1. 下拉菜单

下拉菜单栏的功能非常强大，几乎可以包含所有 Auto CAD 2007 的功能和操作命令。主要由"文件（F）""编辑（E）""视图（V）""插入（I）""格式（O）""工具（T）""绘图（D）""标注（N）""修改（M）""窗口（W）"和"帮助（H）"菜单组成。单击一个菜单选项，如"绘图（D）"，系统将弹出如图 1-7 所示的对应下拉菜单，菜单中的命

令类型有 3 种。

（1）单击直接执行的命令。如单击"直线（L）"，直接执行绘制直线的命令。

（2）命令后还含有下级命令。如果命令后面跟有"▶"，表示该命令下面还有下级命令。如单击"圆（C）"，会弹出如图 1-7 所示的 6 种绘制圆的菜单项。

（3）命令后跟有"…"。如果命令后跟有"…"，表示单击此命令后，执行后出现一个对话框。如图 1-7 所示，单击"图案填充（H）…"，就会弹出如图 1-8 所示的"图案填充和渐变色"对话框。

图 1-7　菜单中命令的不同类型

图 1-8　"图案填充和渐变色"对话框

2. 快捷菜单

快捷菜单又称为上下文相关菜单。在绘图窗口、工具栏、状态栏、"模型"选项卡以及一些对话框上单击鼠标右键，将会弹出一个快捷菜单，该菜单中的命令与系统的当前状态有关，显示的内容根据状态不同而不同。使用它们可以在不启动菜单栏的情况下快速、高效地进行操作，如图 1-9、图 1-10 和图 1-11 所示。

图 1-9　快捷菜单 1

图 1-10　快捷菜单 2

图 1-11　快捷菜单 3

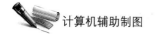

3. 键盘快捷键

键盘快捷键用于自定义按键组合指定命令。只有在按键后，临时替代键才会执行命令或修改设置。

用户可以在"特性"窗口中为选定命令创建和编辑键盘快捷键。可以从此窗口的"快捷键"视图、"可用于自定义设置位于"窗口的树状图或"命令列表"窗口中为键盘快捷键选择一个命令。

要创建新的临时替代键，请在树状图中任意一个键盘快捷键节点上单击鼠标右键。要编辑临时替代键，请再次在窗口的"快捷键"视图、"可用于自定义设置位于"窗口的树状图或"命令列表"窗口中选择相应键。

建立快捷键的步骤：

（1）单击"工具（T）"菜单｜"自定义（C）"｜"界面（I）"。

（2）如图 1-12 所示，在"所有自定义文件"窗口中，单击"键盘快捷键"。

图 1-12 自定义用户界面

（3）在"快捷键"窗口中，过滤要打印的键盘快捷键的类型和状态。在"类型"下拉列表中，选择要在列表中显示的键盘快捷键的类型。选项包括"所有键""加速键"或"临时替代键"。在"状态"列表中，选择列表中显示的键盘快捷键的状态。选项包括"全部""活动""不活动"和"未指定"。

（4）在"快捷键"窗口中，单击"打印"，把已经定义好的快捷键打印保存。例如，保存文件的快捷键是 CTRL+S，创建新图形的快捷键是 CTRL+N，等等。

四、工具栏

在 Auto CAD 2007 调用命令最常用，也是最快捷方便的方法，通过工具栏，单击工具栏上的命令按钮，即可执行相应的命令。在 Auto CAD 2007 中，系统已经提供了 20 多个已命名的工具栏。在系统默认情况下，"标准""图层""工作空间""特性""样式""绘图""修改"和"绘图次序"的工具栏处于打开状态。可以拖曳其工具栏，使其处于如图 1-13 所示状态。这些工具栏都是处于浮动状态的，可以根据需要设置将其显示或隐藏。

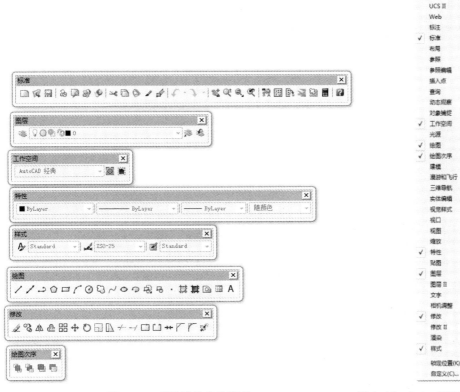

图 1-13　系统默认启动菜单　　　　　图 1-14　Auto CAD 隐藏工具栏

如果要显示隐藏的工具栏，可以在工具栏任意处单击鼠标右键，系统会弹出一个快捷菜单，如图 1-14 所示，在相应的菜单选项打上"√"即可显示隐藏的工具栏。相反，如果要隐藏某一个工具栏，在相应的菜单选项去掉"√"即可。

五、命令行和文本窗口

1. 命令行

"命令行"窗口位于绘图窗口与状态栏之间，用于接收用户输入的命令，并提供

Auto CAD 2007 的提示信息。默认情况下命令行是一个固定的窗口，可以在当前命令行提示下输入命令、对象参数等内容。"命令行"窗口也是可以拖放的浮动窗口，如图 1-15 所示。此时"命令行"窗口可以拖放到其他位置上。

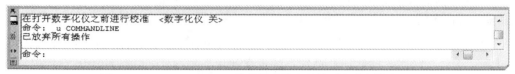

图 1-15　Auto CAD 2007 处于浮动状态下的"命令行"窗口

在"命令行"窗口中单击鼠标右键，会出现 Auto CAD 2007 的一个快捷菜单，如图 1-16 所示。通过它可以选择最近使用过的 6 个命令、复制选定的文字或全部命令历史记录、粘贴文字以及打开"选项"对话框。

图 1-16　"命令行"快捷方式

图 1-17　Auto CAD 2007 的文本窗口

在命令行中还可以使用 Backspace 或 Delete 键删除命令行中的文字，也可以选中命令历史，并执行"粘贴到命令行（T）"命令，将其粘贴到命令行中。

按组合键 CTRL+9 可以打开或关闭命令行。

2. 文本窗口

文本窗口是记录 Auto CAD 命令的窗口，是放大的"命令行"窗口，它记录了已经执行的命令，也可以用来输入新命令。在 Auto CAD 2007 中可以执行"视图（V）"｜"显示（L）"｜"文本窗口（T）"菜单命令，或执行 TEXTSCR 或按 F2 键打开或关闭文本窗口，如图 1-17 所示。

六、状态栏

状态栏如图 1-18 所示，主要用来显示 Auto CAD 2007 当前的状态，如当前光标的坐标、"捕捉""栅格""极轴""对象捕捉""对象追踪""DUCS""DYN""线宽"和"模型"等模式的开启或关闭状态以及按钮的说明等。

图 1-18　Auto CAD 2007 状态栏

七、模型选项卡/布局选项卡

一般情况下，在模型空间绘图，在图纸空间打印布局。

八、帮助

单击主菜单中的"帮助（H）"，打开 Auto CAD 2007 的帮助菜单项，如图 1-19 所示。

可以选择需要的项目进行操作，如图 1-20 所示是选择"帮助（H）"时出现的界面，在这个界面中可以进行"用户手册""命令参考"以及其他操作。

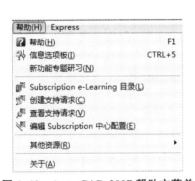

图 1-19　Auto CAD 2007 帮助主菜单

图 1-20　Auto CAD 2007 帮助选项

第四节　管理图形文件

一、建立新图形文件

开始创建一个新的图形文件，即绘制一张新图。

1. 命令激活方式

在 Auto CAD 2007 中调用命令的方法有三种：从命令行中输入英文调用、从菜单栏中调用、从工具栏中调用。建立新图形文件可以执行下列三种方法中的任意一种：

命令行：New。菜单栏："文件（F）"｜"新建（N）"。工具栏：单击工具栏上的

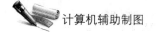

"新建"按钮□。

2. 操作步骤

命令调用后，屏幕上弹出如图 1-21 所示的"选择样板"对话框，在此对话框中将显示该样板的预览图像，单击"打开（O）"按钮，系统将选中的样板文件作为样板来创建新图形。

单击对话框右下角"打开（O）"按钮右侧的▼，系统会打开如图 1-22 所示的下拉菜单。菜单中各选项功能如下：

（1）"打开（O）"：新建一个由样板打开的绘本文件。

（2）"无样板打开——英制（I）"：新建一个英制的无样板打开的绘图文件。

（3）"无样板打开——公制（M）"：新建一个公制的无样板打开的绘图文件。

图 1-21　"选择样板"对话框　　　　图 1-22　"打开（O）"下拉菜单

二、打开图形文件

打开已经保存的图形文件，以便继续绘图或进行其他编辑操作。

［注意］打开图形文件时有文件版本的要求，也就是说文件在保存时，使用的是什么版本的 Auto CAD，保存时默认的就是当前软件的版本。Auto CAD 系统采用向下兼容的方法，即高版本的 Auto CAD 系统可以打开低版本的 Auto CAD 系统软件；反之，则不行。当现在使用的 Auto CAD 系统版本高时，如果要在低版本 Auto CAD 系统上使用时，可以在高版本的 Auto CAD 系统将文件打开，然后另存为低版本的文件，再到低版本 Auto CAD 系统上就可以打开进行编辑。

1. 命令激活方式

可以采用以下方法之一激活命令：

（1）命令行：Open。

（2）菜单栏："文件（F）"│"打开（O）"。

（3）工具栏：单击工具栏上的"打开"□按钮。

2. 操作步骤

命令调用后，屏幕上弹出如图 1-23 所示的"选择文件"对话框。在"选择文件"

对话框中可以浏览到文件存储的文件夹，然后在文件列表框中，选择需要打开的图形文件，双击图形文件或选择需要打开的文件后，然后单击对话框的"打开（O）"按钮即可。在选择需要打开的文件时，在右侧的"预览"框中将显示出对应的图形。

图 1–23　"选择文件"对话框　　　　　图 1–24　"图形另存为"对话框

三、保存图形文件

一个图形文件绘制完成或者绘制中途需要将图形文件保存起来，以防丢失给工作带来麻烦。

1. 命令激活方式

可以采用下列方法之一激活命令：

（1）命令行：Save。

（2）菜单栏："文件（F）"｜"保存（S）"。

（3）工具栏：单击工具栏上的"保存"　按钮。

2. 操作步骤

命令调用后，如果是第一次保存创建的图形，屏幕上会弹出如图 1–24 所示的"图形另存为"对话框。在对话框中，用户可以选择保存的路径，同时可以为图形文件命名，如果不重新命名，系统将会以默认的文件名（如 Drawing1.dwg）进行保存。默认情况下，文件以"Auto CAD 2007 图形（*.dwg）"格式保存，也可以在"文件类型（T）："下拉列表框中选择需要保存的其他版本或其他格式。如果不是第一次保存的图形文件，单击　按钮或"文件（F）"｜"保存（S）"，系统就自动以当前的文件名保存，同时覆盖以前的同名文件内容。

［注意］Auto CAD 2007 图形具有自动保存文件的功能，自动保存的文件扩展名是*.sv$。不过系统默认的保存时间太长，为 120 分钟自动保存一次，这样如果在 120 分钟内用户没有保存，系统出现严重问题或突然断电，用户的工作就会付诸东流。所以，需要将自动保存的时间修改为 10 分钟左右比较合适。

自动保存的间隔时间修改方法是"工具（T）"｜"选项（N）"，在对话框的"打开和保存"选项卡中，勾选"自动保存"，同时修改"保存间隔分钟数（M）"即可。也可以

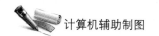

通过"SAVEFILEPATH"来设置自动保存文件的路径（存放目录），利用"SAVETIME"命令来设置自动保存的间隔时间。

如果用户需要使用自动保存的文件，需要将 *.sv$ 文件改名为 *.dwg 即可使用。

四、换名保存图形文件

有时用户需要在一个已经命令（改名）保存过的图形文件上创建新的内容，但是又不想影响原命名文件，这时可以用换名保存图形文件功能来实现。执行"文件(F)"|"另存为（A）"菜单命令，系统会打开如图 1-25 所示的对话框，重新命名保存即可，这时原来的文件依然存在。

图1-25 "图形另存为"对话框

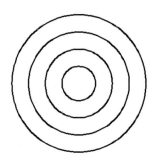

图1-26 同心圆绘制效果

［注意］利用换名保存文件功能，可以将现有文件保存为低版本的 Auto CAD 文件，或是 Auto CAD 其他格式文件。

第五节 Auto CAD 2007 基本操作

本节通过绘制一个简单的图形来介绍 Auto CAD 2007 基本操作，包括工作空间的设置、命令的调用、选择对象的常用方法、怎样选择对象、删除对象以及图形的缩放、移动、显示等操作。

一、绘制同心圆

绘制如图 1-26 所示的同心圆，半径分别为 50、100、150 和 200。绘图目的是通过绘制这个简单图形，熟悉 Auto CAD 2007 的基本操作方法。

首先绘制一个圆形。单击绘图工具栏中的绘制圆形按钮来启动圆命令，然后在绘图区单击鼠标左键确定圆心的位置，从键盘输入 200（确定圆的半径大小），完成如图

1-27 所示大圆形的绘制。再次绘制圆形，可以单击绘图工具栏中的绘制圆形按钮来启动圆命令，也可以按空格键或回车键启动圆命令（此步骤是重复绘制圆），拖动鼠标到半径为 200 的圆的圆周附近，当出现如图 1-28 所示的圆心标记时，表示已经捕捉到圆心位置，点击左键确定圆心，然后从键盘输入 150，完成第二个圆的绘制。利用同样方法，绘制半径为 100 和 50 的圆，最后完成同心圆的绘制。

图 1-27　绘制 R200 圆　　　　　　　　　　　　　　图 1-28　捕捉圆心

通过这个简单的同心圆绘图练习，掌握 Auto CAD 启动命令的方法，练习鼠标键入和键盘输入命令的基本操作，对象捕捉和重复命令的基本操作。

二、命令的调用

在 Auto CAD 2007 中，用户既可以通过菜单、工具条上的快捷键，也可以通过在命令行键入命令的方式来激活命令，最后一种方式在本书中也称命令行方式。由于 Auto CAD 环境中设置了键盘快捷键，熟练使用 Auto CAD 的用户往往用键盘输入，对他们来说命令输入方式的效率更高。

调用命令的方法主要有 4 种方法：

1. 菜单栏

通过单击菜单栏中的某一个菜单项，会弹出对应的下拉式菜单，再单击下拉式菜单中的某一选项，即可完成某种命令的调用。这里以直线命令为例，如单击"绘图（D）"｜"直线（L）"，即可完成直线命令的启动。

2. 工具栏

Auto CAD 2007 中，系统提供了 20 多个已命名的工具栏，点击相应工具栏的命令按钮可以完成命令的启动。点击绘图工具栏中"直线" 按钮，可以执行直线命令的启动。

3. 命令行

在命令行直接利用键盘输入命令的英文名称或英文缩写的名称。Auto CAD 中有些命令具有缩写的名称，成为命令别名，此时可以输入命令别名，以缩短输入时间。要在命令行使用键盘输入命令，在命令行中输入完整的命令名称，然后按 Enter 键或空格键。如启动直线命令，在命令行中输入 Line 或 L，按空格键或回车键执行直线命令。Auto CAD 命令不区分大小写的，如果输入错误，可以用退格键（Backspace）更正。

除键盘输入命令全称外，Auto CAD 接受快捷命令输入方式，包括命令快捷键、功

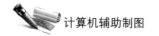

能键和控制键等。

（1）命令快捷键。命令快捷键是命令全称的缩写，也称别名，如上所述。几个常用的命令快捷键如表 1-1 所示。

表 1-1　部分常用命令快捷键

快捷键	命令全称	快捷键	命令全称	快捷键	命令全称
A	Arc	fi	Filter	pl	Pline
Ar	Array	h	Hatch	po	Point
B	Block	i	Insert	r	Redraw
Bo	Boundary	l	Line	ro	Rotate
Br	Break	la	Layer	s	Strech
C	Circle	li	List	t	Mtext
co 或 cp	Copy	m	Move	tr	Trim
Dt	Text	ml	Mline	v	View
E	Erase	o	Offset	x	Explode
F	Fillet	p	Pan	z	Zoom

（2）功能键。除了命令快捷键以外，Auto CAD 还定义了如表 1-2 所示的功能键。指键盘最上边的 Esc 键和 F1~F12 键统称为功能键。Esc 键用于强行中止或退出。F1~F12 键在运行不同的软件时，被定义不同的功能。

表 1-2　部分功能键一览

键盘	功能	键盘	功能
F1	调用帮助窗口	F8	正交开关
F2	打开文本窗口	F9	捕捉开关
F3	对象捕捉开关	F10	极轴开关
F4	数字化开关	F11	对象跟踪开关
F5	在同一模式下切换到下一个同轴平面，平面以旋转的方式（左、上、右，然后重复）被激活	Alt+F11	启动 Visual Basic 作为应用程序编辑器
F6	动态 UCS	Alt+F8	显示宏对话框
F7	栅格开关	Alt+F4	退出 Auto CAD

（3）控制键。控制键是指"Ctrl"键，按住"Ctrl"键后再按另一个键可完成某个特定的操作任务。使用过 Windows 系统用户对"Ctrl＋C"（复制），"Ctrl＋V"（粘贴）和"Ctrl＋Z"（取消最后一次操作）等操作一定很熟悉，这些操作在 Auto CAD 2007 中同样适用。在 Auto CAD 2007 中，用户可以使用的控制键如表 1-3 所示。

表 1-3　部分控制键一览表

控制键	功能	控制键	功能
Ctrl+A	选择所有图形对象	Ctrl+O	打开图像文件
Ctrl+B	栅格捕捉模式控制	Ctrl+P	打开打印对话框
Ctrl+C	将选择的对象复制到剪切板上	Ctrl+Q	将命令文本记录在一个日志
Ctrl+D	改变坐标显示模式	Ctrl+R	切换到下一个视图窗口
Ctrl+E	切换到下一个等轴平面	Ctrl+S	保存文件
Ctrl+F	控制是否实现对象自动捕捉	Ctrl+V	粘贴剪贴板上的内容
Ctrl+G	栅格显示模式控制	Ctrl+W	对象追踪式控制
Ctrl+H	命令行的 BackSpace	Ctrl+X	剪切所选择的内容
Ctrl+J	重复执行上一步命令	Ctrl+Y	重做
Ctrl+K	创建一个超级链接	Ctrl+Z	取消前一步的操作
Ctrl+N	新建图形文件	Ctrl+1	打开特性对话框
Ctrl+M	打开选项对话框	Ctrl+3	打开工具选项板

4. 命令的重复和撤销

在命令提示符下按回车键或空格键，可以重复上一次命令。若要撤销最近一次命令，可以键入 "u" 或 "undo" 命令，或者点击 ↶ 按钮，或者使用控制键 "Crtl+Z"。

某些命令会自动重复直到按 "Esc" 为止，如 "Point" 命令。要强制行使一条命令自动重复，可以在命令前输入 "multiple"，例如在命令提示符下键入 "multiple circle"，绘制圆命令将重复执行直到用户按 "Esc" 键将其强行中止。

☞ 习题

1. 练习启动 Auto CAD 2007 软件，熟悉软件的操作界面。
2. 练习使用从菜单栏、工具栏或键盘直接输入命令的方式绘制基本的二维图形。
3. 练习使用 Enter 键和 Backspace 键执行重复命令。
4. 练习使用功能键和控制键执行命令。

第二章 二维图形绘制

🖝 教学目标

1. 掌握二维图元的绘制方法
2. 掌握三种坐标输入的方式

🖝 教学重点和教学难点

1. 三种坐标输入的方式是本章教学重点
2. 二维图元的绘制是本章教学重点
3. 掌握创建二维图元的相关命令及其参数是本章教学难点

🖝 本章知识点

1. 世界坐标系、用户坐标系
2. 笛卡尔坐标系、极坐标系
3. 相对坐标、绝对坐标

大多数 CAD 绘图工作都包括最基本的二维图元，如点、线、圆、矩形等图形的绘制，而绘制这些基本图形的时候都需要通过坐标输入的方式来确定这些基本二维图元的位置。本章着重介绍二维图元的创建方法，要求掌握三种坐标输入的方式，了解常用二维图元的基本构成要素，熟悉创建二维图元的相关命令及其参数，并掌握二维图元的绘制技巧。

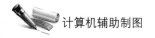

第一节　Auto CAD 坐标系

Auto CAD 采用世界坐标系（WCS）和用户坐标系（UCS）两种坐标系绘图。

一、世界坐标系 WCS

启动 Auto CAD 后或在 Auto CAD 中绘制新图时，Auto CAD 将自动处于如图 2-1 所示的世界坐标系中，它是 Auto CAD 默认的坐标系。该坐标系采用三维笛卡尔坐标确定点的位置，其坐标原点在绘图区左下角，X 坐标轴、Y 坐标轴、Z 坐标轴的正方向分别为水平向右、垂直向上、垂直于 X 轴、Y 轴组成的平面（屏幕）并指向用户。Auto CAD 默认 Z 坐标值为 0。WCS 坐标系的坐标原点和坐标轴是固定的，不会随用户的操作而发生变化。用户可利用 UCSICON 命令并选择"特性"选项弹出"UCS 图标"对话框，将三维 WCS 图标改为如图 2-2 所示的二维形态。

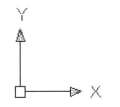

图 2-1　三维世界坐标系图标

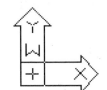

图 2-2　二维世界坐标系图标

二、用户坐标系 UCS

为了方便用户的绘图工作，Auto CAD 提供了可移动的坐标系，即用户坐标系 UCS。在默认状态下，WCS 与 UCS 是重合的。在绘图过程中，可根据需要，利用 UCS 命令在 WCS 的任意位置和方向定义用户自己的坐标系。UCS 图标的显示方式随观察视点的不同而有所不同，其中二维 UCS 图标与图 2-1 基本相同，只是缺少中间的"W"字母。

需要说明的是，无论是 WCS 还是 UCS，当其图标显示在其原点处时，则有一个加号"+"显示在图标左下角的方框中；当其图标仅显示在视口的左下角，而不在其原点处时，则没有加号显示在图标左下角的方框中。另外，用户可利用 UCSICON 命令并选择"特性"选项弹出"UCS 图标"对话框来设置三维 UCS 图标与二维 UCS 图标的转换，也可以设置 UCS 图标的大小、颜色、箭头形式、图标线宽等。

第二节 坐标输入方式

在创建和编辑二维图元时，Auto CAD 命令行常常会提示用户输入某个点，这个点既可能是直线或多段线上的点，也可能是矩形的角点，或者是圆弧的一个端点，还可能是对象修改中的基点和目标点，用户可使用定点设备指定点，也可以在命令行中输入坐标值。当需要精确定位输入点时，我们一般可以选择键盘输入点坐标的方式。显然，了解点的输入方式对于绘制和编辑二维图元具有十分重要的意义。

Auto CAD 的坐标系有笛卡尔坐标系、极坐标系、球形坐标系和柱坐标系等几种格式。常用的坐标系是笛卡尔坐标系（x，y）和极坐标系（x<y）两种。这两种坐标系均可以选用相对坐标和绝对坐标两种方式进行坐标定点。

一、笛卡尔坐标系和极坐标系

1. 笛卡尔坐标系

笛卡尔坐标系有三个轴，即 X 轴、Y 轴和 Z 轴。输入坐标值时，需要指示沿 X 轴、Y 轴和 Z 轴相对于坐标系原点（0，0，0）的距离（以单位表示）及其方向（正或负）。在二维中，在 XY 平面（也称为工作平面）上指定点，工作平面类似于平铺的网格纸。笛卡尔坐标的 X 值指定水平距离，Y 值指定垂直距离。原点（0，0）表示两轴相交的位置。

笛卡尔坐标系的表示方法，X 值、Y 值和 Z 值中间用逗号加以分隔。在二维绘图中，点的坐标只需要输入 X 值和 Y 值，Z 值为 0。输入时，在命令行输入以逗号分隔的 X 值和 Y 值即可。如图 2-3 所示，A 点坐标（-5，4），B 点坐标（8，7），则提示输入点 A 坐标时，从键盘输入-5，4，然后按回车或空格确认；同理，提示输入 B 点坐标时，从键盘直接输入 8，7，然后按回车或空格确认。

2. 极坐标系

在平面内由极点、极轴和极径组成的坐标系称为极坐标系。在平面上取定一点 O，称为极点。从 O 出发引一条射线 Ox，称为极轴。再取定一个长度单位，通常规定角度取逆时针方向为正。这样，平面上任一点 P 的位置就可以用线段 OP 的长度 ρ 以及从 Ox 到 OP 的角度 θ 来确定，有序数对（ρ，θ）就称为 P 点的极坐标，记为 P（ρ<θ）；ρ 称为 P 点的极径，θ 称为 P 点的极角，如图 2-4 所示。

在 Auto CAD 中要表达极坐标，需在命令行输入角括号（<）来分隔距离和角度。默认情况下，角度按逆时针方向增大，按顺时针方向减小。要指定顺时针方向时，需要为角度输入负值。例如，输入"1<315"和"1<-45"都代表相同的点。

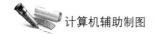
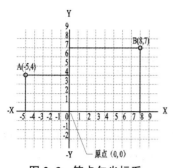

图 2-3 笛卡尔坐标系

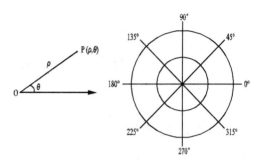

图 2-4 极坐标系

二、绝对坐标和相对坐标

无论笛卡尔坐标系还是极坐标系，均可以基于原点（0，0）输入绝对坐标，或基于前一指定点输入相对坐标。

1. 笛卡尔坐标系

创建对象时，可以使用绝对笛卡尔坐标或相对笛卡尔坐标定位点。

（1）绝对坐标输入。当已知要输入点的精确坐标的 X 值和 Y 值时，最好使用绝对坐标。若在浮动工具条上（动态输入）输入坐标值，坐标值前面可选择添加"#"号，如图 2-5 所示。

若在命令行输入坐标值，则无须添加"#"号，例如在命令行操作提示如下：

命令：line
指定第一点：30，60↙　　　　　　　（输入直线第一点坐标）
指定下一点或［放弃（U）］：#100,120↙（输入直线第二点坐标）
指定下一点或［放弃（U）］：*取消*　　（输入 U 或单击 Enter 键或单击 Esc 键）

绘制的直线如图 2-6 所示。

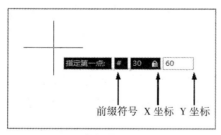

图 2-5 动态输入时添加前缀

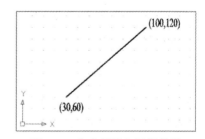

图 2-6 命令行输入无须前缀

（2）相对坐标输入。相对坐标是基于上一输入点的。如果知道某点与前一点的位置关系，可以使用相对坐标。要指定相对坐标，需在坐标前面添加一个 @ 符号。

例如，在命令行输入"@3，4"指定一点，表示此点相对于前一点，沿 X 轴正方向 3 个单位，沿 Y 轴正方向 4 个单位。在图形窗口中绘制了一个三角形的三条边，命令行的操作提示如下：

 命令：line
 指定第一点：–2, 1↙   （输入第一点绝对坐标）
 指定下一点或［放弃（U）］：@5, 0↙   （第二点相对坐标）
 指定下一点或［放弃（U）］：@0, 3↙   （第三点相对坐标）
 指定下一点或［闭合（C）/放弃（U）］：@–5, –3↙ （第四点相对坐标）
 指定下一点或［闭合（C）/放弃（U）］：c↙   （闭合直线，结束命令）

绘制的三角形如图 2-7 所示。

2. 极坐标系

要输入极坐标，需输入距离和角度，并使用角括号"<"隔开。

（1）绝对极坐标。点的绝对极坐标用点的极半径和极角表示。极半径指点到坐标原点的距离；极角指 X 轴的正方向线与从原点到该点的连线之间的夹角，逆时针为正、顺时针为负。输入方法：依次输入极半径、角括号"<"和极角值（按角度值度量）。如"6<30"表示该点与原点之间的距离为 6 个单位，X 轴正方向线与从原点到该点的连线之间的夹角为 30°；"4<120"表示该点与原点之间的距离为 4 个单位，X 轴正方向线与从原点到该点的连线之间的夹角为 120°；"4<–135"表示该点与原点之间的距离为 4 个单位，X 轴正方向线与从原点到该点的连线之间的夹角为–135°，如图 2-8 所示。

（2）相对极坐标。点的相对极坐标也用点的极半径和极角表示，但其极半径是指该点与上一输入点之间的距离（不是与原点之间的距离），其极角是指 X 轴正方向线与从上一输入点到该点之间的连线之间的夹角，逆时针为正、顺时针为负。输入方法：依次输入"@"、极半径、角括号"<"、极角值（按角度值度量）。如"@3<120"表示该点与上一输入点之间的距离为 3 个单位，X 轴正方向线与从上一输入点（6<30）到该点的连线之间的夹角为 120°，如图 2-9 所示。

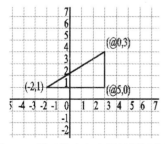

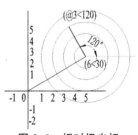

图 2-7 相对笛卡尔坐标绘制三角形   图 2-8 绝对极坐标   图 2-9 相对极坐标

在实际绘图过程中，输入坐标的方式不是唯一的，可单独采用一种方式，也可以几种方式组合使用，应根据实际情况灵活应用。另外，配合对象捕捉、对象追踪、夹点编辑等方法，则可使绘图与编辑更方便、更快捷。

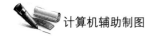

第三节　二维图形绘制的基本工具

常用的二维绘图命令包括点（Point）、直线（Line）、圆（Circle）、圆弧（Arc）、椭圆（Ellipse）、矩形（Rectang）、正多边形（Polygon）、多段线（Pline）、多线（Mline）、样条曲线（Spline）等，绘图工具栏如图 2-10 所示。在二维图形的绘制过程中，通常都需要进行指定点，我们可以选择使用第二章第二节所介绍的坐标定位和输入方式来进行点的定位。

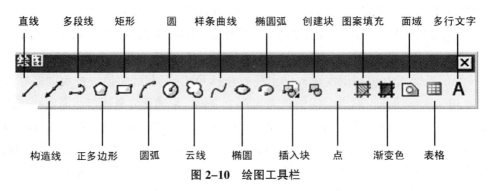

图 2-10　绘图工具栏

一、点（Point）

作为图形对象的最基本组成元素，点是需要掌握的第一个基本图形。在 Auto CAD 中，用户可以绘制各种不同形式的点，可以利用点来精确定位。在城市规划设计图中，控制点等要素可以用点图元来表示。

1. 设置点样式

为了使图形中的点有很好的可见性，用户可以相对于屏幕或使用绝对单位设置点的样式和大小。

选择"格式（O）"｜"点样式（P）…"命令，弹出如图 2-11 所示的"点样式"对话框，在该对话框中可以设置点的表现形式和点大小，系统提供了 20 种点的样式供用户选择。

采用缺省的点样式时，点图元通常不易辨识，用户可通过修改点图元的样式，提高其可见性和可识别性。用户可修改系统变量 Pdmode 和 Pdsize 来重新设定点的类型和大小，也可以使用"点样式"对话框（见图 2-11）来修改点的类型和大小。

在如图 2-11 所示的"点样式"对话框中，处于选择状态的点图案为当前的点类型。"点大小"输入框用于定义点的大小，用户可以采用"按相对于屏幕设置大小（R）"，也可以采用"按绝对单位设置大小（A）"。

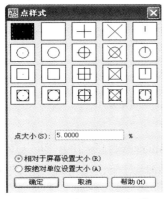

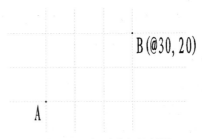

图 2-11　"点样式"对话框　　　　图 2-12　相对坐标绘制图

"按相对于屏幕设置大小（R）"单选按钮用于按屏幕尺寸的百分比设置点的显示大小。当进行缩放时，点的显示大小并不改变，"点大小"文本框变成 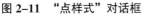，可以输入百分比。

"按绝对单位设置大小（A）"单选按钮用于按指定的实际单位设置点显示的大小。当进行缩放时，Auto CAD 显示的点的大小随之改变，"点大小"文本框变成 点大小(S): 5 单位 ，可以输入点大小实际值。

需要注意的是，点样式的修改将影响图形窗口中所有点对象的显示。

2. 命令激活方式

用户可以采用以下方式之一激活命令：

（1）下拉菜单："绘图（D）"｜"点（O）"｜"单点（S）"或"绘图（D）"｜"点（O）"｜"多点（M）"。

（2）工具栏按钮："绘图"工具栏上的 ⬝ 按钮。

（3）命令行：point 或 po。

3. 绘制方式

选择"绘图（D）"｜"点（O）"｜"单点（S）"命令，或在命令行中输入 point 命令，可以绘制单点。当需要绘制多点时，可点击菜单栏的"绘图（D）"｜"点（O）"｜"多点（M）"或点击"绘图"工具栏 ⬝ 按钮，可以绘制多个点。

执行"单点"命令后，在输入第一个点的坐标时，必须输入绝对坐标，之后的点可以使用相对坐标输入或者是绝对坐标输入。

用户输入点的时候，通常会遇到这样一种情况，即知道 B 点相对于 A 点（已存在的点）的位置距离关系，却不知道 B 点的具体绝对坐标，这就没有办法通过绝对坐标来绘制 B 点，这个时候的 B 点可以通过相对坐标来绘制。这个方法在绘制二维平面图形中经常使用，以点命令为例，绘制图 2-12，命令行提示如下：

命令：_point

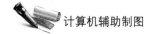

当前点模式：PDMODE=35　PDSIZE=0.0000

指定点：（鼠标键入 A 点，坐标任意）

命令：_point

当前点模式：PDMODE=35　PDSIZE=0.0000

指定点：@30，20（输入 B 点相对于 A 点的相对坐标值）

4. 创建特殊点

CAD 提供了定数等分（Divide）和定距等分（Measure）的功能，可以按间距或数量来对直线或曲线进行等分，默认使用"点"（Point）对象，也可以用图块来进行等分，将图块按设置规则地排列到曲线上。

（1）定数等分（Divide）。所谓定数等分，是按相同的间距在某个图形对象上标识出多个特殊点的位置，各个等分点之间的间距由对象的长度和等分点的个数来决定。使用定数等分点，可以按指定等分段数等分线、圆弧、样条曲线、圆、椭圆和多段线等对象。

选择"绘图（D）"｜"点（O）"｜"定数等分（D）"命令，或在命令行中输入 Divide 命令，即可执行定数等分命令。

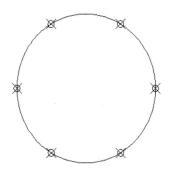

图 2-13　定数等分圆图

绘制图 2-13，命令行提示如下：

命令：_circle 指定圆的圆心或 ［三点（3P）/两点（2P）/相切、相切、半径（T）］：（鼠标键入任意一点，作为圆的圆心）

指定圆的半径或 ［直径（D）］：50（输入圆半径，50，按 Enter 键结束命令）

命令：_divide

选择要定数等分的对象：（拾取圆）

输入线段数目或 ［块（B）］：6（输入等分数量，按 Enter 键结束命令）

（2）定距等分（Measure）。所谓定距等分，就是按照某个特定长度对图形对象进行标记，这里的特定长度可以由用户在命令执行的过程中指定。

选择"绘图（D）"｜"点（O）"｜"定距等分（M）"命令，或在命令行中输入

Measure 命令，即可执行定距等分命令。

无论是使用定距等分还是定数等分命令，不仅可以使用点作为图形对象的标识符号，还能够使用图块来标识。下面以定距等分为例，将一长度为 22 米的道路，每隔 5 米，进行植树，绘制利用行道树图块进行定距等分，立面效果如图 2-14 所示。

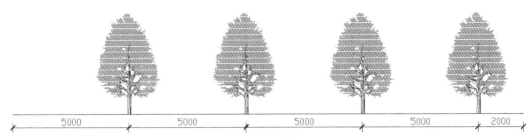

图 2-14 定数等分图

命令行提示如下：

命令：_line 指定第一点：（任意指定一点，作为直线起点位置）
指定下一点或 [放弃 (U)]：22000（输入道路长度 22000）
指定下一点或 [放弃 (U)]：（按 Enter 结束直线命令）

命令：_measure
选择要定距等分的对象：（选择绘制的直线，拾取点的位置在靠近左侧部位）
指定线段长度或 [块 (B)]：b
输入要插入的块名：tree（输入插入图块的名称，注意图块必须是内部图块）
是否对齐块和对象？[是 (Y)/否 (N)] <Y>：（按 Enter 键，确认对齐块和对象）
指定线段长度：5000（输入等距等分道路长度 5000，按 Enter 键结束命令）

定距等分命令执行的效果是，从离拾取点最近的方向（即左侧），以 5000mm 为单位向右进行定距等分，插入 4 个 tree 图块将直线进行等分，而右侧剩余长度为 2000mm，不足插入另一个图块，则完成命令执行。

二、直线（Line）

在 Auto CAD 中，直线实际上是直线段，它是一种简单但又频繁使用的图元。在城市规划制图中，Line 命令多用来绘制辅助线、定位轴线等要素。使用 Line 命令，用户可以创建一条直线段，也可以创建一系列连续但相互独立的线段集合。

Line 命令可以绘制一系列的首尾相接的直线段。Line 命令是可以自动重复的命令。每一条直线均为各自独立的对象。其对象类型为"直线"。绘制直线要用 2 个点来确定，第一个点称为"起点"，而第二个点称为"端点"。可以在绘图区使用十字光标选择点，也可以用输入坐标值的方式在绘图区内或绘图区外定义点。

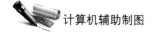

1. 命令激活方式

用户可以采用以下方式之一激活命令：

（1）下拉菜单："绘图（D）"|"直线（L）"。

（2）工具栏按钮："绘图"工具栏上的 按钮。

（3）命令行：line 或 l。

2. 命令选项解释

在命令行输入 l，按 Enter 键，启动直线命令，命令行提示如下：

命令：_line 指定第一点：

指定下一点或［放弃（U）］：

指定下一点或［放弃（U）］：

指定下一点或［闭合（C）/放弃（U）］：

各命令选项解释如下：

（1）"指定第一点"：确定直线起点，既可以使用定点设备，也可以在命令行上输入坐标值。

（2）"指定下一点"：指定端点以完成第一条线段，若要在执行 Line 命令时放弃前面绘制的线段，可输入"u"或单击工具栏上的"放弃"。

（3）"指定下一点"：以上一条线段的端点为起点，指定下一线段的端点。

（4）"闭合（C）"：键入"C"以闭合一系列直线段。

绘制图 2-15 三角形，命令行提示如下：

命令：_line 指定第一点：（通过坐标方式或者光标方式确定直线第一点）

指定下一点或［放弃（U）］：5000（利用极轴追踪，在水平方向上输入 5000，按 Enter 键）

指定下一点或［放弃（U）］：5000（利用极轴追踪，在竖直方向上输入 5000，按 Enter 键）

指定下一点或［闭合（C）/放弃（V）］：C（输入 C，按 Enter 键结束命令）

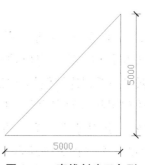

图 2-15 直线创建三角形

3. 说明

（1）虽然利用 Line 命令可以绘制一个封闭图形，但是该封闭图形并非是一个整体，每条线段是独立的。

（2）利用 Line 绘制图形，采用闭合（C）选项进行闭合图形时，闭合的是本次执行 Line 命令绘制直线的起点；如若中途有中断命令，继续利用 Line 命令绘制直线，则不能够用闭合（C）来进行第一个起点的闭合，只能利用端点捕捉进行捕捉端点闭合图形。

（3）通常绘制直线需要先确定第一点，第一点可以通过输入坐标值或者在绘图区中使用光标直接拾取获得。第一点的坐标值只能使用绝对坐标表示，不能使用相对坐标表示。当指定完第一点后，系统要求用户指定下一点，此时用户可以采用多种方式输入下一点，绘图区光标拾取、相对坐标、绝对坐标、极轴坐标和极轴捕捉配合距离等。

三、多段线（Pline）

多段线是由不同或相同宽度的直线或圆弧所组成的连续线段。城市规划设计图中的等高线、河流、道路以及地块分割界限等要素通常用多段线来绘制。多段线提供单个直线段所不具备的编辑功能。例如，可以调整多段线的宽度和曲率，可以通过拟合曲线或样条曲线等编辑选项光顺多段线。通过使用 Explode 命令可将多段线转换成单独的直线段和弧线段，但转换后多段线所附带的宽度等信息会丢失。

1. 命令激活方式

用户可采用以下任意一种方式激活多线段命令：

（1）下拉菜单："绘图（D)"|"多段线（P)"。

（2）工具栏按钮："绘图"工具栏上的 ↵ 按钮。

（3）命令行：pline 或 pl。

2. 命令选项解释

在使用多段线命令过程中，命令行将提示：

命令：PLINE

指定起点：（通过坐标方式或者光标拾取方式确定多段线第一点）

当前线宽为 0.0000（系统提示当前线宽，第 1 次使用多段线命令时显示线宽 0，多次使用多段线命令时显示上一次使用时的线宽）

指定下一个点或［圆弧（A）/半宽（H）/长度（L）/放弃（U）/宽度（W）］：（通过坐标方式或者光标拾取方式确定多段线下一点）

指定下一个点或［圆弧（A）/半宽（H）/长度（L）/放弃（U）/宽度（W）］：（通过坐标方式或者光标拾取方式确定多段线下一点，若不再继续绘制，则按 Enter 键完成绘制）

在命令行提示中，系统默认多段线是由直线组成的，要求用户输入直线的下一点，

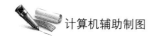

此外还有其他 6 个选项，各选项的含义如下：

（1）"圆弧（A）"。在用多段线命令绘制直线时，可以通过"圆弧（A）"选项切换为圆弧绘制。绘制多段线的弧线段时，圆弧的起点就是前一条线段的端点。用户可以通过制定圆弧的角度、圆心、方向、半径、中间点、端点等要素完成圆弧的绘制。多段线在绘制弧线的时候可以通过"直线（L）"选项切换为直线绘制。

（2）"半宽（H）和宽度（W）"。使用"半宽（H）"和"宽度（W）"选项可以设置要绘制的下一条多段线的宽度。零宽度生成细线，大于零的宽度生成宽线。如果"填充"模式打开则填充该宽线，如果关闭则只画出轮廓。使用"宽度（W）"选项时，Auto CAD 将提示输入起点宽度和端点宽度。输入不同的宽度值，可以使多段线从起点到端点逐渐变细（通常用来画箭头等标志），多段线线段的起点和端点位于直线的中心。

（3）对于"半宽（H）"和"线宽（W）"两个选项而言，设置的是弧线还是直线的线宽由下一步所要绘制的是弧线还是直线来决定，对于"闭合（C）"和"放弃（U）"两个选项而言，如果上一步绘制的是弧线，则以弧线闭合多段线，或者放弃弧线的绘制；如果上一步是直线，则以直线段闭合多段线，或者放弃直线的绘制。

（4）"长度（L）"。该选项可以沿最近一次绘制线的方向生成指定长度的线段，新建图形中默认该方向为极坐标中的 0°方向。

（5）"放弃（U）"。该选项可以删除最近一次添加到该多段线的线段。

（6）"闭合（C）"。该选项从指定的最后一点到起点绘制直线段或者弧线，从而创建闭合的多段线，必须至少指定两个点才能使用该选项。在指定对象最后一条边后，可以通过"闭合（C）"选项闭合该多段线以创建多边形。闭合多段线在城市规划制图中非常重要。用户除可以在绘制过程中直接闭合多段线外，也可以在后期的多段线编辑命令或特性对话框中生成闭合多段线。

3. 绘制实例

绘制如图 2-16 所示的多段线。

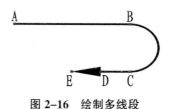

图 2-16　绘制多线段

命令：_pline

指定起点：（拾取 A 点）

当前线宽为 0.0000

指定下一个点或 ［圆弧（A）/半宽（H）/长度（L）/放弃（U）/宽度（W）］：w（改变多段线的线宽）

指定起点宽度 <0.0000>：0.35 （0.35，输入起点宽度 0.35，按 Enter 键确认）

指定端点宽度 <0.3500>：0.35 （0.35，输入起点宽度 0.35，按 Enter 键确认）

指定下一个点或 ［圆弧 （A）/半宽 （H）/长度 （L）/放弃 （U）/宽度 （W）］：（拾取 B 点）

指定下一点或 ［圆弧 （A）/闭合 （C）/半宽 （H）/长度 （L）/放弃 （U）/宽度 （W）］：a （绘制圆弧，按 Enter 键）

指定圆弧的端点或 ［角度 （A）/圆心 （CE）/闭合 （CL）/方向 （D）/半宽 （H）/直线 （L）/半径 （R）/第二个点 （S）/放弃 （U）/宽度 （W）］：（拾取 C 点）

指定圆弧的端点或 ［角度 （A）/圆心 （CE）/闭合 （CL）/方向 （D）/半宽 （H）/直线 （L）/半径 （R）/第二个点 （S）/放弃 （U）/宽度 （W）］：l （绘制直线，按 Enter 键）

指定下一点或 ［圆弧 （A）/闭合 （C）/半宽 （H）/长度 （L）/放弃 （U）/宽度 （W）］：（拾取 D 点）

指定下一点或 ［圆弧 （A）/闭合 （C）/半宽 （H）/长度 （L）/放弃 （U）/宽度 （W）］：w （改变多段线宽度）

指定起点宽度<0.3500>：2 （设置起点宽度 2，按 Enter 键）

指定端点宽度<2.0000>：0 （设置端点宽度 0，按 Enter 键）

指定下一点或 ［圆弧 （A）/闭合 （C）/半宽 （H）/长度 （L）/放弃 （U）/宽度 （W）］：（拾取 E 点）

指定下一点或 ［圆弧 （A）/闭合 （C）/半宽 （H）/长度 （L）/放弃 （U）/宽度 （W）］：Enter （按 Enter 键结束命令，完成图形绘制）

四、矩形 （Rectang）

使用 Rectang 命令可创建矩形形状的闭合多段线，在绘制过程中，用户可以指定两个角点、长度、宽度、面积和旋转参数，还可以控制矩形上角点的类型 （圆角、倒角或直角）。在城市规划图件编制过程中，通常用 Rectang 命令来绘制图框等图形要素。

1. 命令激活方式

用户可以采用下列方法之一激活命令：

（1）下拉菜单："绘图 （D）" | "矩形 （G）"。

（2）工具栏按钮："绘图"工具栏上的 ▭ 按钮。

（3）命令行：rectang 或 rec。

2. 命令选项解释

在使用该命令过程中所出现的多个选项的含义如下：

（1）"倒角 （C）"：设置矩形的倒角距离。

（2）"标高 （E）"：指定矩形的标高。

（3）"圆角 （F）"：指定矩形的圆角半径。

（4）"厚度（T）"：指定矩形的厚度。

（5）"宽度（W）"：为要绘制的矩形指定多段线的宽度。

（6）"旋转（R）"：系统在生成矩形多段线时，对矩形长边的默认角度为极坐标系中的0°方向，"旋转（R）"选项可以改变该默认角度。

（7）"面积（A）"：通过指定第一个角点、矩形面积以及矩形的其中一条边长三个要素确定矩形多段线。

（8）"尺寸（D）"：通过指定第一个角点、矩形两条边长以及另外一个角点的方向确定矩形多段线。

3. 绘制实例

绘制如图2-17所示的不同矩形。

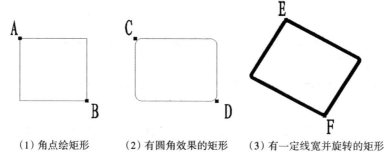

（1）角点绘矩形　　（2）有圆角效果的矩形　　（3）有一定线宽并旋转的矩形

图2-17　创建不同外观效果的矩形

命令行提示如下：

命令：_rectang

指定第一个角点或［倒角（C）/标高（E）/圆角（F）/厚度（T）/宽度（W）］：（拾取点A）

指定另一个角点或［面积（A）/尺寸（D）/旋转（R）］：（拾取点B，绘制图2-17(1)矩形效果）

命令：_rectang

指定第一个角点或［倒角（C）/标高（E）/圆角（F）/厚度（T）/宽度（W）］：f（设置圆角参数，按Enter键）

指定矩形的圆角半径<0.0000>：0.5（0.5，输入圆角半径0.5，按Enter键确认）

指定第一个角点或［倒角（C）/标高（E）/圆角（F）/厚度（T）/宽度（W）］：（拾取点C）

指定另一个角点或［面积（A）/尺寸(D)/旋转（R）］：d（设置矩形尺寸，按Enter键）

指定矩形的长度<10.0000>：12（输入矩形长度12，按Enter键）

指定矩形的宽度<10.0000>：10（输入矩形长度10，按Enter键）

指定另一个角点或［面积（A）/尺寸（D）/旋转（R）］:（拾取点 D 或点 D 右下角任意点，完成图 2-17（2）矩形效果）

命令：_rectang

当前矩形模式：圆角＝0.5000

指定第一个角点或［倒角（C）/标高（E）/圆角（F）/厚度（T）/宽度（W）］: w（设置矩形线宽参数，按 Enter 键）

指定矩形的线宽<0.0000>: 0.5（输入矩形线宽 0.5，按 Enter 键）

指定第一个角点或［倒角（C）/标高（E）/圆角（F）/厚度（T）/宽度（W）］:（拾取点 E）

指定另一个角点或［面积（A）/尺寸（D）/旋转（R）］: r（设置旋转效果，按 Enter 键）

指定旋转角度或［拾取点（P）］<0>: –30（输入旋转角度，按 Enter 键）

指定另一个角点或［面积（A）/尺寸（D）/旋转（R）］:（拾取点 F，完成图 2-17（3）矩形效果）

4. 说明

（1）圆角与倒角只能选择其一进行设置。倒角中两个倒角距离可以相同，也可以不同；所选圆角的半径应不大于矩形较小边边长的一半；所选倒角中两个倒角距离之和应不大于矩形较小边边长。

（2）标高和厚度要通过改变视角才能显示出效果，其效果具有三维特征。

（3）"宽度（W）"设置不是指矩形的宽度，而是指线条的宽度。

（4）退出该命令时，将保留现有的选项设置。在该命令执行过程中所设参数（倒角距离和圆角半径）不但作为当前设置使用，而且保存到下一次命令操作（作为缺省值），直至重新设置。

（5）矩形命令绘制的矩形是一个封闭的整体。

五、正多边形（Polygon）

使用 Polygon 命令可创建具有 3~1024 条等长边的闭合多段线，该命令对于绘制等边三角形、正方形和正六边形是非常有用的。其对象类型是"多段线"。Auto CAD 用零宽度绘制正多边形，是封闭的多段线，无"中心"捕捉方式。可根据需要用 Pedit 命令进行修改，如修改正多边形的宽度。

1. 命令激活方式

用户可以采用下列方法之一激活命令：

（1）下拉菜单："绘图（D）"|"正多边形（Y）"。

（2）工具栏按钮："绘图"工具栏上的 ⬡ 按钮。

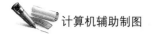
（3）命令行：polygon 或 pol。

2. 命令选项解释

系统提供了三种创建正多边形的方式：指定内接圆、指定外切圆和指定边长三种方式。在使用该命令过程中出现的主要选项的含义如下：

（1）"边（E）"。选择此选项后，命令行将提示用户输入两个端点以确定多边形的一条边。

（2）"内接于圆（I）/外切于圆（C）"。"内接于圆（I）"与"外切于圆（C）"两个选项都需要先指定多边形中心点，"内接于圆（I）"选项要求另外指定其中一条边的端点确定正多边形，"外切于圆（C）"选项要求另外指定其中一条边的中心点以确定正多边形。

3. 绘制实例

绘制效果如图 2-18 所示，命令行提示如下：

命令：_polygon 输入边的数目<4>：6（输入正多边形边数，按 Enter 键）

指定正多边形的中心点或［边（E）］：（拾取点 A 指定正多边形的中心点）

输入选项［内接于圆（I）/外切于圆（C）］<I>：I（采用内接圆法绘制正多边形，按 Enter 键）

指定圆的半径：50（输入内接圆的半径 50，按 Enter 键结束命令，完成图 2-18（1）效果）

命令：POLYGON 输入边的数目<6>：6（输入正多边形边数，按 Enter 键）

指定正多边形的中心点或［边（E）］：（拾取点 B 指定正多边形的中心点）

输入选项［内接于圆（I）/外切于圆（C）］<I>：c（采用外切圆法绘制正多边形，按 Enter 键）

指定圆的半径：50（输入外切圆的半径 50，按 Enter 键结束命令，完成图 2-18（2）效果）

命令：POLYGON 输入边的数目<6>：6（输入正多边形边数，按 Enter 键）

指定正多边形的中心点或［边（E）］：e（采用边绘制法，按 Enter 键）

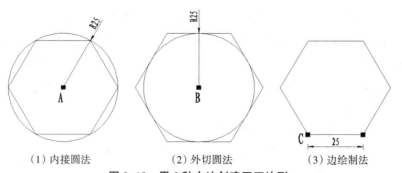

（1）内接圆法　　　　　（2）外切圆法　　　　　（3）边绘制法

图 2-18　用 3 种方法创建正五边形

指定边的第一个端点：（拾取点 C）

指定边的第二个端点：@50，0（按 Enter 键结束命令，输入正多边形边长 50，完成图 2-18（3）效果）

4. 说明

（1）用"内接于圆（I）/外切于圆（C）"方式绘制正多边形时圆并不画出，圆只是作为画正多边形的参考条件。边长方式适用于已知一直线并将其作为拟画正多边形的一条边时，或已知两点并将其作为拟画正多边形的顶点时，但要注意选择直线两端点（或两顶点）的顺序，直线两端点（或两顶点）的位置相同，但选择顺序不同，则绘制正多边形的效果不相同。

（2）用正多边形命令绘制的正多边形是封闭的多段线，可以用多段线命令对其编辑。也可用分解命令将其分解成一条条直线段后，再进行编辑。

六、圆（Circle）

圆也是城市规划制图中使用频率较高的一种图元要素。系统提供了指定圆心和半径、指定圆心和直径、两点定义直径、三点定义圆周、两个切点加一个半径以及三个切点 6 种绘制圆的方法，如图 2-19 所示。

图 2-19 菜单栏中的 6 种绘圆方法

Auto CAD 默认的方法是第一种方法，即通过指定圆心和半径来绘制圆。另外，"两点"是指利用圆上两点确定直径的方式画圆；"三点"是指利用不共线三点确定一个圆的定理，通过指定圆周上三点确定圆的位置；"相切、相切、半径"方式是通过指定两条直线、两个圆或一条直线、一个圆并指定半径之后，画出和它们相切的圆；"相切、相切、相切"方式是指定每个切点，画出和线段或圆组合三点相切的圆。

1. 命令激活方式

用户可以采用下列方法之一激活命令：

（1）下拉菜单："绘图（D）"｜"圆（C）"。

（2）工具栏按钮："绘图"工具栏上的 ⊙ 按钮。

（3）命令行：circle 或 c。

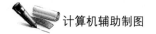

2. 绘制实例

下面分别采用六种绘制圆的方法创建圆。

(1) 圆心半径法。在已知所绘目标圆的圆心和半径时采用此法，该法是系统默认方法，执行"圆"命令后，系统提示如下：

命令：c

CIRCLE 指定圆的圆心或 ［三点 (3P)/两点 (2P)/相切、相切、半径 (T)］：(指定圆心位置)

指定圆的半径或 ［直径 (D)］<11.4146>：25 (输入圆的半径，按 Enter 键结束命令，效果如图 2-20 所示)

(2) 圆心直径法。此方法与圆心半径方法类似，执行"圆"命令后，系统提示如下：

命令：CIRCLE 指定圆的圆心或 ［三点 (3P)/两点 (2P)/相切、相切、半径 (T)］：

指定圆的半径或 ［直径(D)］<25.0000>：d (输入 d，按 Enter 键)

指定圆的直径<50.0000>：50 (输入圆的半径，按 Enter 键结束命令，效果如图 2-21 所示)

(3) 两点法。"两点"是指定两点作为圆直径的两个端点来创建圆，圆心就落在两点连线的中点上，这样便完成圆的绘制。命令行提示如下：

命令：CIRCLE 指定圆的圆心或 ［三点 (3P)/两点 (2P)/相切、相切、半径 (T)］：2p (输入 2P，按 Enter 键)

指定圆直径的第一个端点：(拾取 A 点)

指定圆直径的第二个端点：(拾取 B 点，绘制效果如图 2-22 所示)

［注意］与"直径"方式的区别。用"直径"方式时，第一点在圆心上，第二点在圆外；而用"2p"方式时，第一点在圆周上，第二点也在圆周上。

(4) 三点法。利用不在同一条直线上的 3 个点确定一个圆，使用该法绘制圆时，命令行提示如下：

命令：CIRCLE 指定圆的圆心或 ［三点 (3P)/两点 (2P)/相切、相切、半径 (T)］：3p (输入 3P，按 Enter 键)

指定圆上的第一个点：(拾取 C 点)

指定圆上的第二个点：(拾取 D 点)

指定圆上的第三个点：(拾取 E 点，绘制效果如图 2-23 所示)

［注意］3 个点不能在一条直线上。

(5) 半径切点法。选择两个圆、直线或圆弧的切点，输入要绘制圆的半径，这样便完成圆的绘制。命令行提示如下：

命令：CIRCLE 指定圆的圆心或 ［三点（3P）/两点（2P）/相切、相切、半径（T）］：t（输入 t，按 Enter 键）

指定对象与圆的第一个切点：（拾取切点 1）

指定对象与圆的第二个切点：（拾取切点 2）

指定圆的半径<25.0000>：20（输入圆的半径，按 Enter 键结束命令，效果如图 2-24 所示）

当采用相切半径法绘制圆时，指定圆的切点后，输入圆半径如果过小的话，系统会提示"圆不存在"。

［注意］指定对象上的切点时，并不一定就是所要求的精确的切点位置，精确的切点位置由 Auto CAD 自动确定。

（6）三切点法。该方法只能通过菜单命令执行，是三点画圆的一种特殊情况，选择"绘图（D）"｜"圆（C）"｜"相切、相切、相切（A）"命令，命令行提示如下：

命令：_circle 指定圆的圆心或 ［三点（3P）/两点（2P）/相切、相切、半径（T）］：_3p 指定圆上的第一个点：_tan 到（拾取切点 3）

指定圆上的第二个点：_tan 到（拾取切点 4）

指定圆上的第三个点：_tan 到（拾取切点 5，绘制效果如图 2-25 所示）

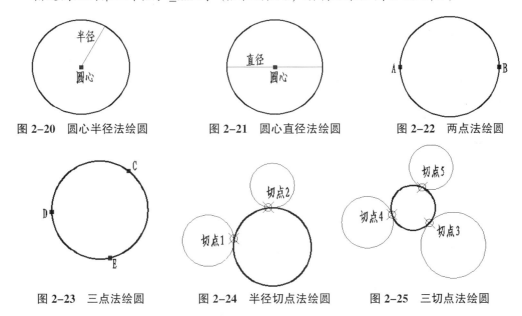

图 2-20　圆心半径法绘圆　　　图 2-21　圆心直径法绘圆　　　图 2-22　两点法绘圆

图 2-23　三点法绘圆　　　图 2-24　半径切点法绘圆　　　图 2-25　三切点法绘圆

七、圆弧（Arc）

在 Auto CAD 中，弧线图形也是常见的基本图形，比较复杂的平面图形中，基本都会涉及弧线的绘制。圆弧和椭圆弧是最常见的两种弧线形图形，其中尤以圆弧最为常用，绘制方法多种多样。圆弧是圆的一部分，和圆一样，圆弧有圆心和半径（或直径）。但圆弧还有和直线类似的起始点和结束点。在某些方面，弧长决定弧。在绘图菜单下的圆弧子菜单中，列出了11种创建圆弧的方法（见图2-26）。

图 2-26　菜单栏中绘制圆弧的 11 种方法

［注意］圆弧的角度小于360°。其中，三点法为绘制圆弧的缺省方法。除这种方法外，其他方法都是从起点到端点沿逆时针方向绘制圆弧。

1. 命令激活方式

（1）下拉菜单："绘图（D）"｜"圆弧（A）"｜"三点（P）"。

（2）工具栏按钮："绘图"工具栏上的 ⏢ 按钮。

（3）命令行：arc 或 a。

2. 绘制实例

系统为用户提供了11种绘制圆弧的方法，其中几种方法差别不大，下面将对几种不同的绘制方式进行简要介绍。

（1）指定三点法。指定三点方式是 Arc 命令的默认方式，依次指定 3 个不共线的点，绘制的圆弧第一点为起点，第二点为圆弧上的一点，第三点为终点。启动"圆弧"命令，命令行提示如下：

命令：_arc 指定圆弧的起点或［圆心（C）］：（拾取点 A）

指定圆弧的第二个点或［圆心（C）/端点（E）］：（拾取点 B）

指定圆弧的端点：（拾取点 C，绘制效果如图 2-27 所示）

［注意］用这种方法绘制的圆弧是沿着起点至端点的逆时针方向绘制的。起点与圆心之间的距离确定了圆弧的半径。

（2）指定起点、圆心以及另一参数方式。这类方法是第 1 个参数是圆弧的起点，第 2 个参数是圆弧的圆心，圆弧的起点和圆心就决定了圆弧所在的圆。第 3 个参数可以采用圆弧的端点（终止点）、角度（即起点到终点的圆弧角度）或长度（圆弧的弦长）任意一种来创建圆弧，各参数的含义如图 2-28 所示。

图 2-27　三点法绘制圆弧

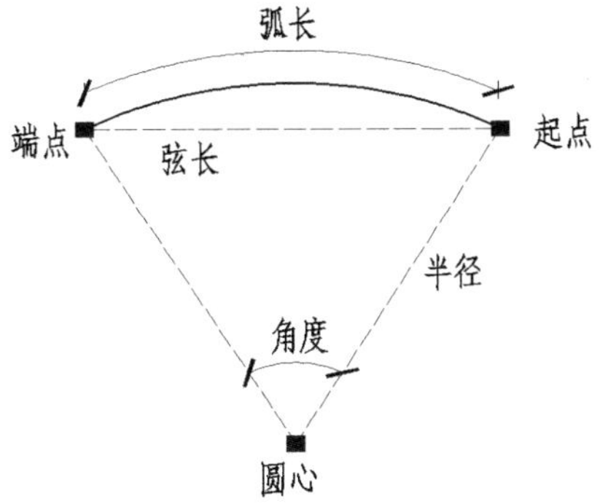

图 2-28　起点圆心法绘制圆弧各参数示意

（3）指定起点、端点以及另一参数方式。这类方法是第 1 个参数是圆弧的起点，第 2 个参数是圆弧的端点，圆弧的起点和端点决定了圆弧圆心所在的直线，第 3 个参数可以是圆弧的角度（即起点到终点的圆弧角度）、圆弧在起点处的切线方向和圆弧的半径，各参数的含义如图 2-29 所示。

（4）圆心、起点以及另一参数方式。这类方法是第 1 个参数是圆弧的圆心，第 2 个参数是圆弧的起点，圆弧的圆心和起点就决定了圆弧所在位置，第 3 个参数可以是圆弧的端点（终止点）、圆弧的角度（即起点到终点的圆弧角度）或长度（圆弧的弦长），各参数的含义如图 2-30 所示。

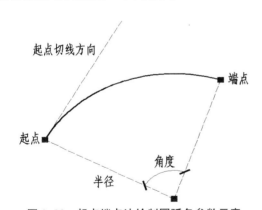

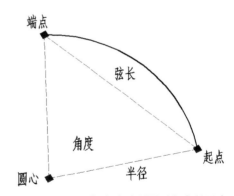

图 2-29　起点端点法绘制圆弧各参数示意

图 2-30　圆心起点法绘制圆弧各参数示意

（5）继续。该方法绘制的弧线将从上一次绘制的圆弧或直线的端点处开始绘制，同时新的圆弧与上一次绘制的直线或圆弧相切。在执行 Arc 命令后的第一个提示下直接按 Enter 建，系统便采用此种方式绘制弧。

"继续"选项在响应 ARC 命令的第一个提示时，可以通过按 Enter 键自动使用上一个命令的起点、端点或起始方向绘制圆弧。在按下 Enter 键后，唯一需要输入的是选取或指定想绘制的圆弧端点。Auto CAD 使用前一条直线或圆弧的终点（当前绘制的）作

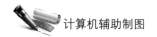

为新圆弧的起点。然后 Auto CAD 使用上一次所绘制对象的终点方向作为圆弧的起始方向。

八、椭圆和椭圆弧（Ellipse）

椭圆由定义其长度和宽度的两条轴决定，较长的轴称为长轴，较短的轴称为短轴。椭圆在二维图形中也是最常见的一种基本图元。Auto CAD 中有 4 种绘制椭圆的方法：①指定两个轴端点以及另一条半轴长度；②指定中心点、其中一个轴端点以及另一条半轴长度；③指定一轴端点、长轴轴长以及旋转角度；④指定中心点、长轴轴长以及旋转角度。在椭圆绘制过程中，还可以截取圆弧，其绘制过程是，首先绘制一个完整的椭圆，然后移动光标确定椭圆的起始角度和终止角度，删除椭圆的一部分，剩余部分即为所需要的椭圆弧，如图 2-31 所示。

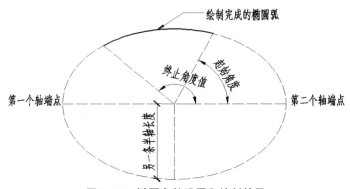

图 2-31 椭圆参数设置和绘制效果

1. 命令激活方式

（1）下拉菜单："绘图（D）"|"椭圆（E）"。

（2）工具栏按钮："绘图"工具栏上的 ⬭ 按钮。

（3）命令行：ellipse 或 el。

2. 绘制实例

（1）已知轴端点绘制椭圆：通过指定轴端点绘制椭圆。第一轴可以是椭圆长轴，也可以是椭圆短轴。其中，长轴是通过两个端点来确定的，已经限定了两个自由度，只需要给出另外一个轴的长度就可以确定椭圆。绘制椭圆，A 点和 B 点为椭圆长轴两端点，椭圆另一条半轴端点在 C 点上。命令提示行如下：

命令：_ellipse

指定椭圆的轴端点或［圆弧（A）/中心点（C）］：（拾取点 A）

指定轴的另一个端点：（拾取点 B）

指定另一条半轴长度或［旋转（R）］：（拾取点 C，效果如图 2-32 所示）

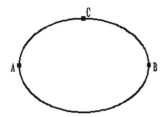

图 2-32 指定两个轴端点，另一半轴长度

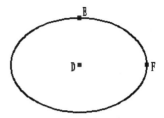

图 2-33 指定中心点、一轴端点和另一半轴长度

（2）已知椭圆中心绘制椭圆："中心点"选项用于已知椭圆中心和轴端点绘制椭圆。首先 Auto CAD 提示输入椭圆中心点，接着 Auto CAD 提示输入椭圆一轴的一个端点，该点至中心点距离为该轴半长，此轴既可以是椭圆长轴，也可以是短轴。Auto CAD 继续提示输入第二轴的一个端点，该点至中心点的距离为第二轴的半长。绘制椭圆，指定 D 点为椭圆中心点、其中一个长轴端点在 F 点以及另一条半轴通过 E 点。命令提示行如下：

命令：ELLIPSE

指定椭圆的轴端点或 ［圆弧（A）/中心点（C）］：c（输入 C，按 Enter 键）

指定椭圆的中心点：（拾取点 D）

指定轴的端点：（拾取点 F）

指定另一条半轴长度或 ［旋转（R）］：（拾取点 E，绘制效果如图 2-33 所示）

（3）已知旋转角度绘制椭圆："旋转"选项用于已知两轴之一和旋转角度绘制椭圆。这种方式实际上相当于将一个圆在空间上绕长轴转动一个角度以后投影在二维平面上。旋转角度指绕长轴旋转的角度，以此确定长轴与短轴的比值。旋转角度越大，长轴与短轴比值越高。旋转角度为 0°的椭圆即为圆。

绘制指定 G 点为长轴端点、长轴轴长 70 以及另一条半轴长度绕长轴旋转 60°角度的椭圆。命令提示行如下：

命令：ELLIPSE

指定椭圆的轴端点或 ［圆弧（A）/中心点（C）］：（拾取点 G）

指定轴的另一个端点：@70，0（输入 @70，0，按 Enter 键）

指定另一条半轴长度或 ［旋转（R）］：r（输入 r，按 Enter 键）

指定绕长轴旋转的角度：60（输入 60，按空格键结束命令，效果如图 2-34 所示）

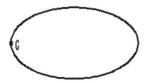

图 2-34 指定轴端点、长轴轴长以及旋转角度

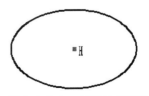

图 2-35 指定中心点、长半轴长以及旋转角度

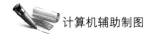

（4）绘制以 H 点为中心点、长半轴长为 35 以及另一条半轴长度为 20 的椭圆。命令提示行如下：

命令：ELLIPSE

指定椭圆的轴端点或 ［圆弧 （A）/中心点 （C）］：c （输入 c，按 Enter 键）

指定椭圆的中心点：（拾取点 H）

指定轴的端点：@35，0 （输入长半轴长，按 Enter 键）

指定另一条半轴长度或 ［旋转 （R）］：@0，20 （输入短半轴长，按空格键结束命令，效果如图 2-35 所示）

（5）指定椭圆长轴两端点和旋转角度，绘制起始角度在 L 点，终止角度在 M 点的椭圆弧。命令提示行如下：

命令：ELLIPSE

指定椭圆的轴端点或 ［圆弧 （A）/中心点 （C）］：_a （输入 a，按 Enter 键）

指定椭圆弧的轴端点或 ［中心点 （C）］：（拾取点 J）

指定轴的另一个端点：（拾取点 K）

指定另一条半轴长度或 ［旋转 （R）］：r （输入 r，按 Enter 键）

指定绕长轴旋转的角度：60 （输入 60，按 Enter 键）

指定起始角度或 ［参数 （P）］：（拾取点 L）

指定终止角度或 ［参数 （P)/包含角度(I)］：（拾取点 M，绘制效果如图 2-36 所示）

（6）指定椭圆中心点，长半轴端点以及另一条半轴长度，绘制起始角度在 P 点，包含 120°角度的椭圆弧。命令提示行如下：

命令：ELLIPSE

指定椭圆的轴端点或 ［圆弧 （A）/中心点 （C）］：_a （输入 a，按 Enter 键）

指定椭圆弧的轴端点或 ［中心点 （C）］：c （输入 c，按 Enter 键）

指定椭圆弧的中心点：（拾取点 N）

指定轴的端点：（拾取点 P）

指定另一条半轴长度或 ［旋转 （R）］：@0，17 （指定短半轴长度，输入 @0.17，按 Enter 键）

指定起始角度或 ［参数 （P）］：（拾取点 P）

指定终止角度或 ［参数 （P)/包含角度 （I）］：I （输入 I，按 Enter 键）

指定弧的包含角度<180>：120 （按空格键结束命令，绘制效果如图 2-37 所示）

图 2-36 拾取起始与终止角度所在点绘制椭圆弧

图 2-37 输入起始与终止角度所包含角度
绘制椭圆弧

九、圆环（Donut）

圆环是填充环或实体填充圆，即带有宽度的闭合多段线。

1. 命令激活方式

可采用以下任意一种方式激活该命令：

（1）下拉菜单："绘图（D)"|"圆环（D)"。

（2）命令行：donut 或 do。

2. 绘制实例

要创建圆环，需指定它的内外直径和圆心，如图 2-38 所示。通过指定不同的中心点，可以继续创建具有相同直径的多个副本。要创建实体填充圆，须将内径值指定为 0。命令行提示如下：

命令：DONUT

指定圆环的内径<0.5000>：0（输入圆环内径，按空格键确认）

指定圆环的外径<120.0000>：12（输入圆环外径，按空格键确认）

指定圆环的中心点或<退出>：Enter（指定圆环中心，按 Enter 键或空格键确认）

命令：DONUT

指定圆环的内径<0.0000>：4（输入圆环内径，按空格键确认）

指定圆环的外径<12.0000>：12（输入圆环外径，按空格键确认）

指定圆环的中心点或<退出>：Enter（指定圆环中心，按 Enter 键或空格键确认）

命令：DONUT

指定圆环的内径<4.0000>：8（输入圆环内径，按空格键确认）

指定圆环的外径<12.0000>：12（输入圆环外径，按空格键确认）

指定圆环的中心点或<退出>：Enter（指定圆环中心，按 Enter 键或空格键确认）

命令：DONUT

指定圆环的内径<8.0000>：12（输入圆环内径，按空格键确认）

指定圆环的外径<12.0000>：12（输入圆环外径，按空格键确认）

指定圆环的中心点或<退出>：Enter（指定圆环中心，按 Enter 键或空格键确认）

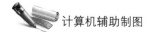

图 2-38　创建具有不同内径的圆环
（自左向右圆环的内径分别为 0、4、8、12，圆环外径均为 12）

除在 Donut 命令中指定内外径外，Auto CAD 还支持其他一些命令和参数，如 Fill 命令可以控制圆环的填充。将 Fill 命令设为 off 状态后，圆环的填充部分将会转换为图案填充（见图 2-39）。

图 2-39　Fill 命令设置为 off 后创建的圆环

十、样条曲线（Spline）

样条曲线是经过或接近一系列给定点的光滑曲线，如图 2-40 所示。用户可通过指定点来创建样条曲线，也可以封闭样条曲线，使起点和端点重合。公差表示样条曲线拟合所指定的拟合点集时的拟合精度。公差越小，样条曲线与拟合点越接近。公差为 0 时，样条曲线将通过所有拟合点。与使用"多段线编辑"（Pedit）命令的"样条曲线"选项创建的样条曲线相比，使用 Spline 命令创建的样条曲线占用较少的内存和磁盘空间。另外，可以用 Spline 命令绘制等高线，如图 2-41 所示。

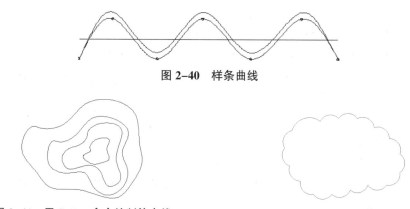

图 2-40　样条曲线

图 2-41　用 Spline 命令绘制等高线　　　　　图 2-42　云线图

1. 命令激活方式

（1）下拉菜单："绘图（D）"｜"样条曲线（S）"。

（2）工具栏按钮："绘图"工具栏上的 按钮。

（3）命令行：spline 或 spl。

2. 命令选项解释

在使用该命令过程中所出现的主要选项的含义如下：

（1）方式（M）：控制是使用拟合点还是使用控制点来创建样条曲线。拟合通过指定样条曲线必须经过的拟合点来创建 3 阶 B 样条曲线。在公差值大于 0 时，样条曲线必须在各个点的指定公差距离内。控制点通过指定控制点来创建样条曲线。使用此方法创建 1~10 阶的样条曲线。通过移动控制点调整样条曲线的形状通常可以提供比移动拟合点更好的效果。

（2）节点（K）：指定节点参数化，它是一种计算方法，用来确定样条曲线中连续拟合点之间的零部件曲线如何过渡。

（3）对象（O）：将多段线转换为样条曲线。

（4）闭合（C）：可以使最后一点与起点重合，构成闭合的样条曲线。

（5）公差（L）：可以修改当前样条曲线的拟合公差。根据新的公差值和现有点重新定义样条曲线。

（6）端点相切（T）：指定在样条曲线终点的相切条件。

十一、云线（Revcloud）

云线是由连续圆弧组成的多段线，用于在设计图纸检查阶段提醒用户注意图形的某个部分，如图 2-42 所示。用户可为云线的弧长设置默认的最小值和最大值，但弧长的最大值不能超过最小值的 3 倍。用户可以从头开始创建云线，也可以将对象（如圆、椭圆、多段线或样条曲线）转换为修订云线。将对象转换为修订云线时，如果系统变量 DELOBJ 设置为 1（默认值），原始对象将被删除。

在执行此命令之前，需确保能够看见要使用此命令添加轮廓的整个区域。另外，此命令不支持透明以及实行平移和缩放。

1. 命令激活方式

（1）下拉菜单："绘图（D）"｜"修订云线（U）"。

（2）工具栏按钮："绘图"工具栏上的 按钮。

（3）命令行：revcloud。

2. 命令选项解释

（1）弧长（A）：通过此选项来指定最小弧长和最大弧长。

（2）对象（O）：试图将某图元转换为云线时使用该选项。

（3）样式（S）：使用此选项，用户需选择"普通（N）"和"手绘（C）"两种方式中的一种，缺省的样式为"普通（N）"。如果选择"手绘"，云线看起来像是用画笔绘制的。

十二、构造线（Xline）

构造线是向两个方向无限延伸的直线，通常用作创建其他对象的参照。例如，可以用构造线查找三角形的中心、绘制网格或创建临时交点用于对象捕捉。

1. 命令激活方式

用户可使用以下任意一种方式激活构造线：

（1）下拉菜单："绘图（D)"｜"构造线（T)"。

（2）工具栏按钮："绘图"工具栏上的 ▱ 按钮。

（3）命令行：xline 或 xl。

2. 命令选项解释：

构造线可以放置在三维空间的任何地方，可以使用多种方法指定它的方向。创建直线的默认方法是两点法，指定两点定义方向，第一个点是构造线概念上的中点，即采用"中点"对象捕捉模式捕捉到的点，也可以使用其他方法创建构造线。

（1）水平（H）和垂直（V）：创建一条经过指定点并且与当前 UCS 的 X 轴或 Y 轴平行的构造线。

（2）角度（A）：用两种方法中的一种创建构造线。或者选择一条参考线，指定那条直线与构造线的角度；或者通过指定角度和构造线必经的点来创建与水平轴成指定角度的构造线。

（3）二等分（B）：创建二等分指定角的构造线，指定用于创建角度的顶点和直线。

（4）偏移（O）：创建平行于指定基线的构造线，指定偏移距离，选择基线，然后指明构造线位于基线的哪一侧。

十三、射线（Ray）

射线是向一个方向无限延伸的直线，可用作创建其他对象的参照。例如，可以用构造线查找三角形的中心、准备同一个项目的多个视图或创建临时交点用于对象捕捉。无限长线不会改变图形的总面积。因此，它们的无限长标注对缩放或视点没有影响，并被显示图形范围的命令所忽略。和其他对象一样，无限长线也可以移动、旋转和复制。在打印之前，可能需要在可以冻结或关闭的构造线图层上创建无限长线。

用户可使用以下任意一种方式激活射线：

（1）下拉菜单："绘图（D)"｜"射线（R)"。

（2）命令行：Ray。

起点和通过点定义了射线延伸的方向，射线在此方向上延伸到显示区域的边界。重复显示输入通过点的提示以便创建多条射线。按 Enter 键结束命令。

十四、多线（Mline）

多线由 1~16 条平行线组成，这些平行线称为元素。通过指定每个元素距多线原点的偏移量可以确定元素的位置。用户可以自己创建和保存多线样式，或者使用包含两个元素的默认样式。用户还可以设置每个元素的颜色、线型以及显示或隐藏多线的接头，所谓接头就是指那些出现在多线元素每个顶点处的线条。在城市规划制图中，我们通常用多线来绘制道路边线和户型墙线等要素。

1. 设置多线样式

绘制多线前，首先应对多线的样式进行设定。选择"格式（O）"｜"多线（M）"命令或在命令行中输入 mlstyle，弹出如图 2-43 所示的"多线样式"对话框。在该对话框中用户可以自定义多线样式。

图 2-43 "多线样式"对话框

在该对话框中含义解释如下：

（1）"当前多线样式"：用于显示当前多线样式的名称，该样式将在后续创建的多线中用到。

（2）"样式（S）"选项组：用于显示已加载到图形中的多线样式列表。多线样式列表中可以包含外部参照的多线样式，即存在于外部参照图形中的多线样式。外部参照的多线样式名称使用与其他外部依赖非图形对象所使用语法相同。

（3）"说明"：用于显示选定多线样式的说明。

（4）"预览"：用来显示选定多线样式的名称和图像。

（5）"置为当前（U）"：该按钮设置用于后续创建的多线的当前多线样式。从"样式"列表中选择一个名称，然后选择"置为当前"。注意不能将外部参照中的多线样式

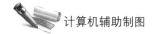

设置为当前样式。

（6）"新建（N）…"：该按钮用于显示"创建新的多线样式"对话框，从中可以创建新的多线样式。

（7）"修改（M）"：该按钮用于显示"修改多线样式"对话框，从中可以修改选定的多线样式。不能修改默认的 Standard 多线样式。注意不能编辑 Standard 多线样式或图形中正在使用的任何多线样式的元素和多线特性。要编辑现有多线样式，必须在使用该样式绘制任何多线之前进行。

（8）"重命名（R）"：该按钮用于重命名当前选定的多线样式。不能重命名 Standard 多线样式。

（9）"删除（D）"：该按钮用于从"样式"列表中删除当前选定的多线样式。此操作并不会删除 MLN 文件中的样式。不能删除 Standard 多线样式、当前多线样式或正在使用的多线样式。

（10）"加载（L）…"：该按钮用于显示"加载多线样式"对话框，从中可以从指定的 MLN 文件加载多线样式。

（11）"保存（A）…"：该按钮用于将多线样式保存或复制到多线库（MLN）文件。如果指定了一个已存在的 MLN 文件，新样式定义将添加到此文件中，并且不会删除其中已有的定义。默认文件名是 acad.mln。

2. 设置多线样式

单击"多线样式"对话框中的"新建（N）…"按钮，弹出如图 2-44 所示的"创建新的多线样式"对话框。"新样式名（N）"文本框用于设置多线新样式的名称；"基础样式（S）"下拉列表用于设置参考样式，设置完成后，单击"继续"按钮，弹出如图 2-45 所示的"新建多线样式"对话框。

图 2-44 "创建新的多线样式"对话框

图 2-45 "新建多线样式"对话框

通过"新建多线样式"对话框，用户可以设置新多线样式的特性和元素，或将其更改为现有多线样式的特征和元素。

对话框中含义解释如下：

（1）"说明（P）"：该选项用于为多线样式添加说明。最多可以输入 255 个字符（包括空格）。

（2）"封口"选项组：该选项组用于控制多线起点和端点封口，系统提供了以下 4 种封口形式：

其一，"直线（L）"：选择该按钮用于显示穿过多线每一端的直线段，采用直线对多线进行封口。

其二，"外弧（O）"：选择该按钮用于显示多线的最外端元素之间的圆弧，采用圆弧对多线进行封口。

其三，"内弧（R）"：选择该按钮显示成对的内部元素之间的圆弧。如果有奇数个元素，则不连接中心线。例如，如果有 6 个元素，内弧连接元素 2 和元素 5、元素 3 和元素 4。如果有 7 个元素，内弧连接元素 2 和元素 6、元素 3 和元素 5；元素 4 不连接。

其四，"角度（N）"：该文本框用于指定端点封口的角度。

（3）"填充"选项组："填充"选项组用于控制多线的背景填充。用户可以在"填充颜色（F）"下拉列表用于设置多线的背景填充色。如果选择"选择颜色"，将显示"选择颜色"对话框。

（4）"显示连接（J）"选项组：选择"显示连接（J）"按钮，可以控制每条多线线段顶点处连接的显示，接头也称为斜接。

（5）图元（E）选项组：该选项组用来设置新的和现有的多线元素的元素特性，例如偏移、颜色和线型。

其一，"偏移、颜色和线型"：该选框用来显示当前多线样式中的所有元素。样式中的每个元素由其相对于多线的中心、颜色及其线型定义。元素始终按它们的偏移值降序显示。

其二，"添加（A）"：单击该按钮可以将新元素添加到多线样式。只有为除 Standard 以外的多线样式选择了颜色或线型后，此选项才可用。

其三，"删除（D）"：单击该按钮可以从多线样式中删除元素。

其四，"偏移（S）"：该文本框用于设置当前为多线样式中的每个元素指定偏移值，偏移量可以是正值，也可以是负值。

其五，"颜色（C）"：该选项用来显示并设置多线样式中元素的颜色。如果选择"选择颜色"，将显示"选择颜色"对话框。

其六，"线型"：该选择框用来显示并设置多线样式中元素的线型。如果选择"线型"，将显示"选择线型特性"对话框，该对话框列出了已加载的线型。要加载新线型，请单击"加载"。将显示"加载或重载线型"对话框。

3. 修改多线样式

单击"多线样式"对话框中，"修改"按钮弹出如图 2-46 所示的"修改多线样式"

对话框。在该对话框中可以修改选定的多线样式，但不能修改默认的 Standard 多线样式，参数与"新建多线样式"对话框中参数含义相同。

4. 绘制多线

在设置好多线样式后，选择"绘图（D）"｜"多线（M）"命令，也可以在命令行中输入 mline 或 ml，调用 Mline 命令后，命令行会出现如下提示：

命令：ml MLINE
当前设置：对正＝上，比例＝20.00，样式＝STANDARD
指定起点或［对正(J)/比例（S）/样式（ST）］：
指定下一点：
指定下一点或［f 放弃（U）］：
指定下一点或［闭合（C）/放弃（U）］：

在命令行提示中，显示当前多线的对其样式、比例和多线样式，如果用户需要采用这些设置，则可指定多线的端点绘制多线，如果用户需要采用其他的设置，可以修改绘制参数。

（1）"对正（J）"：该选项确定如何在指定的点之间绘制多线。选择该选项后，命令行将出现如下提示："输入对正类型［上（T）/无（Z）/下（B）］＜当前类型＞:"。

其一，上（T）：在光标下方绘制多线，在指定点处将会出现具有最大正偏移值的直线。

其二，无（Z）：将光标作为原点绘制多线。

其三，下（B）：在光标上方绘制多线，在指定点处将出现具有最大负偏移值的直线。

（2）"比例（S）"：该选项基于在多线样式定义中建立的宽度控制多线的全局宽度。如比例因子为 2 绘制多线时，其宽度是样式定义的宽度的两倍，负比例因子将翻转偏移线的次序。比例因子为 0 将使多线变为单一的直线。

（3）"样式（ST）"：用户可以通过"样式（ST）"选项指定多线的样式。选择该选项后，命令行将出现如下提示："输入多线样式名或［?]：输入名称或输入?"。

其一，样式名：指定已加载的样式名或创建的多线库（MLN）文件中已定义的样式名。

其二，列出样式：列出已加载的多线样式。

5. 编辑多线

选择"修改（M）"｜"对象（O）"｜"多线（M）…"命令或在命令行中输入 mledit 都可以调用"多线"编辑命令，并弹出如图 2-47 所示的"多线编辑工具"对话框。

该对话框将显示工具，并以四列显示样例图像。第一列控制交叉的多线，第二列控制 T 形相交的多线，第三列控制角点结合和顶点，第四列控制多线中的打断。下面

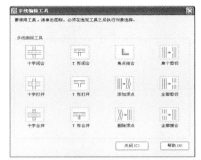

图 2-46 "修改多线样式"对话框   图 2-47 "多线编辑工具"对话框

分别介绍各"多线"编辑命令。

（1）十字闭合。"十字闭合"选项可以在两条多线之间创建闭合的十字交点。"十字闭合"编辑命令的效果与两条多线拾取的先后顺序有关，效果如图 2-48 所示，命令提示如下：

命令：_mledit

选择第一条多线：（选择前景多线）

选择第二条多线：（选择相交的多线）

选择第一条多线或［放弃（U）］：Enter（按 Enter 键结束命令）

选定的第一条多线   选定的第二条多线   结果

图 2-48 "十字闭合"编辑效果

（2）十字打开。"十字打开"选项可在两条多线之间创建打开的十字交点。打断将插入第一条多线的所有元素和第二条多线的外部元素。"十字打开"编辑命令的效果与两条多线拾取的先后顺序有关，效果如图 2-49 所示，命令提示如下：

选定的第一条多线   选定的第二条多线   结果

图 2-49 "十字打开"编辑效果

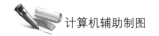

命令：MLEDIT

选择第一条多线：（选择多线）

选择第二条多线：（选择相交的多线）

选择第一条多线或［放弃（U）］：Enter（按 Enter 键结束命令）

（3）十字合并。"十字合并"选项可以在两条多线之间创建合并的十字交点。选择多线的次序并不重要。选择"十字合并"编辑命令，效果如图 2-50 所示，命令提示如下：

选定的第一条多线　　　　　　　　选定的第二条多线　　　　　　　　结果

图 2-50 "十字合并"编辑效果

命令：MLEDIT

选择第一条多线：（选择多线）

选择第二条多线：（选择相交的多线）

选择第一条多线或［放弃（U）］：Enter（按 Enter 键结束命令）

（4）T 形闭合。"T 形闭合"选项可以在两条多线之间创建闭合的 T 形交点，将第一条多线修剪或延伸到与第二条多线的交点处。选择"T 形闭合"编辑命令，效果如图 2-51 所示，命令提示如下：

命令：MLEDIT

选择第一条多线：（选择要修剪的多线）

选择第二条多线：（选择相交的多线）

选择第一条多线或［放弃（U）］：Enter（按 Enter 键结束命令）

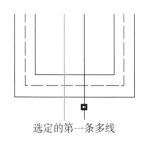 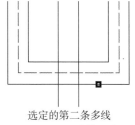 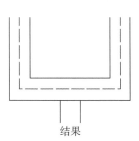

选定的第一条多线　　　　　　　　选定的第二条多线　　　　　　　　结果

图 2-51 "T 形闭合"编辑效果

（5）T 形打开。"T 形打开"选项可以在两条多线之间创建打开的 T 形交点，将第一条多线修剪或延伸到与第二条多线的交点处。选择"T 形打开"编辑命令，效果如图 2-52 所示，命令提示如下：

命令：MLEDIT

选择第一条多线：(选择要修剪或延伸的多线)

选择第二条多线：(选择相交的多线)

选择第一条多线或 [放弃 (U)]：Enter (按 Enter 键结束命令)

选定的第一条多线   选定的第二条多线   结果

图 2-52 "T 字打开" 编辑效果

(6) T 形合并。"T 形合并" 选项可在两条多线之间创建合并的 T 形交点，将多线修剪或延伸到与另一条多线的交点处。选择 "T 形合并" 编辑命令，效果如图 2-53 所示，命令提示如下：

命令：MLEDIT

选择第一条多线：(选择要修剪或延伸的多线)

选择第二条多线：(选择相交的多线)

选择第一条多线或 [放弃 (U)]：(选择另一条多线或输入 u)

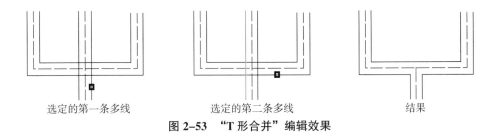

选定的第一条多线   选定的第二条多线   结果

图 2-53 "T 形合并" 编辑效果

(7) 角点结合。"角点结合" 选项可以在多线之间创建角点结合，将多线修剪或延伸到它们的交点处。选择 "角点结合" 编辑命令，效果如图 2-54 所示，命令提示如下：

选定的第一条多线   选定的第二条多线   结果

图 2-54 "角点结合" 编辑效果

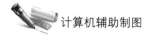

命令：MLEDIT

选择第一条多线：（选择要修剪或延伸的多线）

选择第二条多线：（选择角点的另一半）

选择第一条多线或［放弃（U）］：Enter（按 Enter 键结束命令）

（8）添加顶点。"添加顶点"选项能够在选择多线的拾取位置上添加一个顶点。选择"添加顶点"编辑命令，效果如图 2-55 所示，命令提示如下：

命令：MLEDIT

选择多线：（选择多线，在 A 点拾取多线）

选择多线或［放弃（U）］：（选择多线，在 B 点拾取多线）

选择多线或［放弃（U）］：Enter（按 Enter 键结束命令）

（9）删除顶点。"删除"顶点选项可以从多线上删除一个顶点。选择"删除顶点"编辑命令，效果如图 2-56 所示，命令提示如下：

命令：MLEDIT

选择多线：（选择多线）

选择多线或［放弃（U）］：Enter（按 Enter 键结束命令）

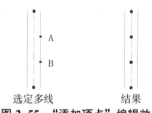
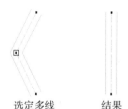

选定多线　　　　　结果　　　　　　　　　选定多线　　　　结果

图 2-55　"添加顶点"编辑效果　　　　　**图 2-56　"删除顶点"编辑效果**

（10）单个剪切。"单个剪切"选项可以在选定多线元素中创建可见打断。选择"单个剪切"编辑命令，效果如图 2-57 所示，命令提示如下：

命令：MLEDIT

选择多线：（将多线上的选定点用作第一个剪切点）

选择第二个点：（在多线上指定第二个剪切点）

选择多线或［放弃（U）］：Enter（按 Enter 键结束命令）

选定的第一条多线　　　　　　选定的第二条多线　　　　　　　　结果

图 2-57　"单个剪切"编辑效果

（11）全部剪切。"全部剪切"选项可以创建穿过整条多线的可见打断。选择"全部剪切"编辑命令，效果如图 2-58 所示，命令提示如下：

命令：MLEDIT

选择多线：（将多线上的选定点用作第一个剪切点）

选择第二个点：（在多线上指定第二个剪切点）

选择多线或 ［放弃（U）］：Enter（按 Enter 键结束命令）

选定的第一条多线　　　　　　选定的第二条多线　　　　　　结果

图 2-58　"全部剪切"编辑效果

（12）全部结合。"全部结合"选项可以将已被剪切的多线线段重新接合起来。选择"全部结合"编辑命令，效果如图 2-59 所示，命令提示如下：

命令：MLEDIT

选择多线：（选择多线，将多线上的选定点用作结合起点）

选择第二个点：（在多线上指定结合的终点）

选择多线或 ［放弃（U）］：Enter（按 Enter 键结束命令）

 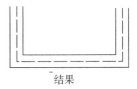

选定的第一条多线　　　　　　选定的第二条多线　　　　　　结果

图 2-59　"全部结合"编辑效果

第四节　二维绘制实例

一、绘制风玫瑰

1. 可能使用的命令

绘制风玫瑰将利用"直线"（Line）、"多段线"（Pline）、"文字"（Mtext）和"填充"（Bhatch）等命令。

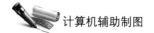

2. 绘制步骤

（1）使用"直线"（或"多段线"）命令绘制两条十字线，其坐标分别为（0，-11）（0，15）（9，0）（-9，0），效果如图 2-60 所示。

［注意］在直接输入坐标时，应关闭状态栏中的动态输入（DYN）功能，否则将出现输入错误。

命令：l LINE 指定第一点：0，-11

指定下一点或［放弃（U）］：0，15

指定下一点或［放弃（U）］：Enter（结束命令）

命令：

LINE 指定第一点：9，0

指定下一点或［放弃（U）］：-9，0

指定下一点或［放弃（U）］：Enter（结束命令，效果如图 2-60 所示）

（2）关闭世界坐标轴的显示，以方便绘制和观察：选择菜单命令"视图（V）"｜"显示（L）"｜"UCS 图标（U）"｜"开（O）"，将其前面的钩去掉。

图 2-60　绘制两条相交十字线　　　　图 2-61　绘制风玫瑰图轮廓线

命令：_ucsicon

输入选项［开（ON）/关（OFF）/全部（A）/非原点（N）/原点（OR）/特性（P）］<开>：_off

（3）采用绝对直角坐标或相对直角坐标，依次输入风玫瑰外围一圈各点的坐标。

［注意］风玫瑰图中所注为绝对直角坐标。打开"草图设置"对话框，在"动态输入"选项卡中，"指针输入"选项组，点击"设置（S）…"按钮，在弹出的"指针输入设置"对话框中，将"格式"选项组设置成"笛卡尔格式（C）"，将"可见性"选项组设置成"绝对坐标（A）"，如图 2-62 所示。本例采用在命令行中输入绝对坐标方法输入各点坐标值，命令行提示如下：

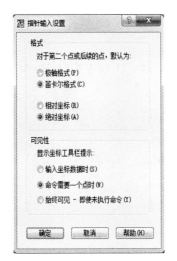

图 2-62 指针输入设置对话框

命令：pline

指定起点：3，0

当前线宽为 0.0000

指定下一点或 [圆弧 (A) /半宽 (H) /长度 (L) /放弃 (U) /宽度 (W)]：2，1（按 Enter 键）

指定下一点或 [圆弧 (A) /闭合 (C) /半宽 (H) /长度 (L) /放弃 (U) /宽度 (W)]：5，4（按 Enter 键）

指定下一点或 [圆弧 (A) /闭合 (C) /半宽 (H) /长度 (L) /放弃 (U) /宽度 (W)]：0，11（按 Enter 键）

指定下一点或 [圆弧 (A) /闭合 (C) /半宽 (H) /长度 (L) /放弃 (U) /宽度 (W)]：-4，9（按 Enter 键）

指定下一点或 [圆弧 (A) /闭合 (C) /半宽 (H) /长度 (L) /放弃 (U) /宽度 (W)]：-5，6（按 Enter 键）

指定下一点或 [圆弧 (A) /闭合 (C) /半宽 (H) /长度 (L) /放弃 (U) /宽度 (W)]：-3，2（按 Enter 键）

指定下一点或 [圆弧 (A) /闭合 (C) /半宽 (H) /长度 (L) /放弃 (U) /宽度 (W)]：-5，0（按 Enter 键）

指定下一点或 [圆弧 (A) /闭合 (C) /半宽 (H) /长度 (L) /放弃 (U) /宽度 (W)]：-2，-1（按 Enter 键）

指定下一点或 [圆弧 (A) /闭合 (C) /半宽 (H) /长度 (L) /放弃 (U) /宽度 (W)]：-3，-3（按 Enter 键）

指定下一点或 [圆弧 (A) /闭合 (C) /半宽 (H) /长度 (L) /放弃 (U) /宽度 (W)]：-1，-4（按 Enter 键）

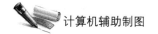

指定下一点或［圆弧（A）/闭合（C）/半宽（H）/长度（L）/放弃（U）/宽度（W）］：
0，-6（按 Enter 键）

指定下一点或［圆弧（A）/闭合（C）/半宽（H）/长度（L）/放弃（U）/宽度（W）］：
1，-4（按 Enter 键）

指定下一点或［圆弧（A）/闭合（C）/半宽（H）/长度（L）/放弃（U）/宽度（W）］：
3，-3（按 Enter 键）

指定下一点或［圆弧（A）/闭合（C）/半宽（H）/长度（L）/放弃（U）/宽度（W）］：
2，-1（按 Enter 键）

指定下一点或［圆弧（A）/闭合（C）/半宽（H）/长度（L）/放弃（U）/宽度（W）］：
3，0（按 Enter 键）

指定下一点或［圆弧（A）/闭合（C）/半宽（H）/长度（L）/放弃（U）/宽度（W）］：
Enter

（结束命令，绘图效果如图 2-61 所示）

（4）打开状态栏中的"对象捕捉"功能，使用"直线"或"直线"命令将十字线交点与外围各点相连，效果如图 2-63 所示。

（5）使用"文字"命令输入文本"N"，并用"填充"命令填充风玫瑰的相应色块，命令行提示如下：

命令：_mtext 当前文字样式："Standard" 当前文字高度：2.5

指定第一角点：（指定多行文字在位编辑器一个角点）

指定对角点或［高度（H）/对正（J）/行距（L）/旋转（R）/样式（S）/宽度（W）］：
（指定多行文字在位编辑器另一个角点，在弹出的在位编辑器中输入"N"）

命令：_bhatch

拾取内部点或［选择对象（S）/删除边界（B）］：正在选择所有对象…

正在选择所有可见对象…

正在分析所选数据…

正在分析内部孤岛…

其结果如图 2-64 所示。

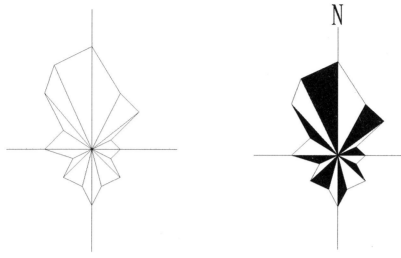

图 2-63　用直线将原点与各角点连接起来　　　图 2-64　图案填充效果

二、正六边形绘制

参考图 2-65 的角度标注，采用相对极坐标绘制如图 2-66 所示的正六边形。

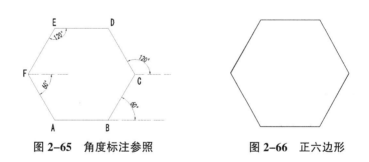

图 2-65　角度标注参照　　　　　图 2-66　正六边形

1. 可能使用的命令

"直线"（Line）和"多段线"（Pline）。

2. 绘制步骤

使用"直线"命令或"多段线"命令，在绘图空白区域任意指定一点作为起点 A，按照顺时针或逆时针顺序，采用相对极坐标方式，此处采用逆时针顺序，依次输入 B 点、C 点、D 点、E 点和 F 点的相对坐标"@100<0""@100<60""@100<120""@100<180"和"@100<240"，最后输入 F 点相对于 A 点的相对极坐标"@100<-60"，使 F 点与 A 点连接形成闭合（或采用输入"C"使图形闭合）。其中 100 为六边形的边长，可任意设置边长。

［注意］Auto CAD 2007 系统默认逆时针角度增加方向为正；反之顺时针角度增加方向为负。

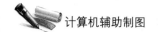

☞ **习题**

1. 如何启动 Auto CAD 2007?

2. Auto CAD 的操作界面由哪几部分组成? 其作用是什么?

3. Auto CAD 调用命令的方式有哪几种?

4. 如何打开和关闭工具栏?

5. 坐标点的输入方法有几种? 如何操作?

6. 作图时为何要注意命令行提示信息?

7. 如何获得帮助?

8. 采用正确的坐标形式, 绘制如图 2-67 所示的房屋立面图。

9. 开启"正交"模式, 绘制如图 2-68 所示的多边形图案。

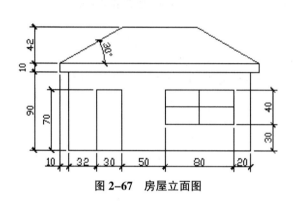

图 2-67　房屋立面图

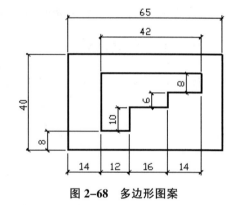

图 2-68　多边形图案

第三章　二维图形编辑

👉 教学目标

1. 通过本章学习，了解图元要素选择的方法
2. 熟悉夹点编辑的操作模式
3. 掌握常用的视图工具，能够精确控制视图显示并管理视图
4. 掌握基本编辑命令，熟练应用基本编辑命令进行二维图形对象的修改和编辑

👉 教学重点和教学难点

1. 窗口选择和交叉选择是本章教学重点
2. 夹点编辑模式是本章节教学重点
3. 用基本编辑命令进行二维图形对象的修改和编辑是教学重点

👉 本章知识点

1. 点选、窗选
2. 夹点与夹点编辑
3. 视图平移、视图缩放、透明缩放
4. 二维图形编辑命令：如删除（Delete）、复制（Copy）、镜像（Mirror）、偏移（Offset）、阵列（Array）、移动（Move）、旋转（Rotate）、缩放（Scale）、拉伸（Stretch）、修剪（Trim）、延伸（Extend）、打断（Break）、合并（Join）、倒角（Chamfer）、圆角（Fillet）和分解（Explode）等

在绘图和设计过程中，直接通过绘制命令创建的图元通常不一定能满足用户的需要；统计显示，图纸在完成过程中，有70%的工作都要进行图形编辑。另外，各类规划设计图通常需要进行多轮的修改，才能最后定稿。因此，在城市规划图绘制过程中，

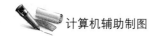

图形编辑是必不可少的。图形编辑是指对已经绘制的图元进行复制、旋转、移动、拉伸、缩放、镜像、删除等必要的修改和编辑过程。

本章将介绍两组不同模式的编辑命令和相应的目标选择方式，以及在选择和编辑目标过程中必不可少的视窗操作命令。

第一节　图元要素选择

图元要素的选择或目标选择是 Auto CAD 编辑过程中必要的操作之一，所有的编辑命令都要求选取目标，用户可在激活命令前选目标或在激活命令时响应系统提示再选取目标。Auto CAD 提供了多种选取目标的方式。需要注意的是，激活命令前的目标选择和激活命令后的目标选择方式有较大的差异，以下将分别予以介绍。

一、激活命令前的目标选择

在激活编辑命令前，Auto CAD 支持用户提前选择待编辑的图元要素。在自动编辑模式中，用户必须选用激活命令前的目标选择方式。

1. 全选

"全选"即选择图形中的所有元素，可以用下拉菜单"编辑（E）"｜"全部选择（L）"或快捷组合键"Ctrl+A"完成。当一个图元被选中以后，此要素会改变颜色，它的外形变成虚线，夹点（通常以高亮小方块显示）会被标示出来，如图 3-1 所示。夹点的颜色和大小可以在"选项"对话框（使用下拉菜单"工具（T）"｜"选项（N）…"可弹出此对话框）的"选择"选项卡中设定，如图 3-2 所示。在缺省情况下，若未进入编辑状态，夹点的颜色应为蓝色。

2. 点选

点选是用鼠标单击图元要素来拾取目标。在 Auto CAD 2007 中，当用户将鼠标移动至待选图元要素上时，该图元会以高亮虚线的形式显示，此时单击鼠标左键即可选择该图元要素，如图 3-3 所示。

图 3-1　选中的图形及夹点显示效果

图 3-2 "选项"对话框

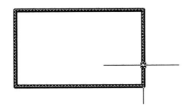

图 3-3 高亮虚线显示的矩形

3. 窗选

通过鼠标指定两点定义矩形选框，当此矩形选框自左至右绘制时，矩形边界将会以实线方式显示（见图 3-4），此时 Auto CAD 会选择完全位于窗口内部的图元要素（见图 3-5）。当矩形选框为自右至左绘制时（见图 3-6），矩形边界会以虚线方式显示，Auto CAD 将选择窗口内的元素以及与窗口边界相交的图元要素（见图 3-7）。

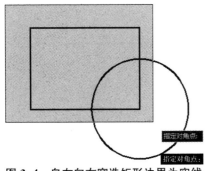

图 3-4 自左向右窗选矩形边界为实线

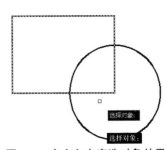

图 3-5 自左向右窗选对象效果

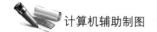
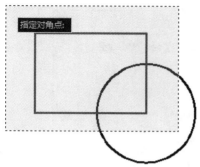

图3-6　自右向左窗选矩形边界为虚线

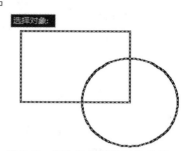

图3-7　自右向左窗选对象效果

在使用窗选模式进行选择时，为提高矩形选框内外部的区分度，Auto CAD会在矩形选框内部临时填充具有较高透明度的颜色。颜色类型和透明度可以在"视觉效果设置"对话框编辑，如图3-8所示，在"视觉效果设置"对话框中进行设定，此对话框可通过以下方式弹出：使用下拉菜单"工具（T）"|"选项（N）"，在"选项"对话框的"选择"选项卡中单击"视觉效果设置"按钮。

4. 删除选择的目标

当用户选择目标时，Auto CAD会生成选择集。在进一步选择时，配合"Shift"键可从选择集中删除某一个或几个图元要素。当发现有误选目标时，可以通过以上操作将这些目标从当前选择集中移除。如果用户要一次性删除选择集中的所有目标，直接按"Esc"键即可。

5. 快速选择

利用"快速选择"对话框，用户可以使用对象特性或对象类型来将对象包含在选择集中或从选择集中排除。例如，用户可以只选择图形中所有红色的圆而不选择任何其他对象，或者选择除红色圆以外的所有其他对象。使用下拉菜单"工具（T）"|"快速选择（K）…"，或直接在命令提示符下键入"Qselect"可激活"快速选择"对话框，如图3-9所示。

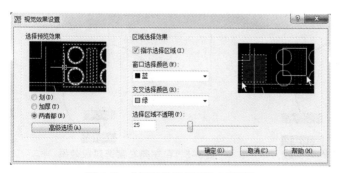

图3-8　"视觉效果设置"对话框

图3-9　"快速选择"对话框

"快速选择"对话框包含"应用到（Y）""对象类型（B）""特性（P）""运算符（O）""值（V）""如何应用"6个选项组和"附加到当前选择集（A）"复选框，各部分的含义如下：

（1）"应用到（Y）"：将过滤条件应用到整个图形或当前选择集（如果存在）。若要使用过滤条件选择一组对象，需使用下拉列表选择项"选择对象"，完成对象选择后，按"Enter"键重新显示该对话框，"应用到（Y）"将被设置为"当前选择"。

（2）选择对象 ⊡ 按钮：点击该按钮，将暂时关闭"快速选择"对话框，此时允许用户在图形窗口中选择要对其应用过滤条件的对象，按回车键将返回到"快速选择"对话框。与此同时，"应用到（Y）"下拉列表框将显示"当前选择"。只有选择了"包括在新选择集中"选项并清除"附加到当前选择集"选项时，"选择对象"按钮才可用。

（3）"对象类型（B）"：指定要包含在过滤条件中的对象类型。如果过滤条件正应用于整个图形，则"对象类型（B）"列表包含全部的对象类型。否则，该列表只包含选定对象的对象类型。

（4）"特性（P）"：指定过滤器的对象特性，此列表包括选定对象类型的所有可搜索特性。选定的特性决定"运算符（O）"和"值（V）"中的可用选项。

（5）"运算符（O）"："运算符（O）"用来控制过滤的范围。根据选定的特性，运算可能包括"= 等于"、"<>不等于"、">大于"、"<小于"和"全部选择"。对于某些特性，">大于"和"<小于"选项不可用。

（6）"值（V）"：指定过滤器的特性值。如果选定对象的已知值可用，则"值（V）"成为一个列表，可从中选择一个值。否则，需用户输入一个特定值。

（7）"如何应用"：选择"包括在新选择集中（I）"将创建其中只包含符合过滤条件的对象的新选择集；选择"排除在新选择集之外（E）"将创建其中只包含不符合过滤条件的对象的新选择集。

（8）"附加到当前选择集（A）"：取消该复选框勾选时，Qselect 命令创建的选择集替换当前选择集；否则，新创建的选择集将追加到当前选择集中。

6. 过滤器

"对象选择过滤器"对话框的功能与"快速选择"对话框的功能相似，都是使用对象特性或对象类型将对象包含在选择集中或从选择集中移除对象。与使用"快速选择"功能相比，使用"对象选择过滤器"的好处如下：可设定更为灵活的过滤或筛选条件；用户可以命名和保存过滤器以供将来使用。

"对象选择过滤器"对话框的激活方式为 Filter 命令。在命令提示符下键入"filter"后将弹出如图 3-10 所示的对话框。

对话框各部分的含义如下：

（1）"过滤器特性列表"。该列表位于对话框顶部，显示了组成当前过滤器的所有过滤器特性，当前过滤器就是在"已命名的过滤器"组合框中"当前"下拉列表中所

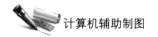

选中的过滤器，如图 3-11 中所示的当前过滤器为"颜色=5-蓝"。

图 3-10 "对象选择过滤器"对话框

图 3-11 "快速选择"对话框

（2）"选择过滤器"。用户在此组合框中为当前过滤器添加过滤器特性。选择过滤器由"对象类型和逻辑运算符""X：""Y：""Z：""添加到列表（L）""替换（S）""选择（E）"和"添加选定对象<"选项组成，其含义如下："对象类型和逻辑运算符"下拉列表。该下拉列表中列出可过滤的对象类型和用于组成过滤表达式的逻辑运算符（AND、OR、XOR 和 NOT）。如果使用逻辑运算符，需确保在过滤器列表中正确地成对使用它们。表 3-1 列出了成对使用的逻辑运算符。图 3-6 中的过滤器即使用了 AND 逻辑运算符。使用该过滤器将使白色圆作为选择集中的图元。

表 3-1 逻辑运算符

开始运算符	包含	结束运算符
开始 AND	一个或多个运算对象	结束 AND
开始 OR	一个或多个运算对象	结束 OR
开始 XOR	两个运算对象	结束 XOR
开始 NOT	一个运算对象	结束 NOT

1）"参数 X、Y、Z"：当在"对象类型和逻辑运算符"下拉框中选择点类型如点位置、块位置、圆心、直线端点等时，X、Y 和 Z 输入框被激活。使用时先单击"关系运算符"下拉列表以指定运算符，如选择"<（小于）"或">（大于）"，然后在右侧的文本框中输入过滤值。例如，如图 3-12 所示，以下过滤器选择了圆心大于或等于（10，10，0）、半径大于或等于 50 的所有圆。

2）"选择（E）…"：点击此按钮将显示一个对话框，其中列出了图形中指定类型的所有项目，据此选择要过滤的项目。例如，若选择对象类型为"颜色"，点击"选择（E）…"按钮将弹出"选择颜色"面板。

3）"添加到列表（L）"：单击此按钮将向"过滤器列表"添加"对象类型和逻辑运算符"下拉列表中的当前选项。除非手动删除，否则添加到未命名过滤器（缺省的过

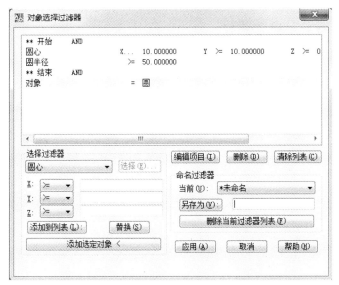

图3-12 "对象选择过滤器"对话框设置

滤器名）的过滤器特性在当前工作任务中仍然可用。

4）"替换（S）"：单击此按钮，"选择过滤器"中显示的某一过滤器特性将替换过滤器特性列表中的选定特性。

5）"添加选定对象<"：单击此按钮将向过滤器列表中添加图形中的一个选定对象。

（3）"编辑项目（I）"：点击该按钮可以将选定的过滤器特性移动到"选择过滤器"区域进行编辑，需随后单击"替换（S）"按钮才能完成过滤特性的编辑。

（4）"删除（D）"：点击该按钮可以从当前过滤器中删除选定的过滤器特性。

（5）"清除列表（C）"：点击该按钮可以从当前过滤器中删除所有列出的特性。

（6）"命名过滤器"："命令过滤器"选项组用于显示、保存和删除过滤器，包括"当前（U）"列表框、"另存为（V）"和"删除当前过滤器列表（F）"三个选项，其含义如下：

其一，"当前（U）"："当前（U）"标签右侧的下拉列表中加载了记录在 filter.nfl 文件中。

其二，"另存为（V）"："另存为（V）"按钮用于保存过滤器及其特性列表。保存之前，在文本框中输入名称，单击"另存为（V）"按钮。过滤器保存在 filter.nfl 文件中。过滤器名称最多可包含 18 个字符。

其三，"删除当前过滤器列表（F）"：从默认过滤器文件中删除当前过滤器及其所有特效。

（7）"应用（A）"：单击此按钮将退出"对象选择过滤器"对话框并显示"选择对象"提示，在此提示下创建一个选择集，假定为集合 A。应用当前过滤器后，将在集合 A 中选出符合过滤条件的对象，也就是说最终被选中的对象是集合 A 的子集。

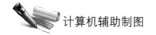

二、"选择对象"命令解释

当 Auto CAD 提示用户选择目标时，程序将提示用户建立编辑目标集。执行许多命令（包括 Select 命令）后都会出现"选择对象"提示。大部分情况下，Auto CAD 不指定选择的方式，如果用户想查看所有选项，浏览选择方式列表，当 Auto CAD 提示选择对象时，在命令行中输入"?"，将出现以下提示：

命令：select

选择对象：?

无效选择

需要点或窗口（W）/上一个（L）/窗交（C）/框（BOX）/全部（ALL）/栏选（F）/圈围（WP）/圈交（CP）/编组（G）/添加（A）/删除（R）/多个（M）/前一个（P）/放弃（U）/自动（AU）/单个（SI）/子对象/对象

各命令选项含义如下：

（1）"点选"：直接点击图元以选取目标。

（2）"窗口（W）"：使用两点确定矩形窗口，完全位于窗口内部的图元被选中。选择矩形（由两点定义）中的所有对象。从左到右指定角点创建窗口选择（从右到左指定角点则创建窗交选择）。

（3）"上一个（L）"：选择最近一次创建的可见对象。对象必须在当前空间（模型空间或图纸空间）中，并且一定不要将对象的图层设置为冻结或关闭状态。

（4）"窗交（C）"：使用两点确定矩形窗口，处于窗口内部及与窗口边界相交的元素被选中。窗交显示的方框为虚线或高亮度方框，这与窗口选择框不同。

（5）"框（BOX）"：使用两点确定矩形窗口，如果矩形的点是从右至左指定的，框选与窗交等价。否则，框选与窗选等价。

（6）"全部（ALL）"：选择解冻的图层上的所有对象。

（7）"栏选（F）"：选择与选择栏相交的所有对象，组成选择栏的线段可以相交。

（8）"圈围（WP）"：通过在待选对象周围指定一系列点来定义一个任意形状的多边形，完全位于多边形内部的图元将构成当前的选择集。该多边形可以为任意形状，但不能自相交或相切。当待选目标的分布区域不规则时可选择此选项。

（9）"圈交（CP）"：通过在待选对象周围指定一系列点来定义一个多边形，完全位于多边行内部或与多边形相交的图元将构成当前的选择集。该多边形可以为任意形状，但不能自相交或相切。当待选目标的分布区域不规则时可选择此选项。

（10）"编组（G）"：选择指定组中的全部对象。编组（G）选项应配合 Group 命令同时使用。

（11）"添加（A）"：切换到"添加（A）"模式可以使用任何对象选择方法将选定对

象添加到选择集，"添加"模式为默认模式。

（12）"删除（R）"：切换到"删除（R）"模式可以使用任何对象选择方法从当前选择集中删除对象。

（13）"多个（M）"：指定多次选择而不高亮显示对象，从而加快对复杂对象的选择过程。如果两次指定相交对象的交点，"多选"也将选中这两个相交对象。

（14）"前一个（P）"：选择最近创建的选择集。当使用删除命令后，"前一个（P）"选项失效，也即上一个选择集被清空。程序将跟踪是在模型空间中还是在图纸空间中指定每个选择集。如果在两个空间中切换将忽略"上一个（L）"选择集。

（15）"放弃（U）"：放弃选择最近加到选择集中的对象。

（16）"自动（AU）"：切换到自动选择模式指向一个对象即可选择该对象，指向对象内部或外部的空白区将形成框选方法定义的选择框的第一个角点。"自动"模式为默认模式。

（17）"单个（SI）"：切换到"单选"模式选择指定的第一个或第一组对象而不继续提示进一步选择。

（18）"子对象（SU）"：切换到"子对象"模式逐个选择原始形状，这些形状是复合实体一部分，或者三维实体上的顶点、边和面。可以选择这些子对象的其中之一，也可以创建多个子对象的选择集。选择集可以包含多种类型的子对象。

（19）"对象（O）"：结束子对象的功能。

第二节　夹点编辑模式

编辑修改是绘图中使用频率非常高的一部分，Auto CAD 提供了一种不用触摸键盘，也不使用下拉菜单和工具栏按钮就可以激活一些常用编辑命令的功能，这种功能称为夹点编辑模式，使用这种功能可以在一定程度上提高用户的绘图效率，因而在实际的图形编辑中常常被使用。

夹点是一些实心的小方框，使用定点设备指定对象时，对象关键点上将出现夹点。可以拖动这些夹点快速拉伸、移动、旋转、缩放或镜像对象。夹点编辑模式提供的常见编辑命令包括"移动（Move）""镜像（Mirror）""旋转（Rotate）""缩放（Scale）"和"拉伸（Stretch）"等。

一、激活夹点编辑模式

1. 选择目标

要进入夹点编辑模式，首先须使用激活命令前的目标选择方式选择待编辑目标。

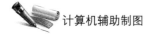
此时待编辑目标会以虚线形式显示，夹点同时也会以蓝色小方块形式显现。

2. 指定基准点

当用户点取任意一个夹点时，夹点将成为基准点，同时该夹点的标识颜色也会改变（缺省情况下变成红色）。此时，用户已启动夹点编辑模式。选择不同的基准点进入夹点编辑模式后，默认的编辑命令也是不一样的，如直线元素的三个夹点中，选中两端的夹点后将自动进入拉伸命令，而选中中间的夹点后，Auto CAD 会默认进入移动命令。选择基准点，右键将弹出如图 3-13 所示的右键菜单，通过在其上选择不同的菜单项，用户可基于基准点对被选中的目标进行"移动"、"镜像"、"旋转"、"缩放"和"拉伸"等操作。

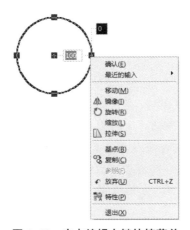

图 3-13　夹点编辑右键快捷菜单

用户还可以配合"Shift"键选择多个基准点同时对多个元素进行编辑。

二、使用自动编辑模式

1. 拉伸

对于大部分能够进行拉伸操作的图元来说，拉伸操作时进入夹点编辑模式后的默认操作。对于直线、多段线、矩形、正多边形等图元要素，拉伸命令即对被选择目标中的基准点进行重定位操作。对于圆、圆弧、椭圆等要素，用户可以通过该命令重定位圆周上的基准点以改变圆的半径。图 3-14 为矩形夹点拉伸编辑效果。

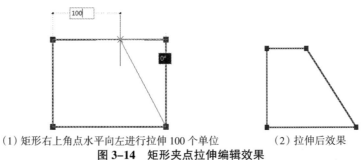

（1）矩形右上角点水平向左进行拉伸 100 个单位　　　　　（2）拉伸后效果
图 3-14　矩形夹点拉伸编辑效果

进入拉伸编辑模式后，命令行将提示：

命令：

** 拉伸 **

"指定拉伸点或［基点（B)/复制（C)/放弃（U)/退出（X)］："

各选项的含义如下：

（1）"指定拉伸点"：用户可以采用直接指定拉伸点的方式为基准点重定位，拉伸点的指定方法有使用鼠标点选和键盘输入两种。

（2）"基点（B)"：当需要重新选择基准点时选用此选项。

（3）"复制（C)"：选择此选项，被选中目标将首先被拷贝一份，然后再对被选中目标进行拉伸操作。

（4）"放弃（U)"：此选项可以自动取消拉伸过程中的上一步操作。

（5）"退出（X)"：此选项将退出命令。

2. 移动

移动过程是为所选取目标指定新位置的过程。在此过程中，目标的形状以及其他图形属性保持不变，如图 3-15 所示。

（1）圆心夹点编辑水平向左进行移动 300 个单位　　　　　　　　（2）圆夹点移动后效果

图 3-15　圆夹点移动编辑效果

进入移动编辑模式后，命令行提示如下：

命令：

** 移动 **

指定移动点或［基点（B)/复制（C)/放弃（U)/退出（X)］：300

移动目标所使用的大部分步骤与拉伸目标相同，用户首先选择目标，进而选择基准点，除部分情况下用户直接进入移动命令外，大部分时候用户需要使用鼠标右键单击基准点，在弹出的菜单中选择"移动"命令或键入"mo"之后将进入移动编辑模式。

3. 旋转

旋转是绕指定基点旋转所选定的目标。旋转目标所使用的大部分步骤与移动目标相同，用户选择目标，进而选择基准点，鼠标右键单击基准点在弹出菜单中选择"旋转"命令或键盘输入"r"进入旋转编辑模式。

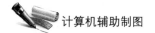
［注意］此时应确保动态输入功能关闭，否则键入"r"后将不能进入旋转编辑模式。用户进入旋转编辑模式后，命令行将提示：

命令：

** 旋转 **

"指定旋转角度或［基点（B)/复制（C)/放弃（U)/参照（R)/退出（X)］："

各选项的含义如下：

（1）"指定旋转角度"。用户通常可采用两种方式指定旋转角度：一种是键盘输入，另一种是使用鼠标在图形上指定点，该点与基准点所绘成的直线在极坐标系中的角度即为被选择对象的旋转角度（见图3-16）。

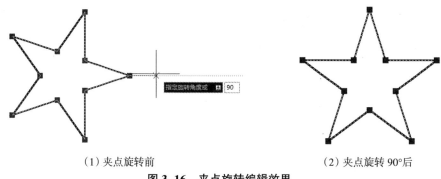

（1）夹点旋转前　　　　　　　　　　　　　　（2）夹点旋转90°后

图3-16　夹点旋转编辑效果

（2）"基点（B)"。若用户想绕某一点而不是在基准点旋转目标，可以使用"基点（B)"选项重新定位旋转基点。

（3）"参照（R)"。使用该选项可将对象从指定的角度旋转到新的绝对角度，执行"参照（R)"命令，效果如图3-17所示，系统提示如下：

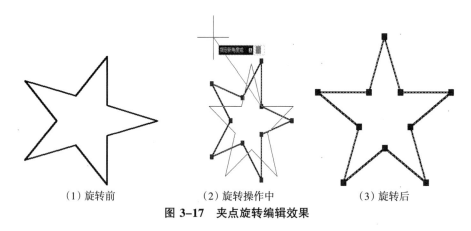

（1）旋转前　　　　　　　　（2）旋转操作中　　　　　　　（3）旋转后

图3-17　夹点旋转编辑效果

命令：

** 旋转 **

指定旋转角度或［基点（B）/复制（C）/放弃（U）/参照（R）/退出（X）]：r

指定参照角<0>：指定第二点：（拾取参照角度）

** 旋转 **

指定新角度或［基点（B）/复制（C）/放弃（U）/参照（R）/退出（X）]：

（4）"复制（C）"。选择此选项，被选中目标将首先被拷贝一份，然后再对被选中目标进行拉伸操作。

（5）"放弃（U）"。此选项可以自动取消拉伸过程中的上一步操作。

（6）"退出（X）"。此选项将退出命令。

4. 缩放

缩放是按照特定比例缩小或放大所选图形。图形缩放的步骤大致如下：首先选择目标，随后选择基准点，在鼠标右键菜单中选择"缩放"命令，或键入"scale"或"sc"进入缩放模式。

［注意］此时应确保动态输入功能关闭，否则键入"scale"或"sc"后将不能进入缩放编辑模式。

用户进入缩放编辑模式后，命令行将提示：

命令：

** 缩放 **

"指定比例因子或［基点（B）/复制（C）/放弃（U）/参照（R）/退出（X）]："

比例因子的起始值为1，该值可直接由键盘输入，也可以由鼠标在图形屏幕上拾取合适的点来确定，所拾取的点与基点之间的距离值即为比例因子。当选择"参照（R）"选项后，系统对图形的缩放比例由新指定的线段长度与参照长度的比值确定（见图3-18）。"基点（B）"、"复制（C）"、"放弃（U）"和"退出（X）"等选项的含义同上。

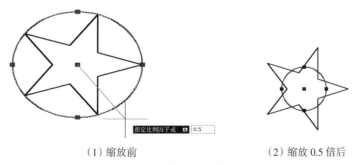

| (1) 缩放前 | (2) 缩放 0.5 倍后 |

图 3-18 夹点缩放编辑效果

5. 镜像

镜像编辑可实现对称复制效果。激活镜像操作的过程如下：首先选择目标，随后选择基准点，鼠标右键单击基准点，在弹出菜单中选择"镜像"命令或键入"mi"进

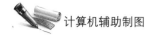

入镜像编辑模式。

[注意] 此时应确保动态输入功能关闭。根据基准点和指定的第二个点所确定的镜像线为镜像变换选定的目标，夹点镜像编辑效果如图 3-19 所示。

(1) 镜像前　　　　　　　(2) 沿 Y 轴镜像　　　　　(3) 镜像后

图 3-19　夹点镜像编辑效果

用户进入镜像编辑模式后，命令行将提示："指定第二点或 [基点 (B) /复制 (C) /放弃 (U) /退出 (X)]:"。

若基准点不在镜像线上，可使用"基点 (B)"选项更改基点。"复制 (C)""放弃 (U)"和"退出 (X)"等选项的含义同上。

第三节　视图工具

由于计算机显示器大小的限制，在绘制图形时，需要不断变换视图，以显示图形细节或全局。下面讲解视图工具，主要介绍视图缩放和视图管理的方法。

一、视图平移和视图缩放

1. 视图平移

视图平移即在不改变图形缩放比例的情况下移动全图，改变图面位置，方便用户观察当前视窗中图形的不同部位。开启平移状态有以下 5 种方式：

(1) 下拉菜单："视图 (V)" | "平移 (P)" | "实时平移"。

(2) 工具菜单栏："标准"工具栏的 ![按钮] 按钮。

(3) 命令行：pan 或 p。

(4) 快捷菜单：在没有选择任何图元的情况下，右击图形窗口，在右键弹出菜单中选择"平移 (A)"菜单项。

(5) 按住鼠标滚轮不放，可以实现"实时平移"。当用户发出"实时平移"命令后，屏幕上的十字光标变成手型图标，按住鼠标滚轮不放拖动鼠标，当前视窗中的图形将随光标移动方向移动。用户可以通过"Esc"键或回车键结束实时平移命令，或单击鼠标右键弹出菜单中的"退出（Exit）"选项以结束此命令。

2. 视图缩放

为方便用户更清楚地观察或修改图形，Auto CAD 还提供了"视图缩放"功能，即在屏幕上对图形放大或缩小。缩放命令不改变图形中对象的绝对大小，只改变视图的比例。

Auto CAD 中提供了多种视图缩放方式。我们可以通过以下几种方式开启视图缩放功能：

（1）下拉菜单："视图（V）"｜"缩放（Z）"。

（2）工具栏按钮："标准"工具栏之 🔍 按钮。

（3）命令行：zoom 或 z。

（4）快捷菜单：在没有选择任何图元的情况下，右击图形窗口，在弹出菜单中选择"缩放"菜单项。

（5）向前或向后滚动鼠标滚轮，可以实现视图的缩放。

激活视图缩放命令（zoom）后，命令行会出现如下提示：

命令：zoom

指定窗口的角点，输入比例因子（nX 或 nXP），或者［全部（A）/中心（C）/动态（D）/范围（E）/上一个（P）/比例（S）/窗口（W）/对象（O）］<实时>：

各主要选项的含义如下：

（1）"全部（A）"：在当前视图中缩放显示整个图形。在平面视图中，所有图形将被缩放到栅格界限和当前范围两者中较大的区域中。在三维视图中，Zoom 命令的"全部"选项与"范围"选项等效，即使图形超出了栅格界限也能显示所有对象。

（2）"中心（C）"：选择"中心（C）"选项后命令行会出现如下提示：

命令：

指定中心点：

输入比例或高度<当前值>：

指定中心点并输入比例或高度后，由上述二要素所定义的窗口范围内的图形将布满下一个视图窗口。

（3）"动态（D）"：使用此选项时，Auto CAD 首先显示平移视图框，将其拖动到所需位置并单击，继而显示缩放视图框，调整其至合适大小后按回车键，当前视图框中的区域将布满整个视图窗口。

（4）"范围（E）"：将所有对象最大化地显示在当前图形窗口。

（5）"上一个（P）"：缩放显示上一个视图。

［注意］使用此命令最多可恢复此前的 10 个视图。

（6）"比例（S）"：以指定的比例因子缩放显示。选择此选项时，命令行会提示："输入比例因子（nX 或 nXP）；"，若以"nX"方式输入，即输入数值后再键入"x"，表示将根据当前视图指定比例。例如，输入"0.5x"使屏幕上的每个对象显示为原来大小的 1/2。若以"nXP"方式输入比例因子，例如键入"0.5xp"，Auto CAD 将以图纸空间单位的显示模型空间。另外，直接输入数值将指定相对图形界限的比例，此选项不常用。例如，在命令行键入"z"执行视图操作时，直接键入"2"，Auto CAD 将以对象原来尺寸的两倍显示对象。

（7）"窗口（W）"：选用此选项，由两个角点定义的矩形窗口框定的区域将充满整个视图窗口。

（8）"对象（O）"：缩放以尽可能大地显示一个或多个选定的对象并使其位于绘图区域的中心。

（9）"实时"：使用此选项，缩放区随鼠标的变化而连续变化，从而实现实时缩放。实时模式下，在绘图区按下鼠标左键，光标即成为放大镜。向上移动鼠标，图形放大；向下移动鼠标，图形缩小。当绘图区域变成用户所期望的大小时，可按"Esc"键、回车键或点击右键弹出菜单上的"退出"选项以结束实时缩放，也可以点击右键弹出菜单上的"其他"选项以执行其他操作。

3. 透明缩放

透明缩放可以在其他命令激活时执行。在任何命令提示行（提示用户输入文本除外）下键入"zoom"或"z"便可以激活透明缩放明令，注意务必在命令前面加上"'"符号。

例如，在绘制圆命令过程中使用透明缩放命令：

命令：_circle 指定圆的圆心或［三点（3P)/两点（2P)/相切、相切、半径(T)］:'z
>>指定窗口的角点，输入比例因子（nX 或 nXP），或者
［全部（A)/中心（C)/动态（D)/范围（E)/上一个（P)/比例（S)/窗口（W)/对象(O)］<实时>：
>>>>指定对角点：
正在恢复执行 CIRCLE 命令。
指定圆的圆心或［三点（3P)/两点（2P)/相切、相切、半径（T)］：
指定圆的半径或［直径（D)］<100.0000>：

在通常情况下，工具栏按钮和下拉菜单自动使用透明缩放。需要注意的是，在执行某些命令时将不能进行透明缩放，这些命令包括 Vpoint、Dview 和 Zoom 本身等。

二、视图管理操作

使用视图缩放命令下的"上一个（P）"选项可恢复每个视窗中显示的最后一个视

图，最多可恢复前 10 个视图。当需要恢复更早的视图时，则必须使用命名视图功能。命名视图随图形一起保存并可以随时使用。当需要在布局、打印或参考特定的细节时，可将命名视图恢复到当前布局下的视窗中。Auto CAD 的直接输出功能最好也能与命名视图功能搭配使用。

1. 命令激活方式

使用下拉菜单"视图 (V)"｜"命名视图 (N) …"或 View 命令可以激活"视图管理器"对话框，如图 3-20 所示。可用"视图管理器"对话框进行创建、设置、重命名、修改和删除命令视图（包括模型命名视图）、相机视图、布局视图和预设视图。单击一个视图可以显示该视图的特性。

图 3-20　"视图管理器"对话框

图 3-21　"视图管理器"对话框

2. "视图管理器"对话框选项解释

（1）"当前视图"：此文本标签显示当前视图的名称。"视图"对话框第一次显示时，当前视图的名称显示为"当前"。

（2）"查看 (V)"选项组包括"视图列表"预览框、"基本"卷展栏、"视图"卷展栏、"剪裁"卷展栏、"置为当前 (C)"、"新建 (N)"、"更新图层 (L)"、"编辑边界 (B)"和"删除 (D)"9 个选项。

3. 新建视图

使用下拉菜单"视图 (V)"｜"命名视图 (N)"激活"视图管理器"对话框，点击"新建 (N)"按钮，弹出如图 3-22 所示的"新建视图"对话框。

"新建视图"对话框包括"视图名称 (N)"、"视图类别 (G)"、"边界"、"设置"和"背景"5 个选项组，各选项组含义如下：

（1）"视图名称 (N)"：可以在"视图名称 (N)"文本框中输入并指定视图名称，该名称最多可以包含 225 个字符，可以包括字母、数字、空格、Microsoft Windows 和本程序未作他用的特殊字符。

图 3-22 "新建视图"对话框   图 3-23 "新建视图"对话框

（2）"视图类别（G）"：使用"视图类别（G）"下拉列框指定命名视图的类别，例如总图或效果图。用户可以从列表中选择一个视图类别，也可输入新的类别或保留此选项为空。

如果在图纸集管理器中更改了命名视图的类别，则在下次打开该图形文件时，所做的更改将显示在"视图"对话框中。

（3）"边界"：在此视图框内定义视图的边界，系统提供了 2 个选项，其中："当前显示（C）"：单击此单选钮时将使用当前显示作为新视图。"定义窗口（D）"：单击此单选钮时，Auto CAD 将提示用户指定两个角点，并以此两点所定义的窗口作为新视图的范围。

（4）"定义视图窗口"按钮 ：单击此按钮将暂时关闭"新视图"和"视图管理器"对话框以便可以使用鼠标来定义"新视图"窗口的两个对角点。

（5）"设置"：此选项组提供用于将设置与命名视图一起保存的选项，包括"将图层快照与视图一起保存（L）"、"UCS（U）"、"活动截面（S）"和"视觉样式（V）"4个选项。

（6）"背景"：此选项组用来指定"替代默认背景"。系统默认"当前替代：无"，勾选"替代默认背景（B）"复选框后将自动弹出"背景"对话框，用户可以在"背景"对话框中设置背景替代的样式。此选项适用于其视觉样式未设置为"二维线框"的模型视图，指定应用于选定视图的背景替代，可采用"纯色"、"渐变色"或"图像"等背景替代方式。"当前替代"：显示当前替代类型（如果已定义）。"预览框"显示当前背景

（如果已定义）。

4.“背景”对话框选项解释

使用下拉菜单“视图（V）”|“命名视图（N）”激活“视图管理器”对话框，点击“新建（N）”按钮，弹出如图3-23所示的“新建视图”对话框。在“视图名称（N）”文本框中输入“新视图”，点击“确定”按钮，返回到“视图管理器”对话框，如图3-24所示。

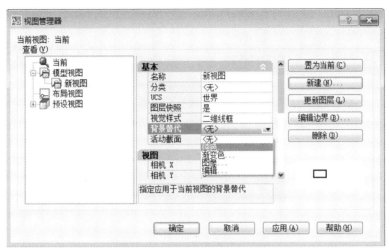

图3-24　“视图管理器”对话框

（1）“纯色…”类型。点击“背景替代”类型下拉列表，选择“纯色…”，系统将自动将弹出如图3-25所示“背景”对话框。

可在“背景”对话框中进行背景设置，在“类型”下拉列表显示当前类型为“纯色”，该方式是以单色纯色作为背景，可以通过下拉列表选择其他类型。“实体选项”显示当前颜色，单击颜色条按钮，将弹出“选择颜色”对话框，用户可以在该对话框中设置所选择的颜色。预览框中显示了背景预览效果。

（2）“渐变色…”类型。点击“背景替代”类型下拉列表，选择“渐变色…”，系统将自动弹出如图3-26所示“背景”对话框。

在“类型”下拉列表显示当前类型为“渐变色”，该方式以双色或三色渐变色作为背景，可以通过下拉列表选择其他类型。“渐变色选项”选项组包括“三色”复选框、“旋转”微调框、“顶部颜色”颜色条、“中间颜色”颜色条和“底部颜色”颜色条。勾选“三色”复选框指定三色渐变色。如果未选择该复选框，则可以指定双色渐变色。点击颜色条，可以打开“选择颜色”对话框，用户可以在该对话框中设置所选择的颜色。预览框中显示了背景预览效果。

（3）“图像…”类型。点击“背景替代”类型下拉列表，选择选择“图像…”，系统将自动弹出如图3-27所示“背景”对话框。

图 3-25 "背景"对话框

图 3-26 "背景"对话框

在"类型"下拉列表显示当前类型为"图像",该方式以图像作为背景,可以通过下拉列表选择其他类型。"图像选项"组列出当前背景图像的路径,单击"浏览…"按钮可以更改背景图像。"调整图像…"按钮控制应用于模型空间命名视图的背景图像的选项。单击"调整图像…"按钮 调整图像... ,将弹出如图 3-28 所示的"调整背景图像"对话框。"预览"可以预览当前背景设置效果。

图 3-27 "背景"对话框

图 3-28 "调整背景图像"对话框

(4)"调整背景图像"对话框选项解释。单击"调整图像…"按钮 调整图像... ,将弹出如图 3-28 所示的"调整背景图像"对话框。

"图像位置（I）"。该选项用于确定命名视图中图像的位置。系统提供了 3 种图像位置，可以在 3 个选项中任意选择。"中央"：将图像置于中心，而不更改图像的宽高比或比例。"拉伸"：将图像置于中心，并将其沿 X 轴和 Y 轴同时拉伸（按比例），以使图像占据整个视图。如果希望打印背景图像，请将图像位置设置为"拉伸"。"平铺"：将图像置于视图的左上角，并根据需要重复图像以填满关联视口中的空间，并保留该图像的宽高比和比例。

"滑块调整"选项由"偏移"和"比例"2 个方式选项组成。"偏移"：指定图像偏移控制（如果选择"拉伸"作为图像位置，则此选项不可用）。偏移值在 X 或 Y 轴上的变化范围均从 −2000 到 +2000。通过拖动滑块来调整偏移值。"比例"：指定图像比例（如果选择"拉伸"作为图像位置，则此选项不可用）。比例值在 X 或 Y 轴上的变化范围均从 0.1 到 10。通过拖动滑块来调整比例值。

"垂直位置滑块"。如果选择了"偏移"选项，则垂直偏移该图像（Y 坐标偏移）。如果选择了"比例"，则调整该图像的 Y 坐标比例。

"水平位置滑块"。如果选择了"偏移"选项，则水平偏移该图像（X 坐标偏移）。如果选择了"比例"，则调整该图像的 X 坐标比例。

"重置（R）"。单击"重置（R）"按钮可以将"偏移"或"比例"设置重置为其默认值。

"缩放时维持宽高比（M）"。勾选该复选框可以同时锁定 X 和 Y 轴。相应地移动两个滑块，如果选择"平铺"并修改偏移值使位图矩形显示在投影矩形之外，则显示视图时，位图将不在绘图区域的中心（排列时，偏移实际上是一段位移而不是绝对位置）；如果位图显示在投影矩形之外，则该位图不会显示在视图内。

"确定"。点击"确定"按钮，确认设置后，重新返回"背景"对话框。

"取消"。点击"取消"按钮，取消设置，可以返回"背景"对话框。

第四节　基本编辑命令

编辑对象是指改变对象的尺寸、形状和位置。Auto CAD 中提供了多种编辑工具，通过这些工具我们可以修改已有的对象，从而获得精准度更高的图形。本节介绍编辑工具栏上的编辑命令。

编辑工具栏中所涉及的编辑命令包括删除（Delete）、复制（Copy）、镜像（Mirror）、偏移（Offset）、阵列（Array）、移动（Move）、旋转（Rotate）、缩放（Scale）、拉伸（Stretch）、修剪（Trim）、延伸（Extend）、打断（Break）、合并（Join）、倒角（Chamfer）、圆角（Fillet）和分解（Explode）等（见图 3-29）。与夹点编辑模式下不同

的是，此处应先激活编辑命令，然后再选择待编辑对象。

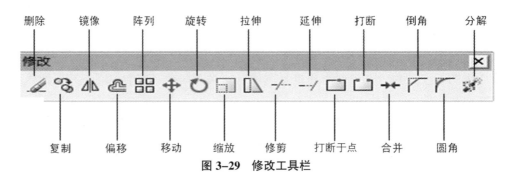

图 3-29　修改工具栏

一、删除（Erase）

1. 命令激活方式

可以采用以下多种方法从图形中删除对象：

（1）下拉菜单："修改（M）"│"删除（E）"。

（2）命令行：erase 或 e。

（3）工具栏按钮："修改"工具栏上的 按钮。

（4）选择对象，然后使用"Ctrl+X"组合键。

（5）选择对象，然后按"Delete"键。

（6）使用 Purge 命令删除未使用的命名对象，包括块定义、标注样式、图层、线型和文字样式。

2. 命令选项解释

执行删除命令，命令行提示如下：

命令：_erase

选择对象：找到 1 个（选择删除对象）

选择对象：找到 1 个，总计 2 个（选择删除对象）

选择对象：指定对角点：找到 1 个，总计 3 个（选择删除对象）

选择对象：（按 Enter 键结束命令）

为恢复意外删除的对象，用户可使用 Undo 命令；或在使用删除命令后，立即使用 Oops 命令以恢复最近使用 Erase 命令所删除的对象。

二、复制（Copy）

使用复制命令可以为原对象在指定的角度和方向创建副本。用户可以配合坐标、栅格、对象捕捉和其他工具精准复制对象。在 Auto CAD 2007 中复制命令可以自动执行多重复制操作，按回车键或按"Esc"键将退出复制命令。

1. 命令激活方式

可以采用下列方法之一，启动复制命令：

（1）下拉菜单：“修改（M）”｜“复制（Y）”。

（2）命令行：copy 或 co。

（3）工具栏按钮：“修改”工具栏上的 按钮。

2. 命令选项解释

点击“修改”工具栏上的 按钮，启用 Copy 命令后，命令行会出现如下提示：

命令：co

COPY

选择对象：指定对角点：找到 1 个

选择对象：

指定基点或［位移（D）］<位移>：指定第二个点或<使用第一个点作为位移>：

指定第二个点或［退出（E）/放弃（U）］<退出>：

各选项的含义如下。

（1）“基点”。图形窗口中拾取一个点或者输入一个绝对坐标值，将激活此选项，系统进而提示“指定第二个点或<使用第一个点作为位移>：”，再次拾取或输入点后便定义了一个矢量，指示复制对象移动的距离和方向；若在上述提示下直接按回车键，以响应“使用第一个点作为位移”，则第一个点将视为相对位移。例如，指定基点为（10，-50），并在下一个提示下按回车键，对象将从其当前位置复制到 X 向上方向 10 个单位、Y 向下方向 50 个单位的位置。

（2）“位移（D）”。输入坐标值指定相对距离和方向。这里输入的坐标表示相对坐标，但坐标前不需要加“@”符号。

三、镜像（Mirror）

使用镜像可以绕指定轴翻转对象创建对称的镜像图像。镜像对创建对称的对象非常有用，因为可以快速地绘制半个对象，然后将其镜像，而不必绘制整个对象。绕轴（镜像线）翻转对象创建镜像图像。要指定临时镜像线，请输入两点。可以选择是删除原对象还是保留原对象。在默认情况下，镜像文字、属性和属性定义时，它们在镜像图像中不会反转或倒置。文字的对齐和对正方式在镜像对象前后相同。如果确实要反转文字，将 MIRRTEXT 系统变量设置为 1。MIRRTEXT 会影响使用 Text、Attdef 或 Mtext 命令、属性定义和变量属性创建的文字。镜像插入块时，作为插入块一部分的文字和常量属性将被反转，而不管 MIRRTEXT 的设置。

1. 命令激活方式

可以采用下列方法之一，启动复制命令：

（1）下拉菜单："修改（M）"｜"镜像（I）"。

（2）命令行：mirror 或 mi。

（3）工具栏按钮："修改"工具栏上的 按钮。

2. 命令选项解释

点击"修改"工具栏上的 按钮，启用 Mirror 命令后，命令行会出现如下提示：

命令：_mirror

选择对象：找到 1 个

选择对象：指定镜像线的第一点： 指定镜像线的第二点：

要删除源对象吗？[是（Y）/否（N）] <N>：

各选项的含义如下。

（1）"指定镜像线的第一点"和"指定镜像线的第二点"：指定的两个点将成为直线的两个端点，选定对象相对于这条直线被镜像。

（2）"要删除源对象吗？"：选择"是（Y）"将镜像的图像放置到图形中并删除原始对象。选择"否（N）"将镜像的图像放置到图形中并保留原始对象。

在默认情况下，镜像文字对象时，不更改文字的书写方向。如果确实要反转文字，将 MIRRTEXT 系统变量设置为 1。

四、偏移（Offset）

"偏移"（Offset）命令用于创建与选定对象造型平行的新对象。应用"偏移"命令时，不同的图元对象偏移的效果是不同的，偏移圆或圆弧可以创建更大或更小的圆或圆弧；当偏移直线时，会形成一系列平行直线；当选择封闭的图形，如多边形、矩形、多段线时，可以创建更大或更小的多边形、矩形或多段线。一般在绘制户型平面图时，常使用 Offset 命令绘制轴网；在绘制城市规划图时，此命令常用于绘制道路边界和各类控制后退线等图形要素。

1. 命令激活方式

可以通过以下方式之一启动命令：

（1）下拉菜单："修改（M）"｜"偏移（S）"。

（2）命令行：Offset 或 o。

（3）工具栏按钮："修改"工具栏上的 按钮。

2. 命令选项解释

选择下拉菜单"修改（M）"｜"偏移（S）"，启用 Offset 命令后，命令行会出现如下提示：

命令：OFFSET

当前设置：删除源＝否图层＝源 OFFSETGAPTYPE＝0

指定偏移距离或［通过（T）/删除（E）/图层（L）］<500.0000>：800

选择要偏移的对象，或［退出（E）/放弃（U）］<退出>：

指定要偏移的那一侧上的点，或［退出（E）/多个（M）/放弃（U）］<退出>：

（1）"指定偏移距离"：指定偏移后对象对源对象的距离。用户可以直接输入距离值，或在图形窗口中指定两点来确定偏移距离。

（2）"通过（T）"：创建通过指定点的偏移对象。

（3）"删除（E）"：若用户选择此选项，则创建偏移对象后将删除源对象。

（4）"图层（L）"：通过此选项来确定将确定偏移对象创建在当前图层上还是源对象所在的图层上。激活此选项后，Auto CAD 将提示："输入偏移对象的图层选项［当前（C）/源（S)）]<源>:"，键入"C"时偏移对象创建在当前图层上，否则将创建在源对象所在的图层上。

3. 实例

以道路中心线作为中心，利用偏移命令生成道路，道路宽 60 米，效果如图 3-30 所示，命令行提示如下：

命令：_offset

当前设置：删除源＝否图层＝当前 OFFSETGAPTYPE＝0

指定偏移距离或［通过（T）/删除（E）/图层（L）］<100.0000>：l（设置偏移对象的图层，按 Enter 键）

输入偏移对象的图层选项［当前（C）/源（S）］<当前>：c（将偏移对象设置到当前图层，按 Enter 键）

指定偏移距离或［通过（T）/删除（E）/图层（L）］<100.0000>：30（设置偏移对象偏移距离，按 Enter 键）

选择要偏移的对象，或［退出（E）/放弃（U)]<退出>：（拾取水平道路中心线）

指定要偏移的那一侧上的点，或［退出（E）/多个（M）/放弃（U）］<退出>：（在水平道路中心线上方拾取一点）

选择要偏移的对象，或［退出（E）/放弃（U）］<退出>：（拾取水平道路中心线）

指定要偏移的那一侧上的点，或［退出（E）/多个（M）/放弃（U）］<退出>：（在水平道路中心线下方拾取一点）

选择要偏移的对象，或［退出（E）/放弃（U）］<退出>：（拾取竖直道路中心线）

指定要偏移的那一侧上的点，或［退出（E）/多个（M）/放弃（U）］<退出>：（在竖直道路中心线左面拾取一点）

选择要偏移的对象，或［退出（E）/放弃（U）］<退出>：（拾取竖直道路中心线）

指定要偏移的那一侧上的点，或［退出（E）/多个（M）/放弃（U）］<退出>：（在竖

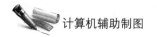

直道路中心线右面拾取一点）

选择要偏移的对象，或［退出（E)/放弃（U)］<退出>：（按 Enter 键结束命令）

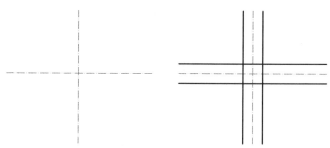

（1）相交的道路中心线　　　（2）分别向道路中心线两侧偏移 30 个单位

图 3-30　利用偏移命令绘制道路交叉路口

五、阵列（Array）

"阵列"实质上是对原始对象和其多个副本之间进行有规律排列的过程。根据排列规则的不同，阵列分为矩形阵列与环形阵列。矩形阵列，用户可通过控制行和列的数目以及它们之间的距离实现多重复制；环形阵列，用户可通过控制对象副本的数目并决定是否旋转副本来实现阵列操作。创建多个排列规则的对象的情况下，使用阵列命令比复制命令速度更快，效率更高。

1. 命令激活方式

可采用以下几种方式激活"阵列"命令：

（1）下拉菜单："修改（M)"｜"阵列（A)…"。

（2）命令行：输入 array 或 ar，并按回车键确认，弹出"阵列"对话框。

（3）工具栏按钮："修改"工具栏上的 ⊞ 按钮。

点击下拉菜单，选择"修改（M)"｜"阵列（A)…"命令，将弹出如图 3-31 所示的"阵列"对话框。

"阵列"对话框包含"矩形阵列（R)"和"环形阵列（P)"2 个选项按钮，用户可在这两种阵列方式中选择一种阵列形式。对于矩形阵列，可以控制行和列的数目以及它们之间的距离。对于环形阵列，可以控制对象副本的数目并决定是否旋转副本。"选择对象（S)"按钮，用于选择阵列的对象，点击该按钮将返回绘图界面，可以通过窗选、点选等方式选择阵列对象，按 Enter 键或空格键返回"阵列"对话框。预览框中可以对阵列效果进行预览。设置完成后可以通过点击"预览（V)<"[预览(V) <]按钮，将临时退出"阵列"对话框返回绘图界面，预览阵列效果。在如图 3-32 所示的"阵列"窗口中，有"接受"、"修改"和"取消"3 个按钮。点击"接受"可直接确认当前阵列效果，如果点击"修改"将重新返回"阵列"对话框修改调整阵列参数，点击"取消"将取消阵列操作。

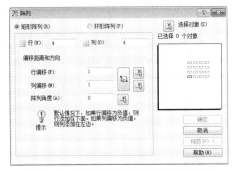

图 3-31　"阵列"对话框的矩形阵列

图 3-32　"阵列"窗口

下面分别阐述"矩形阵列（R）"和"环形阵列（P）"的方法。

2. 矩形阵列

"矩形阵列（R）"创建所选定对象副本的行和列，对话框内各选项的含义如下：

（1）"行（W）"。在此输入框中指定阵列中的行数。若仅指定一行，则需指定多列。

（2）"列（O）"。在此输入框中指定阵列中的列数。若仅指定一列，则需指定多行。

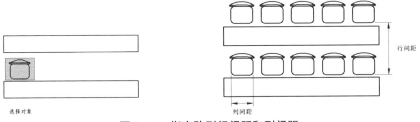

图 3-33　指定阵列行间距和列间距

（3）"偏移距离和方向"。该选项组由"行偏移（F）"、"列偏移（M）"、"阵列角度（A）"、"拾取两个偏移"按钮、"拾取行偏移"、"拾取列偏移"和"拾取阵列的角度"7 个选项组成。

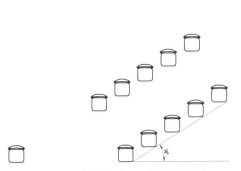

图 3-34　旋转角度 30°的阵列效果

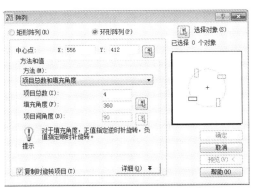

图 3-35　"阵列"对话框的环形阵列图

3. 环形阵列

环形阵列通过围绕指定的圆心复制选定对象来创建阵列。单击"环形阵列（P）"，将弹出如图 3-35 所示的创建"环形阵列（P）"对话框，对话框内个选项的含义如下：

（1）"中心点"。对应的"X:"和"Y:"输入框中显示的是环形阵列中心的 X 和 Y 坐标。X 坐标和 Y 坐标可直接输入，也可以使用"拾取中心点"按钮将拾取的点设定为环形阵列的中心点。

（2）"拾取中心点"。点击位于 Y 坐标右侧的按钮，将临时关闭"阵列"对话框，以便用户使用鼠标或其他定点设备在绘图区域中指定中心点。

（3）"方法和值"。该选项组包括"方法（M）"、"项目总数（I）"、"填充角度（F）"、"项目间角度（B）"、"拾取填充角度"按钮和"拾取项目间角度"按钮 6 项。

（4）"复制时旋转项目"。勾选该复选框，项目在阵列复制时将进行旋转。如图 3-36 所示，显示了勾选"复制时旋转项目"复选框后的阵列效果。

图 3-36　勾选"复制时旋转项目"复选框后阵列效果

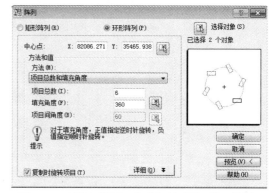

图 3-37　展开"详细（O）"的"阵列"对话框

（5）"详细（O）/简略（E）"。点击"详细（O）"按钮，将弹出"阵列"对话框的附加选项的显示，此时此按钮名称变为"简略（E）"，如图 3-37 所示。点击"简略（E）"按钮，将关闭"阵列"对话框的附加选项的显示，此时此按钮名称变为"详细（O）"。

（6）"对象基点"。相对于选定对象指定新的参照（基准）点，对指定对象进行阵列操作时，这些选定对象上的基准点将与阵列中心点保持不变的距离。Auto CAD 根据对象类型指定不同的默认基点，如表 3-2 所示。该选项组包含"设为对象的默认值（D）"复选框和"基点"2 个选项，其含义如下：

表 3-2　对象基点设置

对象类型	默认基点
圆弧、圆、椭圆	圆心
多边形、矩形	第一个角点
圆环、直线、多段线、射线、样条曲线	起点
块、多行文字、单行文字	插入点

其一，"设为对象的默认值（D）"：勾选该复选框，将使用对象的默认基点定位阵列对象。要手动设置基点，需要清除此选项。

其二，"基点"：在"X:"和"Y:"输入框中设置新的 X 和 Y 基点坐标。用户也可以通过"拾取基点"按钮使用定点设备指定基点。构造环形阵列而不旋转对象时，为避免意外结果，需手动设置基点。

六、移动（Move）

可以从原对象以指定的角度和方向移动对象。使用坐标、栅格捕捉、对象捕捉和其他工具可以精确移动对象。"使用两点指定距离"是使用由基点及后跟的第二点指定的距离和方向移动对象。"使用相对坐标指定距离"是通过输入第一点的坐标值并按 Enter 键输入第二点的坐标值，来使用相对距离移动对象。坐标值将用作相对位移，而不是基点位置。

1. 命令激活方式

可以采用下列方法之一，启动复制命令：

（1）下拉菜单："修改（M）"|"移动（V）"。

（2）命令行：move 或 m。

（3）工具栏按钮："修改"工具栏上的 ⊞ 按钮。

2. 命令选项解释

点击"修改"工具栏上的 ⊞ 按钮，启用 Move 命令后，命令行会出现如下提示：

命令：_move

选择对象：找到 1 个（选择圆对象）

选择对象：（按 Enter 确定选择）

指定基点或 ［位移（D）］<位移>：（指定圆心 A 为基点）

指定第二个点或<使用第一个点作为位移>：（选择移动至 B 点，效果如图 3-37 所示）

各选项的含义如下。

（1）"基点"。图形窗口中拾取一个点或者输入一个绝对坐标值，将激活此选项，系统进而提示"指定第二个点或<使用第一个点作为位移>:"，再次拾取或输入点后便定义了一个矢量，指示复制的对象移动的距离和方向；若在上述提示下直接按回车，以响应"使用第一个点作为位移"，则第一个点将视为相对位移。例如，指定基点为（10，-50），并在下一个提示下按回车键，对象将从其当前位置复制到 X 向上方向 10 个单位、Y 向下方向 50 个单位的位置。如图 3-38 所示。

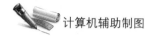

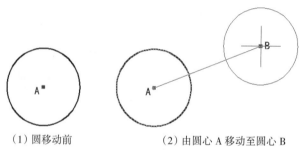

（1）圆移动前　　　　　　　（2）由圆心 A 移动至圆心 B

图 3-38　圆移动效果

（2）"位移（D）"。输入坐标值指定相对距离和方向。这里输入的坐标表示相对坐标，但坐标前不需要加"@"符号。

七、旋转（Rotate）

使用旋转命令可以绕指定基点旋转图形中的对象。要确定旋转的角度，请输入角度值；使用光标进行拖动，或者指定参照角度，以便与绝对角度对齐。

1. 命令激活方式

可以采用下列方法之一，启动复制命令：

（1）下拉菜单："修改（M）"｜"旋转（R）"。

（2）命令行：rotate 或 ro。

（3）工具栏按钮："修改"工具栏上的 ◎ 按钮。

2. 命令选项解释

点击"修改"工具栏上的 ◎ 按钮，启用 Rotate 命令后，命令行会出现如下提示：

命令：_rotate

UCS 当前的正角方向：ANGDIR＝逆时针　ANGBASE＝0

选择对象：指定对角点：找到 4 个（选择旋转对象）

选择对象：（按 Enter 确定选择）

指定基点：（指定圆心为基点）

指定旋转角度，或 ［复制（C）/参照（R）]<0>：45（旋转角 45°，效果如图 3-39 所示）

各选项的含义如下。

（1）"指定旋转角度"。用户通常可采用两种方式指定旋转角度：一种是键盘输入，另一种是使用鼠标在图形上指定点，该点与基准点所绘成的直线在极坐标系中的角度即为被选择对象的旋转角度（见图 3-39）。

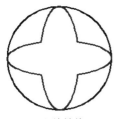
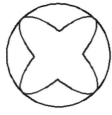

（1）旋转前　　　　　　（2）旋转 45°后　　　　　　（1）缩放前　　　　（2）缩放 0.5 倍后

图 3-39　旋转效果　　　　　　　　　　　　图 3-40　缩放效果

（2）"基点（B）"。若用户想绕某一点而不是基准点旋转目标，可以使用"基点（B）"选项重新定位旋转基点。

（3）"参照（R）"。使用该选项可将对象从指定的角度旋转到新的绝对角度，执行"参照（R）"命令，命令行提示：

指定参照角度<上一个参照角度>：（通过输入值或指定两点来指定角度）

指定新角度或［点（P）］<上一个新角度>：（通过输入值或指定两点来指定新的绝对角度）

旋转视口对象时，视口的边框仍然保持与绘图区域的边界平行。

八、缩放（Scale）

缩放是按照特定比例缩小或放大所选图形。

1. 命令激活方式

可以采用下列方法之一，启动复制命令：

（1）下拉菜单："修改（M）"｜"缩放（L）"。

（2）命令行：scale 或 sc。

（3）工具栏按钮："修改"工具栏上的 □ 按钮。

2. 命令选项解释

点击"修改"工具栏上的 □ 按钮，启用 Scale 命令后，命令行会出现如下提示：

命令：_scale

选择对象：指定对角点：找到 5 个（选择旋转对象）

选择对象：（按 Enter 键确认选择对象）

指定基点：（选择圆心作为缩放基点）

指定比例因子或［复制（C）/参照（R）］<1.0000>：0.5（指定比例因子 0.5，缩放效果如图 3-40 所示）

比例因子的起始值为 1，该值可直接由键盘输入，也可以由鼠标在图形屏幕上拾取

合适的点来确定，所拾取的点与基点之间的距离值即为比例因子。当选择"参照（R）"选项后，系统对图形的缩放比例由新指定的线段长度与参照长度的比值确定（见图 3-18）。"基点（B）"、"复制（C）"、"放弃（U）"和"退出（X）"等选项的含义同上。

九、拉伸（Stretch）

拉伸命令可以调整对象大小使在一个方向上或者是按比例增大或缩小，还可以通过移动端点、顶点或控制点来拉伸某些对象。

1. 命令激活方式

可以采用下列方法之一，启动复制命令：

（1）下拉菜单："修改（M）"｜"拉伸（H）"。

（2）命令行：stretch 或 s。

（3）工具栏按钮："修改"工具栏上的 ▯ 按钮。

2. 命令选项解释

点击"修改"工具栏上的 ▯ 按钮，启用 Stretch 命令后，命令行会出现如下提示：

命令：_stretch

以交叉窗口或交叉多边形选择要拉伸的对象…

选择对象：指定对角点：找到 4 个（交叉窗口选择拉伸对象）

选择对象：（按 Enter 键确认选择对象）

指定基点或［位移（D)]<位移>：（选择扇形左圆弧端点作为基点）

指定第二个点或<使用第一个点作为位移>：@300<0（指定第二点坐标，效果如图 3-41 所示）

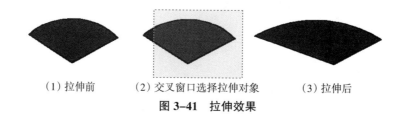

(1) 拉伸前　　(2) 交叉窗口选择拉伸对象　　(3) 拉伸后

图 3-41　拉伸效果

各选项的含义如下。

（1）"基点"。图形窗口中拾取一个点或者输入一个绝对坐标值，将激活此选项，系统进而提示"指定第二个点或<使用第一个点作为位移>:"，再次拾取或输入点后便定义了一个矢量，指示对象移动的距离和方向；若在上述提示下直接按回车，以响应"使用第一个点作为位移"，则第一个点将视为相对位移。

（2）"位移（D）"。输入坐标值指定相对距离和方向，这里输入的坐标表示相对坐标，但坐标前不需要加"@"符号。

3. 说明

使用拉伸命令，可以将拉伸交叉窗口部分包围的对象进行拉伸；完全包含在交叉窗口中的对象或单独选定的对象将产生移动效果，而不是拉伸效果。

十、修剪（Trim）

"修剪"（Trim）命令可以利用图形中以一个对象为边界来修剪另一个对象。使用 Trim 命令，用户需定义作为剪切边沿的对象和对象中想要剪切的部分。用户通过标准的对象选择方式来定义修剪边沿，修剪边沿可以是直线、弧线、圆多段线。启动命令后，选择剪切边界后，可在 Auto CAD 提示"选择对象"选择剪切对象，按回车键结束命令。

1. 命令激活方式

可以通过以下方式之一激活命令：

（1）下拉菜单："修改（M）"|"修剪（T）"。

（2）命令行：trim 或 tr。

（3）工具栏按钮："修改"工具栏上的 ⊹ 按钮。

2. 命令选项解释

选择下拉菜单"修改（M）"|"修剪（T）"命令，激活 Trim 命令后，命令行会出现如下提示：

命令：trim

当前设置：投影=UCS，边=无

选择剪切边…

选择对象或<全部选择>：

选择要修剪的对象，或按住 Shift 键选择要延伸的对象，或

[栏选（F）/窗交（C）/投影（P）/边（E）/删除（R）/放弃（U）]：

用户首先要在系统提示下选择"选择对象"，选择修剪与对象相交的"剪切边…"或按回车确认"<全部选择>"，这样默认图形上所有对象都可以作为剪切边界。其后面的命令选项含义如下：

（1）"选择要修剪的对象"：指定一个或多个待修剪对象，按回车键结束对象选择。

（2）"按住'Shift'键选择要延伸的对象"：按"Shift"键后，将延伸选定对象而不是修剪图元对象。

（3）"栏选（F）"：选择与选择栏相交的所有对象。选择栏是一系列临时线段，它们是用两个或多个栏选点指定的。

（4）"窗交（C）"：选择矩形区域（由两点确定）内部或与之相交的对象。

（5）"投影（P）"：指定修剪对象时使用的投影方法，激活此选项后将出现以下

选项：

其一，"无"。选择此选项后只修剪与三维空间中剪切相交的对象。

其二，"USC"。指定在当前用户坐标系 XY 平面上的投影。选择此选项后只修剪不与三维空间中剪切相交的对象。

其三，"视图"。指定沿当前视图方向的投影。选择此选项后只修剪与当前视图中剪切相交的对象。

（6）"边（E）"：确定对象是在另一对象的延长边处进行修剪，还是仅在三维空间中与该对象相交的对象处进行修剪，激活此选项后将出现以下选项：

其一，"延伸"：沿自身自然路径延伸剪切边使它与三维空间中的对象相交。

其二，"不延伸"：指定对象只在三维空间中与其他相交的剪切边处修剪。

（7）"删除（R）"：在不退出 Trim 命令的情况下删除选定对象。

（8）"放弃（U）"：撤销由 Trim 命令所作的最近一次修改。

图 3-42 为道路交叉路口修剪的效果。

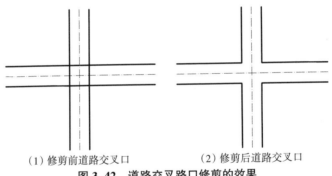

（1）修剪前道路交叉口　　　　　　　　（2）修剪后道路交叉口

图 3-42　道路交叉路口修剪的效果

3. 说明

（1）Auto CAD 2007 允许用直线（Line）、圆弧（Arc）、圆（Circle）、椭圆与椭圆弧（Ellipse）、多段线（Pline）、样条曲线（Spline）、构造线（Xline）、射线（Ray）作修剪边，用宽多段线作剪边时，沿其中心线修剪。

（2）Auto CAD 2007 可以隐含修剪边，即在提示选取修剪边"选择对象："时回车，Auto CAD 会自动确定修剪边。修剪边的同时也可以作为被剪边。

（3）带有宽度的多段线作为被剪边时，修剪交点按中心线计算，并保留宽度信息，切口边界与多段线的中心线垂直。

十一、延伸（Extend）

利用"延伸"（Extend）命令可将选定的对象延伸到指定的边界对象，Extend 命令的执行过程与 Trim 命令十分相似，用户需首先指定作为边界的对象（被选中对象要延伸到终止点，可使用任何选择对象的方式来指定），然后指定待延伸的对象。如果选中了多个边界线，待延伸对象将被延伸到第一个与它相交的边界。如果边界线对不会与延伸后的对象相交，Auto CAD 将会显示如下信息："对象未与边相交"。如果选中的待延伸的对象是不能被延伸的对象，则我们会得到下面的信息"无法延伸此对象"。

1. 命令激活方式

用户可采用以下方式激活延伸命令：

（1）下拉菜单："修改（M)"｜"延伸（D）"。

（2）命令行：Extend 或 ex。

（3）工具栏按钮："修改"工具栏上的 ￼按钮。

2. 命令选项解释

在命令行输入 Extend 命令后回车，命令行提示：

命令：extend

当前设置：投影=UCS，边=延伸

选择边界的边…

选择对象或<全部选择>：

选择要延伸的对象，或按住 Shift 键选择要修剪的对象，或

［栏选（F)/窗交（C)/投影（P)/边（E)/放弃（U)］：

命令各项选项含义如下：

（1）"选择边界的边"：指定一个或多个延伸对象边界，按回车键结束延伸边界对象选择。

（2）"选择要延伸的对象"：选择延伸边，为缺省项。若直接选取对象，即执行缺省项，Auto CAD 会把该对象延长到指定的边界边。

（3）"按住'Shift'键选择要修剪的对象"：按"Shift"键后，将修剪选定对象而不是延伸图元对象。

（4）"栏选（F)"：选择与选择栏相交的所有对象。选择栏是一系列临时线段，它们是用两个或多个栏选点指定的。

（5）"窗交（C)"：选择矩形区域（由两点确定）内部或与之相交的对象。

（6）"投影（P)"：该选项用来确定执行延伸的空间。执行该选项，Auto CAD 提示：

无（N)/Ucs（U)/视图（V)<Ucs>：

1）"无（N)"：按三维（不是投影）的方式延伸，即只有能够相交的对象才能延伸。

2）"UCS（U)"：在当前 UCS 的 XOY 平面上延伸（为缺省项），此时可在 XOY 平面上按投影关系延伸在三维空间中不能相交的对象。

3）"视图（V)"：在当前视图平面上延伸。

（7）"边（E）"：该选项用来确定延伸的方式。执行该选项，Auto CAD 提示：

延伸（E）/不延伸（N）<延伸>：

1）"延伸（E）"：如果边界边太短、延伸边延伸后不能与其相交，Auto CAD 会假想将边界边延长，使延伸边伸长到与其相交的位置。

2）"不延伸（N）"：按边的实际位置进行延伸。如果边界边太短、延伸边延伸后不能与其相交，Auto CAD 将不能执行延伸操作。

（8）"放弃（U）"：该项用来取消上一次的操作。

如图 3-43 所示的延伸效果。

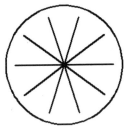 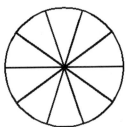

（1）直线延伸前　　　　　　（2）将直线一端延伸至圆边界

图 3-43　延伸效果

3. 说明

（1）Auto CAD 2007 允许用直线（Line）、圆弧（Arc）、圆（Circle）、椭圆和椭圆弧（Ellipse）、多段线（Pline）、样条曲线（Spline）、构造线（Xline）、射线（Ray）等作为边界的边。用带有宽度的多段线作边界边时，其中心线为实际的边界边。

（2）对于多段线，只有不封闭的多段线可以延长。如果要延长一条封闭的多段线，Auto CAD 提示"无法延伸该对象"。对于有宽度的直线段与圆弧，按原倾斜度延长，如果延长后其末端的宽度要出现负值，该端的宽度改为 0。

十二、打断（Break）

使用"打断"（Break）命令可以打断待编辑对象，单击"修改"工具栏上的 按钮以使用两点打断对象时，两个指定点之间的对象部分将被删除，对象中间因而产生间隙。特别地，当两个指定点重合，或在输入第二点时输入 @0，0 将打断对象而不产生间隙；当第二个指定点不在对象上，Auto CAD 将选择对象上与该点最接近的点，因此若要打断直线、圆弧或多段线的一端，可以在要删除的一端附近指定第二个打断点；当打断对象为圆时，程序将按逆时针方向删除圆上第一个打断点到第二个打断点之间的部分，从而将圆转换成圆弧。另外，用户也可以单击"修改"工具栏上的按钮以"打断于点"的方式直接创建无间隙的打断对象。需要注意的是，Break 命令不能用于块、标注、多线、面域等图元要素。

1. 命令激活方式

用户可采用以下三种方式之一激活打断命令：

（1）下拉菜单："修改（M）"｜"打断（K）"。

（2）命令行：break 或 br。

（3）工具栏按钮："修改"工具栏上的 ▣ 或 ▢ 按钮。

2. 命令选项解释

点击"修改"工具栏上的 ▣ 按钮，启动打断命令，命令行提示如下：

命令：_break 选择对象：>>

正在恢复执行 BREAK 命令。

选择对象：_int 于（使用某种对象选择方法，或指定对象上的第一个打断点）

指定第二个打断点或 ［第一点（F）］：（指定第二个打断点或输入 f）

命令选项解释如下：

（1）"选择对象"：将显示的下一个提示取决于选择对象的方式。如果使用定点设备选择对象，本程序将选择对象并将选择点视为第一个打断点。在下一个提示下，可以继续指定第二个打断点或替换第一个打断点。

（2）"指定第二个打断点"：指定用于打断对象的第二个点。

（3）"第一点（F）"：用指定的新点替换原来的第一个打断点。

3. 实例

（1）将圆自 A 点与 B 点间圆弧打断，效果如图 3-44 所示，命令行提示如下：

命令：_break

选择对象：_qua 于（按 shift 键+右键在弹出的捕捉模式菜单中选择切点捕捉模式，拾取点 A 位置）

指定第二个打断点或 ［第一点（F）］：（拾取点 B 位置）

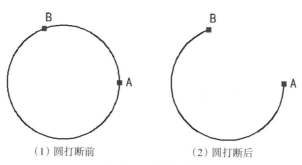

（1）圆打断前　　　　　　　　（2）圆打断后

图 3-44　打断圆

（2）将直线自 C 点和点 D 之间打断，效果如图 3-45 所示，命令行提示如下：

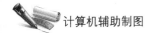

命令：_break 选择对象：（拾取直线）

指定第二个打断点或［第一点（F）］：F（重新设置打断第一点）

指定第一个打断点：（拾取点 C 位置）

指定第二个打断点：（拾取点 D 位置）

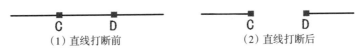

（1）直线打断前　　　　　　　　　（2）直线打断后

图 3-45　打断直线

十三、合并（Join）

使用"合并"（Join）命令可以将相似的对象合并为一个对象，可被合并的对象包括圆弧、椭圆弧、直线、多段线、样条曲线等。最初选定的对象称为源对象，可合并的对象随源对象的不同而不同，源对象与所有待合并的对象必须位于同一坐标平面上。

1. 命令激活方式

用户可采用以下三种方式之一激活合并命令：

（1）下拉菜单："修改（M）"|"合并（J）"。

（2）命令行：join 或 j。

（3）工具栏按钮："修改"工具栏上的 ➡➡ 按钮。

2. 命令选项解释

使用 Join 命令后，根据选定的源对象的不同，命令行将显示不同的提示，用户据此进行相应的操作：

（1）当源对象为直线时，Auto CAD 提示用户"选择要合并到源的直线："。要完成合并，所选的直线对象必须与源直线共线，但它们之间可以有间隙。

（2）当源对象为多段线时，Auto CAD 提示用户"选择要合并到源的对象："。被合并至源对象的对象可以是直线、多段线或圆弧，并且必须位于与 UCS 的 XY 平面平行的同一平面上，且对象之间不能有间隙。

（3）当源对象为圆弧时，Auto CAD 提示用户"选择圆弧，以合并到源或进行［闭合（L）］："，所选择的圆弧与源对象必须位于同一圆上，但是两者之间可有间隙，合并从源对象开始沿逆时针方向进行，"闭合"选项可将源圆弧直接转换成圆。

（4）当源对象为椭圆弧时，相关操作同源对象为圆弧时的情形，此处不再重复。

（5）当源对象为样条曲线时，Auto CAD 提示用户"选择要合并到源的样条曲线："，待合并的样条曲线对象必须与源对象位于同一平面内，并且必须首尾相邻。

3. 实例

（1）将图 3-46 中（1）所示的 5 段同心圆弧进行合并，效果如图 3-46 中（2）所示，命令行提示如下：

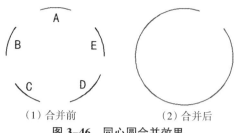

（1）合并前　　　　　　　　　　　（2）合并后

图 3-46　同心圆合并效果

命令：_join 选择源对象：

选择圆弧，以合并到源或进行［闭合（L）］：（拾取圆弧 A 作为合并的源）

选择要合并到源的圆弧：找到 1 个（拾取圆弧 B）

选择要合并到源的圆弧：找到 1 个，共 2（拾取圆弧 C）

选择要合并到源的圆弧：找到 1 个，共 3（拾取圆弧 D）

选择要合并到源的圆弧：找到 1 个，共 4（拾取圆弧 E，按 Enter 结束命令）

已将 4 个圆弧合并到源

（2）将图 3-47 中（1）所示的三段直线进行合并，效果如图 3-47 中（2）所示，命令行提示如下：

命令：JOIN选择源对象：（拾取直线 AB 作为合并的源）

选择要合并到源的直线：找到 1 个（拾取直线 CD）

选择要合并到源的直线：找到 1 个，总计 2 个（拾取直线 EF）

选择要合并到源的直线：（按 Enter 键结束命令）

已将 2 条直线合并到源

（1）合并前　　　　　　　　　　　（2）合并后

图 3-47　位于同一条直线上的三段直线合并效果

十四、倒角（Chamfer）

使用此命令，Auto CAD 将通过特定的数值剪切每个直线，并把两端点连接起来绘制新的直线。所涉及图元被剪切的距离可以不同，也可以相同。被剪切的两个对象不一定非要相交，但应保证它们延伸后能够相交。此命令仅适用于直线、二维多段线，不适用于圆弧、圆和椭圆等图元。当倒角距离都被设置为 0 时，Auto CAD 在两线段之间执行类似于 Extend 的命令，可以实现完全相交。

1. 命令激活方式

用户可以利用以下方法之一激活命令：

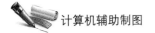

（1）下拉菜单："修改（M）"｜"倒角（C）"。

（2）命令行：Chamfer 或 cha。

（3）工具栏按钮："修改"工具栏上的 ▨ 按钮。

2. 命令选项解释

点击"修改"工具栏上的 ▨ 按钮，启用 Chamfer 命令后，命令行会出现如下提示：

命令：chamfer

（"修剪"模式）当前倒角距离 1=0.0000，距离 2=0.0000

选择第一条直线或〔放弃（U）/多段线（P）/距离（D）/角度（A）/修剪（T）/方式（E）/多个（M）〕

各命令选项的含义及用法如下：

（1）"选择第一条直线"：鼠标拾取对象时将自动激活此选项，所拾取的对象将作为此操作所需的第一个对象。所选对象的长度将在后续操作中调整以适应倒角线。特别地，在选择对象时按住"Shift"键，当前的倒角距离将被设定为 0。若选定对象是二维多段线的直线段，它们必须相邻或只能用一条线段分开。如果它们被另一条多段线分开，执行 Chamfer 将删除分开它们的线段，并代之以倒角。

（2）"多段线（P）"：此选项将对整个二维多段线倒角。对于闭合多段线，Auto CAD 将在多段线的每个顶点处产生倒角；对于开放多段线，除首末点外，其他顶点处均产生倒角。倒角所产生的直线段构成多段线的新线段。当多段线包含的线段过短以至于无法容纳倒角距离时，则不对这些线段倒角。

（3）"距离（D）"：设置倒角至选定边端点的距离。如果将两个距离均设置为零，Chamfer 将延伸或修剪两条直线，以使它们终止于同一点。

（4）"角度（A）"：用第一条线的倒角距离及与第二条线的夹角设置倒角距离。

（5）"修剪（T）"：控制 Chamfer 是否将选定的边修剪到倒角直线的端点。

（6）"方式（E）"：控制 Chanfer 使用两个距离还是一个距离一个角度来创建倒角。

（7）"多个（M）"：为多组对象的边倒角。Chamfer 将重复显示主提示和"选择第二个对象"的提示，直到用户按回车键结束命令。

3. 实例

倒角实例：对如图 3-48 中（1）所示的矩形进行倒角，要求倒角距离 1=300 单位，倒角距离 2=600 单位，倒角效果如图 3-48 中（2）所示，命令行提示如下：

命令：_chamfer

（"修剪"模式）当前倒角距离 1=0.0000，距离 2=0.0000

选择第一条直线或〔放弃（U）/多段线（P）/距离（D）/角度（A）/修剪（T）/方式（E）/多个（M）〕：d（设置倒角距离，按 Enter 键）

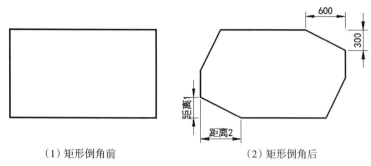

（1）矩形倒角前　　　　　　　　（2）矩形倒角后

图 3-48　矩形倒角效果

指定第一个倒角距离<0.0000>：300（指定第一个倒角距离 300，按 Enter 键）

指定第二个倒角距离<0.0000>：600（指定第二个倒角距离 300，按 Enter 键）

选择第一条直线或［放弃（U）/多段线（P）/距离（D）/角度（A）/修剪（T）/方式（E）/多个（M）］：p（选择多段线方式倒角，按 Enter 键）

选择二维多段线：（选择矩形）

4 条直线已被倒角

十五、倒圆角（Fillet）

在城市总体规划图绘制过程中，"倒圆角"（Fillet）命令常用于城市道路网的绘制。利用此命令可将两个图元要素以指定半径的圆弧连接起来，适用于圆弧、圆、椭圆和椭圆弧、直线、多段线、射线、样条曲线、构造线、三维实体等多种图元要素。该命令不仅可以连接两个相交的对象，也可以连接一对平行对象，对于后者，倒圆角将产生一个 180°的连接圆弧。另外，进行 Fillet 操作时使用"多段（P）"选项可以为多段线的所有角点添加圆角。

若要进行倒圆角的两个对象位于同一图层上，那么将在该图层上创建圆角弧。否则，将在当前图层上创建圆角弧，对象将继承该图层的特性。

1. 命令激活方式

可利用如下方法之一激活倒圆角命令：

（1）下拉菜单："修改（M）"｜"圆角（F）"。

（2）命令行：Fillet 或 f。

（3）工具栏按钮："修改"工具栏上的 按钮。

2. 命令选项解释

点击"修改"工具栏上的 按钮，启用 Fillet 命令后，命令行会出现如下提示：

命令：fillet

当前设置：模式 = 修剪，半径 = 0.0000

选择第一个对象或［放弃（U）多段线（P）/半径（R）/修剪（T）/多个（M）］：

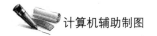

命令行所提示的各选项含义如下：

（1）"选择第一个对象"：鼠标拾取对象时将自动激活此选项，被拾取对象将作为此操作所需的第一个对象。接着，Auto CAD 将提示"选择第二个对象，或按住'Shift'键选择要应用角点的对象："，拾取第二个对象后 Auto CAD 将按设定的半径对两个对象进行倒圆角。若按住"Shift"键时拾取第二个对象，则倒圆角半径将自动设置为 0。需要指出的是，若所选的对象为直线、圆弧或多段线，它们的长度将被调整以适应圆角弧度。

（2）"多段线（P）"：使用此选项可在二维多段线的每个顶点处（首末点除外）插入圆角弧。特别地，当一条弧线段将两条汇聚于该弧线段的直线段分隔开时，Fillet 会删除该弧线段并将其替换为一个圆弧角。

（3）"半轻（R）"：定义倒角弧的当前半径值，修改此值并不影响现有的圆角弧。

（4）"修剪（T）"：控制 Fillet 是否将选定的边修剪到圆角弧的端点。

（5）"多个（M）"：当需要为多个对象集加圆角时选用此选项。

3. 实例

将如图 3-49 中（1）所示的道路交叉路口进行倒圆角，圆角半径 R=500 单位，效果如图 3-49 中（2）所示，命令行提示如下：

命令：_fillet

当前设置：模式=修剪，半径=0.0000

选择第一个对象或 [放弃（U）/多段线（P）/半径（R）/修剪（T）/多个（M）]：r（设置圆角半径参数，按 Enter 键）

指定圆角半径<0.0000>：500（设置圆角半径 500，按 Enter 键）

选择第一个对象或 [放弃（U）/多段线（P）/半径（R）/修剪（T）/多个（M）]：m（倒多个圆角，按 Enter 键）

选择第一个对象或 [放弃（U）/多段线（P）/半径（R）/修剪（T）/多个（M）]：（拾取直线 AB）

选择第二个对象，或按住 Shift 键选择要应用角点的对象：（拾取直线 BC）

选择第一个对象或 [放弃（U）/多段线（P）/半径（R）/修剪（T）/多个（M）]：（拾取直线 DE）

选择第二个对象，或按住 Shift 键选择要应用角点的对象：（拾取直线 EF）

选择第一个对象或 [放弃（U）/多段线（P）/半径（R）/修剪（T）/多个（M）]：（拾取直线 HG）

选择第二个对象，或按住 Shift 键选择要应用角点的对象：（拾取直线 HI）

选择第一个对象或 [放弃（U）/多段线（P）/半径（R）/修剪（T）/多个（M）]：（拾取直线 KJ）

选择第二个对象，或按住 Shift 键选择要应用角点的对象：(拾取直线 KL)

选择第一个对象或 [放弃（U）/多段线（P）/半径（R）/修剪（T）/多个（M）]：

(按 Enter 键结束命令)

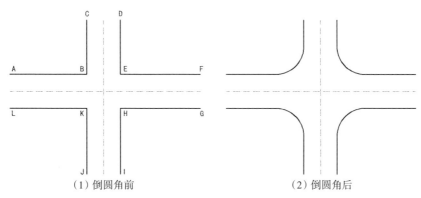

（1）倒圆角前　　　　　　　　　（2）倒圆角后

图 3-49　交叉路口倒圆角效果

十六、分解（Explode）

使用此命令可以将组成一个图块（Block）或其他复杂对象（如多段线）的对象分解成简单元素。

1. 命令激活方式

用户可采用以下方式激活分解命令：

（1）下拉菜单："修改（M）"｜"分解（X）"。

（2）命令行：Explode 或 x。

（3）工具栏按钮："修改"工具栏上的 按钮。

2. 实例

命令：_explode

选择对象：找到 1 个 [选择图 3-50（1）多段线]

选择对象：[按 Enter 键结束命令，效果如图 3-50（2）所示]

分解此多段线时丢失宽度信息。(系统提示信息)

可用 UNDO 命令恢复。(系统提示信息)

（1）多段线分解前　　　　（2）多段线分解后

图 3-50　多段线分解效果

3. 说明

不同的图元经分解后对象的颜色、线型和线宽有可能会改变，分解后得到的对象其特征随合成对象类型的不同会有所不同。

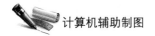

（1）二维和优化多段线。二维或优化多段线分解后，其附带的宽度或切线属性将全部被放弃。对于宽多段线，分解后的直线和圆弧将放置在多段线中心。

（2）三维多段线。三维多段线分解后将变成多条线段，每一条线段的线型均为三维多段线的指定线型。

（3）三维实体。三维实体分解后，平面表面将被分解成面域，非平面表面将被分解成体。

（4）圆弧、圆。位于非一致比例块内的圆弧和圆将被分解为椭圆弧和椭圆。

（5）块。使用 Explode 命令一次只能分解一级图块，嵌套式图块必须在原始图块被炸开之后再一次被炸开。具有相同 X、Y、Z 比例的块将分解成它们的部件对象。非一致比例块可能被分解成意外的对象。

当按非统一比例缩放的块中包含无法分解的对象时，这些块将被收集到一个匿名块（名称以"*E"为前缀）中，并按非统一比例缩放进行参照。如果这些块中的所有对象都不可分解，则选定的块参照不能分解。非一致缩放块中的体、三维实体和面域图元不能分解。分解一个包含属性的块将删除属性值并重新显示属性定义。用 Insert 和外部参照插入的块以及外部参照依赖的块不能分解。

（6）体。体分解后可变成一个单一表面的体（非平面表面）、面域或曲线。

（7）引线。根据引线的不同，可分解成直线、样条曲线、实体（箭头）、块插入（箭头、注释块）、多行文字或公差对象。

（8）多行文字。多行文字可分解成文字对象。

（9）多线。多线可分解成直线和圆弧。

（10）多面网格。多面网格分解后，单顶点网格分解成点对象，双顶点网格分解成直线，三顶点网格分解成三维面。

（11）面域。面域可分解成直线、圆弧或样条曲线。

第五节　综合实例

一、种植迷宫绘制

创建如图 3-51 所示的种植迷宫。

1. 可能使用的命令

"圆"（Circle）、"直线"（Line）、"偏移"（Offset）、"阵列"（Array）、"修剪"（Trim）和"删除"（Erase）。

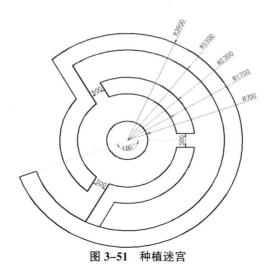

图 3-51 种植迷宫

2. 绘制步骤

（1）绘制同心圆，命令行提示如下，效果如图 3-52 所示。

命令：_circle 指定圆的圆心或 ［三点 （3P）/两点 （2P）/相切、相切、半径 （T）]：
（在屏幕中拾取任意一点做圆心）

指定圆的半径或 ［直径 （D）]：3900（按 Enter 键）

命令：_zoom _e

命令：c

CIRCLE 指定圆的圆心或 ［三点 （3P）/两点 （2P）/相切、相切、半径 （T）]：

指定圆的半径或 ［直径 （D）] <3900.0000>：3300（按 Enter 键）

命令：CIRCLE 指定圆的圆心或 ［三点 （3P）/两点 （2P）/相切、相切、半径 （T）]：

指定圆的半径或 ［直径 （D）] <3300.0000>：2300（按 Enter 键）

命令：CIRCLE 指定圆的圆心或 ［三点 （3P）/两点 （2P）/相切、相切、半径 （T）]：

指定圆的半径或 ［直径 （D）] <2300.0000>：1700（按 Enter 键）

命令：CIRCLE 指定圆的圆心或 ［三点 （3P）/两点 （2P）/相切、相切、半径 （T）]：

指定圆的半径或 ［直径 （D）] <1700.0000>：700（按 Enter 键）

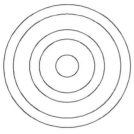

图 3-52 同心圆绘制效果

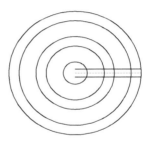

图 3-53 偏移迷宫道路

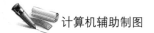

（2）绘制辅助直线，利用偏移命令，创建出迷宫道路。命令行提示如下，效果如图 3-53 所示。

命令：_line 指定第一点：（指定圆心为直线第一点）

指定下一点或［放弃（U）］：（指定沿 0°方向与外圆相交处为第二点）

指定下一点或［放弃（U）］：Enter（结束命令）

命令：_offset

当前设置：删除源=否图层=源 OFFSETGAPTYPE=0

指定偏移距离或［通过（T）/删除（E）/图层（L）］<通过>：l（设定偏移对象所在的图层，按 Enter 键）

输入偏移对象的图层选项［当前（C）/源（S）］<源>：C（偏移对象偏移后到当前图层上，按 Enter 键）

指定偏移距离或［通过（T）/删除（E）/图层（L）］<通过>：250（设定偏移距离，按 Enter 键）

选择要偏移的对象，或［退出（E）/放弃（U）］<退出>：（选择红色辅助线）

指定要偏移的那一侧上的点，或［退出（E）/多个（M）/放弃（U）］<退出>：（将红色辅助线向上偏移）

选择要偏移的对象，或［退出（E）/放弃（U）］<退出>：（选择红色辅助线）

指定要偏移的那一侧上的点，或［退出（E）/多个（M）/放弃（U）］<退出>：（将红色辅助线向下偏移）

选择要偏移的对象，或［退出（E）/放弃（U）］<退出>：Enter（结束命令）

（3）删除辅助直线，效果如图 3-54 所示。

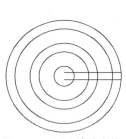

图 3-54　删除辅助直线

图 3-55　"阵列"对话框参数设置

（4）执行"阵列"命令，将迷宫道路进行阵列。点击修改工具栏"阵列"⊞按钮，弹出如图 3-55 所示的"阵列"对话框，选择"环形阵列（P）"，选择偏移生成的 2 条直线作为阵列对象，拾取同心圆所在圆心作为阵列中心点，"方法（M）"采用"项目总数和填充角度"，"项目总数（I）"：3；"填充角度（F）"：360，点击确定按钮。迷宫道路阵列效果如图3-56所示。

（5）执行"修剪"命令，命令行提示如下，迷宫道路修剪效果如图3-57所示。

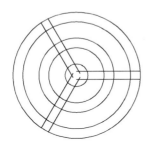

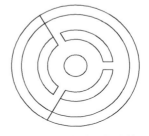

图 3-56 迷宫道路阵列效果　　　　图 3-57 迷宫道路修剪效果

命令：_trim

当前设置：投影＝UCS，边＝延伸

选择剪切边…

选择对象或<全部选择>：Enter（确认选择全部对象）

选择要修剪的对象，或按住 Shift 键选择要延伸的对象，或

［栏选（F）/窗交（C）/投影（P）/边（E）/删除（R）/放弃（U）］：（选择要修剪的对象，按 Enter 键结束命令）

（6）执行"偏移"命令，选择修剪剩余的直线，将其偏移，效果如图3-58所示，命令行提示如下：

命令：OFFSET

当前设置：删除源＝否图层＝当前　OFFSETGAPTYPE＝0

指定偏移距离或［通过（T）/删除（E）/图层（L）］<250.0000>：500（按 Enter 键）

选择要偏移的对象，或［退出（E）/放弃（U）］<退出>：（选择要偏移的直线）

指定要偏移的那一侧上的点，或［退出（E）/多个（M）/放弃（U）］<退出>：（指定偏移的方向）

选择要偏移的对象，或［退出（E）/放弃（U）］<退出>：（选择要偏移的直线）

指定要偏移的那一侧上的点，或［退出（E）/多个（M）/放弃（U）］<退出>：（指定偏移的方向）

选择要偏移的对象，或［退出（E）/放弃（U）］<退出>：（按 Enter 键结束命令）

（7）执行"修剪"命令，直线修剪效果如图3-59所示，命令行提示如下：

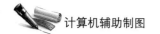

图 3-58 直线偏移效果

图 3-59 直线修剪效果

命令：_trim

当前设置：投影=UCS，边=延伸

选择剪切边…

选择对象或<全部选择>：Enter（确认选择全部对象）

选择要修剪的对象，或按住 Shift 键选择要延伸的对象，或

[栏选（F）/窗交（C）/投影（P）/边（E）/删除（R）/放弃（U）]：（选择要修剪的对象）

选择要修剪的对象，或按住 Shift 键选择要延伸的对象，或

[栏选（F）/窗交（C）/投影（P）/边（E）/删除（R）/放弃（U）]：Enter（按 Enter 键结束命令）

（8）创建种植迷宫入口，绘制直线，与水平方向呈-160°，命令行提示如下，效果如图 3-60 所示：

命令：_line 指定第一点：（拾取圆心作为直线第一点）

指定下一点或 [放弃（U）]：@3900<160

指定下一点或 [放弃（U）]：Enter（按 Enter 键结束命令）

（9）执行"修剪"命令，修剪多余弧线和直线，完成种植迷宫绘制，可将线条颜色设置成绿色以增强其视觉效果，最终效果如图 3-61 所示。

图 3-60 绘制入口直线

图 3-61 种植迷宫绘制效果

二、商业建筑屋顶平面图

绘制如图 3-62 所示的商业建筑屋顶平面图。

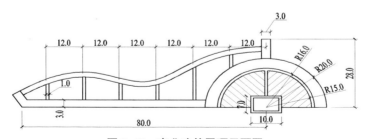

图 3-62　商业建筑屋顶平面图

1. 可能使用的命令

"直线"（Line）、"多段线"（Pline）、"圆"（Circle）、"矩形"（Rectang）、"样条曲线"（Spline）、"偏移"（Offset）、"修剪"（Trim）和"填充"（Hatch）。

2. 绘制步骤

（1）使用"直线"命令，绘制两条垂直直线，如图 3-63 所示，命令行提示如下：

命令：_line 指定第一点：（在绘图区域指定任意点作为直线第一点）

指定下一点或 ［放弃（U）］：80<0（按 Enter 键）

指定下一点或 ［放弃（U）］：28<90（按 Enter 键）

指定下一点或 ［闭合（C）/放弃（U）］：Enter（按 Enter 键结束命令）

（2）使用"矩形"命令，以垂直直线角点为矩形左下角点，绘制一个长度为 10 个单位，宽度为 7 个单位的矩形，如图 3-64 所示，命令行提示如下：

命令：_rectang

指定第一个角点或 ［倒角（C）/标高（E）/圆角（F）/厚度（T）/宽度（W）］：（捕捉垂直直线角点）

指定另一个角点或 ［面积（A）/尺寸（D）/旋转（R）］：@10，7（按 Enter 键）

图 3-63　绘制两条垂直直线　　　　　　**图 3-64　绘制矩形**

（3）执行"移动"命令，将矩形向左移动 5 个单位，再向下移动 2 个单位，效果如图 3-65 所示，命令行提示如下：

命令：_move

选择对象：找到 1 个（选择矩形）

选择对象：Enter（确认选择对象）

指定基点或［位移（D）］<位移>：（指定矩形左下角点为基点）

指定第二个点或<使用第一个点作为位移>：@-5，-2（指定第二个点相对于基点的坐标，按 Enter 键）

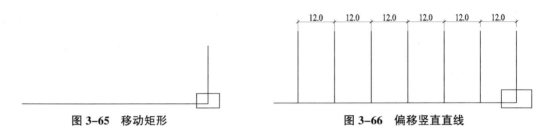

图 3-65　移动矩形　　　　　　　　图 3-66　偏移竖直直线

（4）执行"偏移"命令，将竖直直线向左进行偏移，偏移 12 个单位，偏移 6 次，效果如图 3-66 所示。

（5）使用"圆"命令，绘制半径分别为 15、16 和 20 的同心圆，圆心位于水平直线与垂直线的交点处，效果如图 3-67 所示。

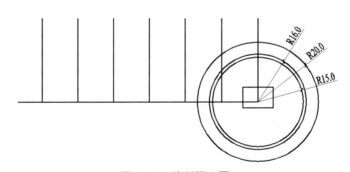

图 3-67　绘制同心圆

（6）使用"直线"命令，绘制一条与水平直线成 120°，长度为 6 个单位的直线，效果如图 3-68 所示。

（7）使用"样条曲线"命令，绘制一条样条曲线，注意绘制样条曲线端点时开启对象捕捉模式，精确捕捉步骤（6）绘制直线的端点，然后关闭对象捕捉工具，根据样条曲线走势指定其拟合点，样条曲线另一端点与右侧竖直直线端点相交，距离竖直直线顶点 3 个单位。效果如图 3-69 所示。

（8）使用"偏移"命令，偏移部分直线、矩形和样条曲线，结果如图 3-70 所示。

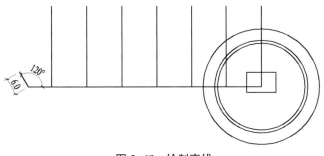

图 3-68　绘制直线

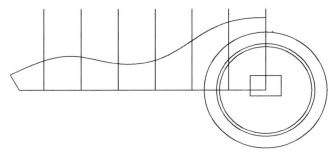

图 3-69　绘制样条曲线

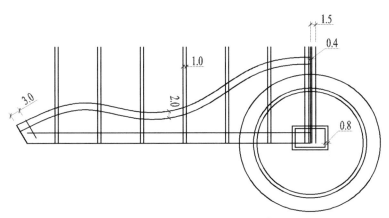

图 3-70　偏移直线、矩形和样条曲线

（9）使用"修剪"命令，删除多余线条。执行"修剪"命令，可以将长度为80的水平直线延长，利用夹点编辑，将右侧端点拉伸与 R20 圆相交，如图 3-71 所示。然后再进行修剪，修剪效果如图 3-72 所示。

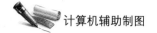
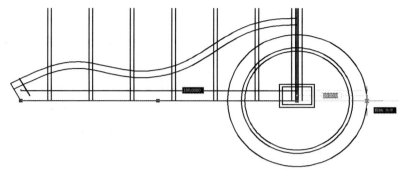

图 3-71　夹点编辑效果

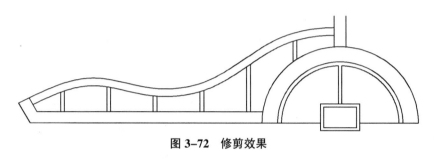

图 3-72　修剪效果

　　（10）使用"直线"命令，绘制一条水平直线，连接偏移生成的两直线端点，效果如图 3-73 所示。

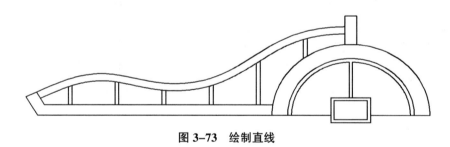

图 3-73　绘制直线

　　（11）使用"填充"命令，在半圆内填充斜线图案。在"图案填充与渐变色"对话框中，在"图案（P)"后面的下拉列表中选择"ANSI31"样式。在填充右侧 1/4 圆时，"角度（G）"文本框内输入"0"；而在填充左侧 1/4 圆时，"角度（G）"文本框内输入"90"；"比例（S）"文本框中输入"10"，完成商业建筑屋顶平面图绘制，效果如图 3-74 所示。

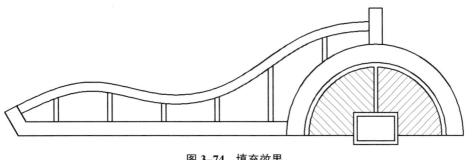

图 3-74 填充效果

三、小区组团平面图绘制

本例绘制一个小区组团平面图，效果如图 3-75 所示，图 3-76、图 3-77、图 3-78 为辅助参考图。

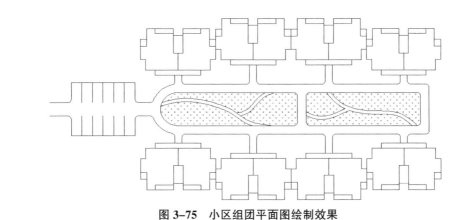

图 3-75 小区组团平面图绘制效果

图 3-76 小区组团平面图

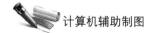

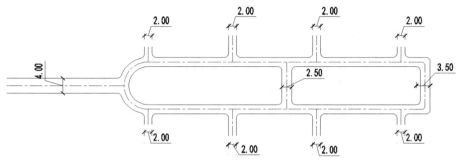

图 3-77　小区组团平面图

1. 可能使用的命令

"直线"（Line）、"多段线"（Pline）、"样条曲线"（Spline）、"图案填充与渐变色"（Hatch）、"偏移"（Offset）、"修剪"（Trim）、"复制"（Copy）、"镜像"（Mirror）和"圆角"（Fillet）。

2. 绘制步骤

（1）使用"直线"或"多段线""圆""矩形"和"修剪"命令绘制道路中线。

（2）修剪多余线条，使用"偏移"命令将道路中线向两侧偏移；再次使用"修剪"命令将"T"形交叉路口的内侧道路红线分成两段；然后对道路交叉口"倒圆角"，为简化绘制，所有倒圆半径均取 1 个单位。

（3）开启"正交"模式，利用"直线"或"多段线"命令绘制一个建筑屋顶平面图，效果如图 3-78 所示。

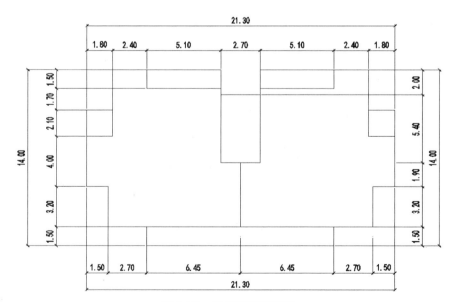

图 3-78　建筑屋顶平面图

（4）使用"复制"和"镜像"命令，将 8 个建筑放置到合适位置，并删除道路中心线，效果如图 3-79 所示。

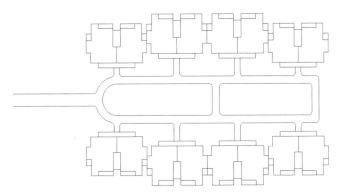

图 3-79　插入建筑并删除道路中心线

（5）使用"样条曲线"命令绘制绿地内的游步道的一侧，再偏移 1 个单位绘出另外一侧然后使用"直线"或"多段线"命令自由绘制绿地分割线，或采用"图案填充和渐变色"对组团绿地进行填充，并使用"修剪"命令删除多余线条，效果如图 3-80所示。

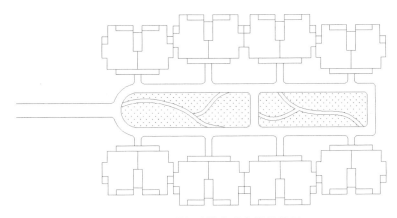

图 3-80　组团绿地游步道和绿地效果

（6）使用"直线"或"多段线"、"偏移"、"镜像"和"修剪"等命令，绘制以 3×6为单位的 5 个停车场，对停车场与组团路相交处进行"倒圆角"操作。最后对偏移或复制产生的矩形进行修剪，完成效果如图 3-81 所示。

四、绘制学生宿舍立面图

本例绘制一幢简单的学生宿舍公寓立面图，效果如图 3-82 所示。

1. 可能使用的命令

"直线"（Line）、"多段线"（Pline）、"阵列"（Array）、"删除"（Erase）、"偏移"（Offset）、"修剪"（Trim）和"复制"（Copy）。

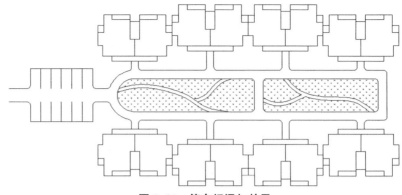

图 3-81 停车场添加效果

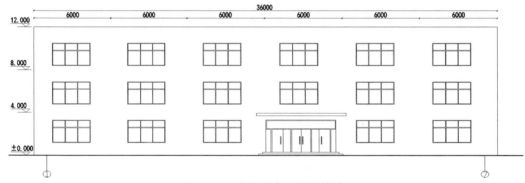

图 3-82 学生宿舍立面图效果

2. 绘制步骤

（1）执行"直线"或"多段线"命令，结合"偏移"和"修剪"等命令，绘制窗户正门的立面图，尺寸和效果如图 3-83 所示。

（2）以同样方法，绘制正门和入口台阶的立面图，尺寸和效果如图 3-84 所示。

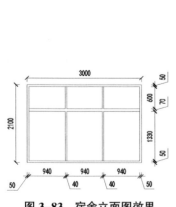

图 3-83 宿舍立面图效果

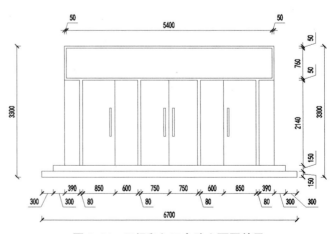

图 3-84 正门和入口台阶立面图效果

（3）执行"多段线"命令，设置宽度100，绘制一长度为38000地坪线。

（4）执行"矩形"命令，捕捉地坪线左端点向右水平方向1000为矩形一角点，另一角点相对坐标值为（@36000，12000），绘制宿舍楼立面图轮廓线，效果如图3-85所示。

图3-85 绘制矩形和多段线

（5）将步骤（4）绘制的矩形分解。

（6）创建辅助线。执行"偏移"命令，选择矩形左侧竖直轮廓线，将其向右偏移6000；选择下侧水平轮廓线，将其向上偏移4000，偏移效果如图3-86所示。

图3-86 偏移水平和竖直辅助线

（7）沿步骤（6）偏移产生的水平和竖直辅助线的交点，绘制一个辅助矩形，矩形两个角点，如图3-87所示。

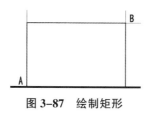

图3-87 绘制矩形

（8）移动窗户图形。开启"中点"和"对象追踪"模式，捕捉窗口图形的中心点，选择窗户图形为移动对象，选择窗户的中心点作为基点，如图3-88所示。将其移动至矩形的中心点，如图3-89所示。命令行提示如下：

命令：MOVE

选择对象：指定对角点：找到 9 个

选择对象：(按空格键，确认选择对象)

指定基点或〔位移 (D)〕<位移>：(将光标移动至窗户矩形上端中心，当出现捕捉到中点的提示符号时，光标竖直向下移动出现竖直虚线；再将光标移动至窗户矩形右侧竖直中心处，当出现捕捉到中点的提示符号时，将光标向左移动出现水平虚线，当两条虚线相交时，点击左键捕捉到矩形图形的中心点)

指定第二个点或 <使用第一个点作为位移>：(将光标移动至辅助线矩形上端中心，当出现捕捉到中点的提示符号时，光标竖直向下移动出现竖直虚线；再将光标移动至辅助线矩形右侧竖直中心处，当出现捕捉到中点的提示符号时，将光标向左移动出现水平虚线，当两条虚线相交时，点击左键捕捉到矩形图形的中心点)

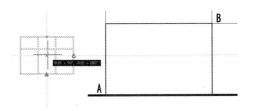

图 3-88　捕捉窗户中心点

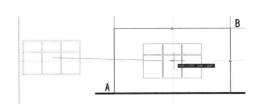

图 3-89　捕捉矩形中心点

(9) 删除辅助直线和辅助矩形，将窗户进行阵列。执行"修改 (M)"│"阵列 (A) …"，打开如图 3-90 所示阵列对话框，选择"矩形阵列 (R)"，"行 (W)"设置"3"，"列 (O)"设置"6"，点击"选择对象 (S)"按钮，此时暂时离开"阵列"对话框返回屏幕，选择窗户图形为阵列对象，按回车键或空格键确认，返回"阵列"对话框。在"偏移距离和方向"选项组中，在"行偏移 (F)"文本框中输入"4000"，在"列偏移 (M)"文本框中输入"6000"，按确定按钮，完成图形阵列，效果如图 3-91 所示。

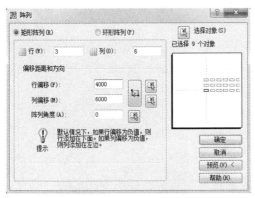

图 3-90　"阵列"对话框

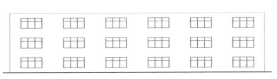

图 3-91　阵列效果

(10) 删除阵列后的第一行第四列的窗户图形。

(11) 将绘制好的正门和入口台阶图形移动至被删除的第一行第四列窗户图形的中

心。命令行提示如下：

命令：_move

选择对象：指定对角点：找到 33 个（选择正门和入口台阶图形）

选择对象：（按空格键确认）

指定基点或［位移（D）］<位移>：（捕捉如图 3-92 所示的中点，作为移动的基点）

指定第二个点或 <使用第一个点作为位移>：（捕捉如图 3-93 所示的中点，作为移动的基点）

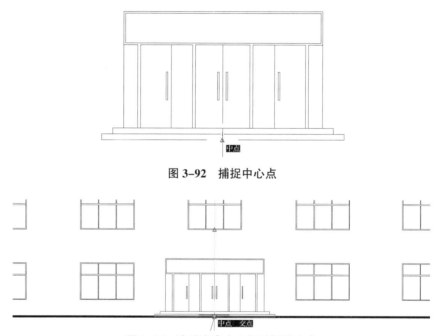

图 3-92　捕捉中心点

图 3-93　追踪窗户中心与地坪线交点

（12）绘制雨篷。采用矩形绘制雨篷，在绘图区空白处绘制一个 7040×250 的矩形，雨篷尺寸及位置如图 3-94 所示。

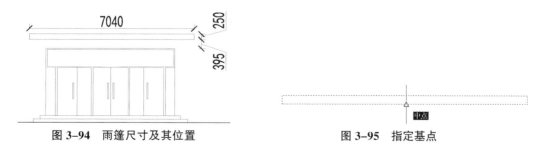

图 3-94　雨篷尺寸及其位置　　　　图 3-95　指定基点

命令行提示如下：

命令：_move

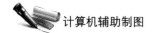

选择对象：指定对角点：找到 1 个（选择矩形作为移动对象）

选择对象：（按空格键确认）

指定基点或［位移（D）］<位移>：（指定如图 3-95 所示的中心作为基点，按 Enter 键）

指定第二个点或 <使用第一个点作为位移>：395（指定如图 3-96 所示中心，竖直向上追踪，输入 395，按空格键确认）

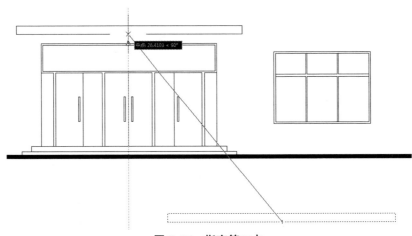

图 3-96　指定第二点

宿舍公寓立面图绘制完成。

习题

1. 居住区局部平面图绘制。综合使用图形绘制命令和编辑命令绘制如图 3-97 所示的居住区局部平面图。

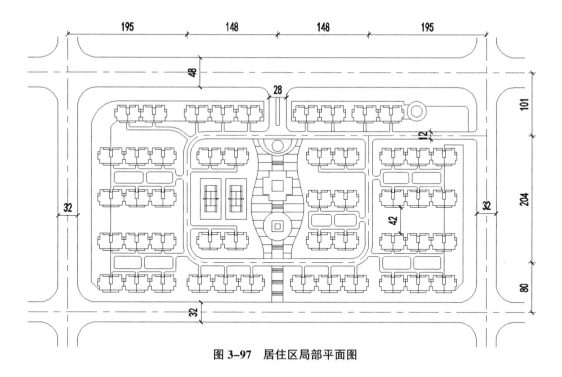

图 3-97　居住区局部平面图

2.产业区局部平面图绘制。参照图 3-98 和图 3-99 绘制产业区局部平面图,效果如图 3-100 所示。

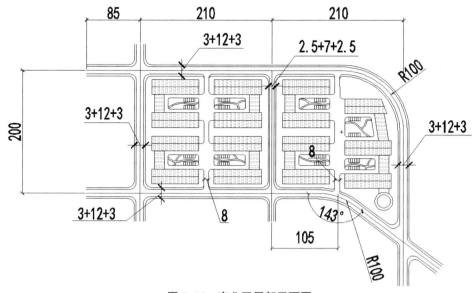

图 3-98　产业区局部平面图

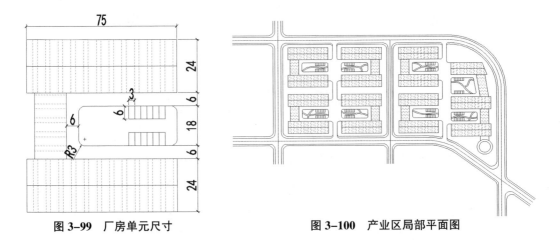

图 3-99　厂房单元尺寸　　　　　　图 3-100　产业区局部平面图

3. 体育馆屋顶平面图绘制。综合使用图形绘制命令和编辑命令绘制如图 3-101 所示的体育馆屋顶平面图。

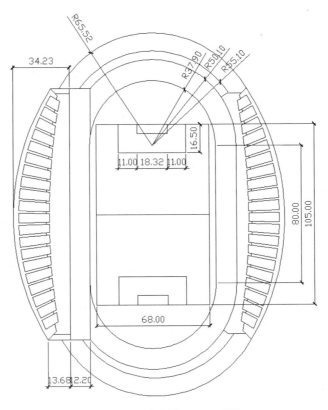

图 3-101　体育馆屋顶平面图

第四章 精确绘图的辅助工具

☞ **教学目标**

通过本章学习，应掌握精确绘图辅助工具的使用方法，如捕捉栅格、正交、对象捕捉、自动追踪、动态输入等，熟练应用辅助工具精确绘制图形。

☞ **教学重点和教学难点**

1. 对象捕捉和自动追踪的使用方法和技巧
2. 区别对象捕捉与捕捉栅格的不同

☞ **本章知识点**

1. 捕捉栅格
2. 正交、极轴
3. 对象捕捉
4. 自动追踪
5. 动态输入

传统手工绘图时采用丁字尺、三角板配合绘图，既有刻度又能控制水平、垂直和各种角度。在使用 Auto CAD 绘图时，如果不是绘制草图，那么应该使用快速精确绘图，以提高绘图的精确性和效率。辅助精确绘图工具包括光标捕捉、栅格、正交、对象捕捉、极轴追踪和对象追踪等，如图 4-1 所示为状态栏辅助绘图工具。这些工具可以通过命令行调用，也可以通过草图设置对话框来设置和使用。

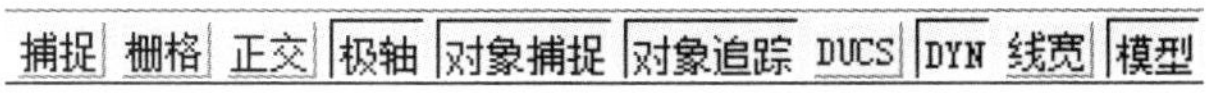

捕捉	栅格	正交	极轴	对象捕捉	对象追踪	DUCS	DYN	线宽	模型

图 4-1 状态栏辅助绘图工具

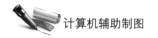

<h1 style="text-align:center">第一节 捕捉和栅格</h1>

一、栅格

栅格可以提高绘图的速度和效率，栅格是一种可见的位置参考图标，由一系列排列规则的点组成，就像手工绘图时使用坐标纸一样，用来帮助用户定位。打开栅格时，栅格只充填在矩形绘图界限内，标示出当前绘图工作区域。栅格只是一种在屏幕上显示的视觉辅助工具，不是图形的一部分，所以不会打印在输出的图纸上。

1. 命令激活方式

（1）在状态栏点击 栅格 按钮，栅格按钮处于 栅格 凹陷状态，则启用栅格工具；再次点击该按钮，则处于 栅格 弹起状态，关闭栅格工具。

（2）在命令行输入 Grid。

（3）功能键 F7，切换 F7 可以实现<栅格开>和<栅格关>功能。

（4）快捷键 Ctrl+G，按 Ctrl+G 可以实现<栅格开>和<栅格关>功能。

在命令行输入 Grid，启动栅格命令，命令行提示如下：

命令：grid

指定栅格间距（X）或［开（ON）/关（OFF）/捕捉（S）/纵横向间距（A）］<10.0000>：（指定栅格间距或确定选项）

2. 命令选项解释

（1）"指定栅格间距（X）"：指定显示栅格的 X 方向、Y 方向间距。若回车或输入具体值，则指定显示栅格的 X 方向、Y 方向间距为当前值 10.0000 或输入的具体值。

（2）"开（ON）"：按缺省间距值打开栅格，同接受当前栅格间距值等效。

（3）"关（OFF）"：关闭栅格。

（4）"捕捉（S）"：设栅格显示与当前捕捉栅格分辨率相等，即当捕捉栅格改变时，显示栅格分辨点也同时改变。

（5）"纵横向间距（A）"：栅格可设置成 X 值、Y 值不相等，并显示栅格。选择"A"后，出现提示：

指定水平间距（X）<10.000>：（指定 X 方向间距）
指定垂直间距（Y）<10.000>：（指定 Y 方向间距）

如图 4-2 所示，为开启栅格的效果。

124

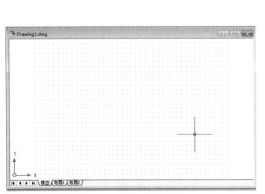

图 4-2　栅格启用效果

图 4-3　"捕捉和栅格"选项卡

二、捕捉

捕捉实际上是栅格捕捉，它与栅格显示是配合起来使用的。打开"捕捉"模式，Auto CAD 将强制光标所捕捉的点仅限于栅格捕捉间距所确定的固定点上，而不能选择固定点以外的点。关闭"捕捉"模式后，光标便可任意移动。捕捉使光标只能停留在图形中的指定栅格点上，这时就可以方便地将图形放置在特殊点上，便于进行编辑。一般来说，栅格与捕捉的间距和角度都设置为相同数值，打开捕捉功能后，光标只能定位在图形中的栅格点上。

1. 命令激活方式

（1）在状态栏点击 捕捉 按钮，捕捉按钮 捕捉 处于凹陷状态，则启用捕捉工具；再次点击该按钮，则捕捉按钮 捕捉 处于弹起状态，关闭捕捉工具。

（2）在命令行输入 Snap。

（3）功能键 F9，切换 F9 可以实现<栅格开>和<栅格关>功能。

（4）快捷键 Ctrl+B，按 Ctrl+B 可以实现<捕捉开>和<捕捉关>功能。

在命令行输入 Snap，启动栅格命令，命令行提示如下：

命令：Snap
指定捕捉间距或［开（ON）/关（OFF）/纵横向间距（A）/旋转（R）/样式（S）/类型（T）］<10.0000>：（指定捕捉间距或确定选项）

2. 命令选项解释

（1）"指定捕捉间距"：指定显示捕捉的 X 方向、Y 方向间距。若回车或输入具体值，则指定显示捕捉的 X 方向、Y 方向间距为当前值 10.0000 或输入的具体值。

（2）"开（ON）"：按缺省间距值打开栅格捕捉，同接受当前栅格捕捉间距值等效。

（3）"关（OFF）"：关闭栅格捕捉。

（4）"纵横向间距（A）"：可将 X 方向、Y 方向间距设置成不同的值。

（5）"旋转（R）"：将显示的栅格及捕捉方向同时旋转一个指定的角度。选择"R"后，出现如下提示：

指定基点<当前值>：（指定旋转基点）

指定旋转角度<当前值>：（指定旋转角度）

（6）"样式（S）"：可在标准模式和等轴模式中选择一项。标准模式指通常的矩形栅格模式（缺省项）；等轴模式指为画正等轴测图而设计的栅格模式。

（7）"模型（T）"：用于指定捕捉模式是栅格捕捉还是极轴捕捉。

3. 说明

（1）注意当开启栅格捕捉模式时，只限制用鼠标确定任意点的坐标，不限制用键盘输入任意点的坐标。

（2）一般绘图时，捕捉模式和栅格模式要同时开启，配合使用来捕捉栅格点来提高绘图效率，很少单独使用。

三、利用"草图设置"对话框设置捕捉和栅格

1. "草图设置"对话框激活方式

（1）选择菜单栏"工具（T）"｜"草图设置（F）"…｜"捕捉与栅格"选项卡。用右键单击状态栏上"栅格"或"捕捉"按钮中的任一个，从弹出的右键快捷菜单中选择"设置"，打开"草图设置"对话框。

（2）从命令行输入 Ddrmodes。将光标移动到状态栏中的"捕捉"按钮或"栅格"按钮上，右击鼠标，在弹出的快捷菜单中选择"设置"命令，弹出如图 4-3 所示的"草图设置"对话框，当前显示的是"捕捉和栅格"选项卡。

2. "捕捉和栅格"选项卡设置（"草图设置"对话框）

"捕捉和栅格"选项卡中包括"启用捕捉（F9）（S）"和"启用栅格（F7）（G）"2 个复选框和"捕捉间距"、"栅格间距"、"极轴间距"、"栅格行为"和"捕捉类型"5 个选项组。

（1）"启用捕捉（F9）（S）"和"启用栅格（F7）（G）"：这 2 个复选框用于控制捕捉功能和栅格功能的开启，用户可以通过单击状态栏上的相应按钮来控制开启。

（2）"捕捉间距"选项组：该选项组用于设置捕捉 X 轴间距值和捕捉 Y 轴间距值。

（3）"栅格间距"选项组：该选项组用于设置栅格 X 轴间距值和栅格 Y 轴间距值。

（4）"捕捉类型"选项组。"捕捉类型"选择组中提供了"栅格捕捉（R）"和"极轴捕捉（O）"2 种类型。"栅格捕捉（R）"模式中包含"矩形捕捉（E）"和"等轴侧捕捉（M）"2 种样式。在二维图形绘制中，通常使用的是"矩形捕捉（E）"。

"极轴捕捉（O）"模式是一种相对捕捉，也就是相对于上一点的捕捉。如果当前未执行绘图命令，光标就能够在图形中自由移动，不受任何限制。当执行某一种绘图命令后，光标就只能在特定的极轴角度上，并且定位在距离为间距的倍数的点上，如图 4-4 所示。

系统默认模式为"栅格捕捉（R）"中的"矩形捕捉（E）"，这也是最常用的一种捕捉模式。

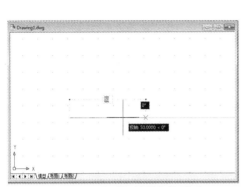

图 4-4 开启"极轴捕捉"模式

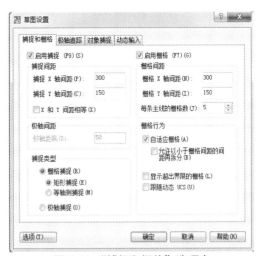

图 4-5 "捕捉和栅格"选项卡

（5）"栅格行为"选项组。"栅格行为"选项组用于控制当 VSCURRENT 设置为除二维线框之外的任何视觉样式时，所显示栅格线的外观。

3. 操作实例

在建筑制图中，利用捕捉和栅格绘制楼梯立面图。利用栅格和捕捉功能辅助绘制台阶，台阶高 150，宽 300，"捕捉和栅格"选项卡设置如图 4-5 所示，绘制效果如图 4-6 所示。

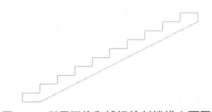

图 4-6 利用栅格和捕捉绘制楼梯立面图

第二节 正 交

水平线和垂直线是常用的直线方式，一般用肉眼控制画线难免出现失误。正交模式强迫所画直线平行于 X 轴或 Y 轴，即画正交的线，这样画既方便又准确。

1. 命令激活方式

（1）单击状态行上"正交"按钮 正交 。

（2）按功能键 F8 键进行<正交开>和<正交关>的切换。

（3）从命令行输入 Ortho 命令，选 ON 或 OFF 进行<正交开>和<正交关>的切换。

2. 说明

（1）当打开正交模式时，用键盘输入点的坐标来确定点的位置时不受正交的影响。

（2）无论正交、捕捉还是栅格，在绘图过程中不断打开、关闭或调整，就像手工绘图时所用的三角板、圆规一样，可频繁更换使用。

（3）移动光标时，水平轴或垂直轴哪个离光标最近，拖引线将沿着该轴移动。输入坐标或指定对象捕捉时，将忽略正交。

（4）要临时打开或关闭正交，可以按住临时替代键 Shift。使用临时替代键时，无法使用直接距离输入方法。

（5）打开"正交"将自动关闭极轴追踪。

第三节 对象捕捉

一、对象捕捉概述

1. 对象捕捉概念

对象捕捉就是在屏幕一定范围内，Auto CAD 能自动寻找到对象上拟捕捉的几何特征点，并将拾取框准确定位在这些特征点上，从而精确捕捉到拟捕捉的点。比如已有一条直线和一个圆，要从已有直线的中点出发绘制一条直线并与已有圆相切，由于直线的中点和在圆上的切点的坐标不知道，则不可能用手工输入坐标值的方法绘制。如果使用对象捕捉的"捕捉到中点"和"捕捉到切点"捕捉模式，在启动直线绘制命令后，将光标分别移动到靠近直线的中点和在圆上预计相切的地方，Auto CAD 就会准确地捕捉到这条直线的中点作为新画直线的起点、自动捕捉到在圆上的切点作为新画直线的终点。

如上所述，所谓对象捕捉就是利用已绘制的图形上的几何特征点来捕捉定位新的点。使用对象捕捉可指定对象上的精确位置。例如，使用对象捕捉可以捕捉到圆的圆心、象限点；直线的端点和中点等。不论何时提示输入点，都可以指定对象捕捉。在默认情况下，当光标移到对象的对象捕捉位置时，将显示标记和工具栏提示，此功能为 Auto Snap™（自动捕捉），系统提供了视觉提示，知道正在使用哪些对象捕捉模式。如图 4-7 所示，提示捕捉直线端点和中点。

（1）捕捉端点提示　　　　　　　　（2）捕捉中点提示

图 4-7　对象捕捉功能

2. 对象捕捉的方式和特点

对象捕捉包括单点对象捕捉和固定对象捕捉两种方式。

（1）单点对象捕捉。只有指定一种点的捕捉类型后，才能执行相应的操作，并且只能使用一次。单点捕捉具有较高的捕捉优先级。

（2）固定对象捕捉。在光标接近特殊点时，系统会根据自动设置，显示当前捕捉的情况，用户可以根据需要选择适当的点。对象捕捉的优先级较低，在单点捕捉执行的过程中，对象捕捉不起作用。

二、单点对象捕捉方式

1. 命令激活方式

在命令执行过程中，当要求输入点坐标时，就可以激活单一对象捕捉方式。可以通过以下两个方式激活单一对象捕捉方式：

（1）在如图 4-8 所示的对象捕捉工具栏上，单击相应的捕捉按钮，选择合适的对象捕捉模式。该工具栏默认是不显示的，在工具栏上空白区域单击鼠标右键，在弹出的快捷菜单中选择"ACAD"｜"对象捕捉"命令，可以弹出"对象捕捉"工具栏，该工具栏上的选项可以通过"草图设置"对话框进行设置。

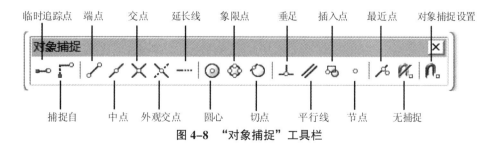

图 4-8　"对象捕捉"工具栏

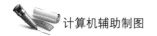

（2）在绘图区任意位置，按住 Shift 键，再单击鼠标右键，将弹出如图 4-9 所示的"对象捕捉"快捷菜单，可从该菜单中单击相应捕捉模式。

图 4-9 "对象捕捉"快捷菜单

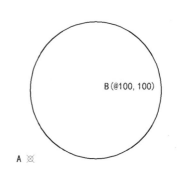

图 4-10 用"捕捉自"方式绘图

2. 各捕捉模式的含义

各捕捉模式的具体含义如表 4-1 所示。

"捕捉自"方式是一种特殊的对象捕捉方式，在实际绘图时经常使用。"捕捉自"方式适用于预先知道拟确定的点与一个已知点（参考点）之间的相互关系时，利用两点之间的相对坐标来进行定位。在启动绘图命令后，采用下列方式调用"捕捉自"命令：按住"Shift"键的同时单击鼠标右键，弹出右键快捷菜单，选择"捕捉自（F）"或直接在命令行中输入 From 后按回车确认。

3. 应用实例

以绘制如图 4-10 所示的圆为例说明命令操作过程。已知 B 点相对于 A 点的坐标为（@100，100），要求画一圆心位于 B 点上且直径为 100 的圆。

命令：CIRCLE 指定圆的圆心或 ［三点（3P）/两点（2P）/相切、相切、半径（T）］：_from 基点：（选择点 A 作为基点）

<偏移>：@100，100（输入 B 点相对于 A 点的相对坐标值，按 Enter 键）

指定圆的半径或 ［直径（D）]<112.6590>：100（输入圆半径，按空格键确认）

［注意］"捕捉自"命令不能单独使用，应在调用其他命令后使用；在命令行出现"基点："提示时，输入已知参考点的坐标或捕捉到已知参考点；在命令行出现"基点：<偏移>："提示时，输入拟确定点与已知参考点之间的偏移量（采用相对坐标）。

表 4-1 捕捉模式含义

捕捉模式	标记	含义
临时追踪点（K）	⊶	捕捉到临时追踪的点
捕捉自（F）	⊶	执行 From（捕捉自）命令
端点（E）	⟋	捕捉到圆弧、椭圆弧、直线、多线、多段线线段、样条曲线、面域或射线最近的端点或捕捉宽线、实体或三维面域的最近角点
中点（M）	⟋	捕捉到圆弧、椭圆、椭圆弧、直线、多线、多段线线段、面域、实体、样条曲线或参照线的中点
交点（I）	⋈	捕捉到圆弧、圆、椭圆、椭圆弧、直线、多线、多段线、射线、面域、样条曲线或参照线的交点；"延伸交点"不能用作执行对象捕捉模式；"交点"和"延伸交点"不能和三维实体的边或角点一起使用
外观交点（A）	⋈	捕捉到不在同一平面但是可能看起来在当前视图中相交的两个对象的外观交点；"延伸外观交点"不能用作执行对象捕捉模式；"外观交点"和"延伸外观交点"不能和三维实体的边或角点一起使用
延长线（X）	⋯	当光标经过对象的端点时，显示临时延长线或圆弧，以便用户在延长线或圆弧上指定点
圆心（C）	◎	捕捉到圆弧、圆、椭圆或椭圆弧的圆点
象限点（Q）	◈	捕捉到圆弧、圆、椭圆或椭圆弧上的 0°、90°、180°、270° 位置上的象限点
切点（G）	○	捕捉到圆弧、圆、椭圆、椭圆弧或样条曲线的切点；当正在绘制的对象需要捕捉多个垂足时，将自动打开"递延垂足"捕捉模式，例如，可以用"递延切点"来绘制与两条弧、两条多段线弧或两条圆相切的直线；当靶框经过"递延切点"捕捉点时，将显示标记和 AutoSnap 工具栏提示
垂足（P）	⊥	捕捉圆弧、圆、椭圆、椭圆弧、直线、多线、多段线、射线、面域、实体、样条曲线或参照线的垂足；当正在绘制的对象需要捕捉多个垂足时，将自动打开"递延垂足"捕捉模式；可以用直线、圆弧、圆、多段线、射线、参照线、多线或三维实体的边作为绘制垂直线的基础对象；可以用"递延垂足"在这些对象之间绘制垂直线；当靶框经过"递延垂足"捕捉点时，将显示 AutoSnap 工具栏提示和标记
平行（L）	∥	无论何时提示用户指定矢量的第二个点时，都要绘制与另一个对象平行的矢量；指定矢量的第一个点后，如果将光标移动到另一个对象的直线段上，即可获得第二个点；如果创建的对象的路径与这条直线段平行，将显示一条对齐路径，可用它创建平行对象
插入点（D）	⬓	捕捉到属性、块、形或文字的插入点
节点（S）	▫	捕捉到点对象、标注定义点或标注文字起点
最近点（R）	⟋	捕捉到圆弧、圆、椭圆、椭圆弧、直线、多线、点、多段线、射线、样条曲线或参照线的最近点
全部清除（N）	⬚	关闭所有对象捕捉模式
对象捕捉设置（O）…	⬚	打开"草图设置"对话框"对象捕捉"选项卡，可对捕捉模式进行设置

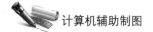

三、固定对象捕捉方式

1. 命令激活方式

可用以下方式之一激活固定对象捕捉方式：

（1）右键单击状态栏上"对象捕捉"按钮 对象捕捉 。

（2）按 F3 快捷键。

（3）采用 Ctrl+F 组合键。

（4）在命令行执行 OSNAP 或 OS。

右键单击状态栏上"对象捕捉"按钮 对象捕捉 ，在弹出的快捷菜单中选择"设置"命令，或在工具栏上选择"工具（T）"｜"草图设置（F）…"命令，弹出"草图设置"对话框，打开"对象捕捉"选项卡，如图 4-11 所示。在该对话框中可以设置相关的固定对象捕捉模式。

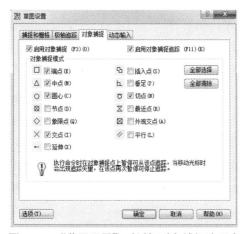

图 4-11 "草图设置"对话框对象捕捉选项卡

图 4-12 "选项"对话框"草图"选项卡

2. "草图设置"对话框"对象捕捉"选项卡选项解释

（1）"启用对象捕捉（F3）（O）"：该开关控制固定捕捉模式的打开与关闭。

（2）"启用对象捕捉追踪（F11）（K）"：该开关控制捕捉追踪模式的打开与关闭。

（3）"对象捕捉模式"选项组：该选项组显示出了 Auto CAD 所设置的 13 种固定捕捉模式，其类型和数量与单一对象捕捉模式相同。可根据需要从中选择一种或多种对象捕捉模式形成一个固定模式。如图 4-11 所示选中了"端点"、"中点"、"圆心"、"交点"和"切点" 5 种捕捉模式为固定对象捕捉模式。选择后单击确定按钮即完成设置。在该选项组右上角设有"全部选择"和"全部清除"按钮，若单击此两个按钮，则分别执行选择全部 13 种捕捉模式或全部清除已选择捕捉模式的操作。

（4）"选项（T）…"：单击"选项…"按钮将弹出显示"草图"标签的"选项"对话框，该对话框左侧为"自动捕捉设置"选项组，如图 4-12 所示。

3. 对象捕捉标记

在 Auto CAD 中打开对象捕捉时，把捕捉框放在一个对象上，Auto CAD 不仅会自动捕捉该对象上符合选择条件的几何特征点，而且还显示相应的标记。此功能可通过如图 4-11 所示对话框中的"自动捕捉设置"框中的"标记"开关打开或关闭。

对象捕捉标记的形状与捕捉工具栏上的图标并不一样，而是与如图 4-11 所示"对象捕捉模式"框内的各捕捉模式的图形是一致的，例如，▢ 表示捕捉"端点"标记，△ 表示捕捉"中点"标记，⟋ 表示捕捉"平行"标记。在绘图时，用户应熟悉这些不同的标记。在同时设置多个固定对象捕捉模式时，如果对象捕捉框捕捉到一个对象上，可以按 Tab 键在可用的捕捉点之间循环切换。

4. 应用实例

绘制半径 R = 50 的圆，将其 6 等分，使用多段线命令连接等分点，绘制一个宽度为 0.3 的正六边形，效果如图 4-13 所示。

操作步骤：首先应打开"草图设置"对话框，设置启动"节点"固定捕捉对象捕捉模式，然后再进行绘制，命令行提示如下：

命令：_circle 指定圆的圆心或 ［三点（3P)/两点（2P)/相切、相切、半径(T)］：（在屏幕中任意位置拾取一点，作为圆心）

指定圆的半径或 ［直径（D)］：50（输入圆半径 50，按 Enter 键）

命令：_divide

选择要定数等分的对象：（选择圆对象，按空格键确认）

输入线段数目或 ［块（B)］：6（输入定数等分的数目，按空格键确认）

命令：_pline

指定起点：（拾取点 A）

当前线宽为 0.0000

指定下一个点或 ［圆弧（A)/半宽（H)/长度（L)/放弃（U)/宽度（W)］：w（按 Enter 键）

指定起点宽度<0.3000>：0.3（设置多段线起点宽度 0.3，按 Enter 键）

指定端点宽度<0.3000>：0.3（设置多段线端点宽度 0.3，按 Enter 键）

指定下一个点或 ［圆弧（A)/半宽（H)/长度（L)/放弃（U)/宽度（W)］：（拾取点 B）

指定下一个点或 ［圆弧（A)/闭合（C)/半宽（H)/长度（L)/放弃（U)/宽度（W)］：（拾取点 C）

指定下一个点或 ［圆弧（A)/闭合（C)/半宽（H)/长度（L)/放弃（U)/宽度（W)］：（拾取点 D）

指定下一个点或 ［圆弧（A)/闭合（C)/半宽（H)/长度（L)/放弃（U)/宽度

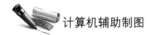

（W）］：（拾取点 E）

指定下一个点或 ［圆弧 （A）/闭合 （C）/半宽 （H）/长度 （L）/放弃 （U）/宽度（W）］：（拾取点 F）

指定下一个点或 ［圆弧 （A）/闭合 （C）/半宽 （H）/长度 （L）/放弃 （U）/宽度（W）］：Enter （按 Enter 键结束命令）

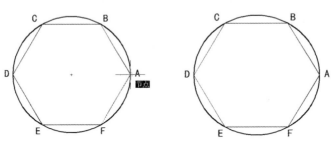

图 4-13   固定对象捕捉方式应用示例

5. 说明

单一对象捕捉方式与固定对象捕捉方式功能相同，但应用方式不同、适应条件不同。单一对象捕捉方式是一种临时性的捕捉，选择一次只能捕捉一个点，再需捕捉则须再选择。固定对象捕捉方式是一种运行状态下的模式，它固定在一种或数种捕捉模式下，可进行所设置模式的各种捕捉，直至关闭。

值得注意的是在实际绘图时，一般将常用的几种捕捉模式设置成固定对象捕捉，对不常用的对象捕捉模式可使用单一对象捕捉。若固定对象捕捉模式设置得太多，则不易快速捕捉到拟捕捉的点，达不到应有的效果。

第四节   追踪功能

一、极轴追踪

极轴追踪方式可捕捉所设角度增量线上的任意点。

1. 设置方式

用户可采用下列方法之一开启极轴追踪设置：

（1）菜单栏："工具 （T）" | "草图设置 （F） …" | "极轴追踪"选项卡。

（2）在绘图区任意位置，按住"shift"键，再单击鼠标右键，将弹出右键"对象捕捉"快捷菜单，可从该菜单中单击"对象捕捉设置"。

（3）用右键单击状态栏上"栅格""捕捉""极轴""对象捕捉"和"对象追踪"按钮

中任选其一，从弹出的右键快捷菜单中选择"设置"。

（4）命令行：DSETTINGS。

在命令行输入 DSETTINGS 命令后，将弹出"草图设置"对话框，选择"极轴追踪"选项卡的，如图 4–14 所示。利用该对话框可设置极轴追踪。

2."草图设置"对话框"极轴追踪"选项卡选项解释

"草图设置"对话框极轴追踪选项卡中各选项含义及设置方法如下：

（1）"启用极轴追踪（F10）（P）"。该复选框用于控制极轴追踪方式的打开与关闭。也可以通过切换 F10 功能键打开或关闭。

（2）"极轴角设置"选项组。该选项组用于设置极轴追踪的角度，设置方法是从该选项组"角增量（I）"下拉列表中选择一个角度值，也可以输入一个新角度值。所设角度将使 Auto CAD 以该角度及该角度的倍数进行极轴追踪。该选项组内的"附加角（D）"复选框用来设置附加角度，在选择使用附加角后，"新建（N）"和"删除"按钮可在其左侧的列表中为极轴追踪设置或删除附加角。

（3）"对象捕捉追踪设置"选项组。该选项组内有两个选项钮，用于设置对象捕捉追踪的模式，其设置不影响极轴追踪。选择"仅正交追踪（L）"选项，将使对象捕捉追踪通过指定点时，仅显示水平和垂直追踪方向。选择"用所有极轴角设置追踪（S）"选项，将使对象追踪通过指定点时可显示极轴追踪所设的所有追踪方向。

图 4–14 "草图设置"对话框"极轴追踪"选项卡　图 4–15 "选项"对话框"草图"选项卡

（4）"极轴角测量"选项组。该选项组有两个选项钮，用于设置测量极轴追踪角度的参考基准。选择"绝对（A）"选项，使极轴追踪角度以当前用户坐标系（UCS）为参考基准。选择"相对于上一段（R）"选项，使极轴追踪角度以最后绘制的对象为参考基准。

（5）"选项（T）…"。单击"选项…"按钮，将弹出显示"草图"标签的"选项"

对话框，如图 4-15 所示。该对话框右侧为"自动追踪设置"选项组，可在此作所需的设置。拖动滑块可调整捕捉靶框的大小。

极轴追踪方式可通过单击状态行上的"极轴"按钮来打开或关闭。另外，"极轴"按钮与"正交"按钮不能同时开启。

3. 应用实例

利用极轴追踪方式矩形绘制五角星，效果如图 4-16 所示，五角星边长 300，角度如图 4-17 所示。

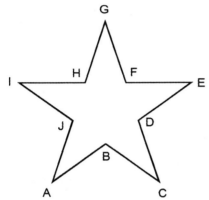

图 4-16 应用极轴追踪方式绘制五角星

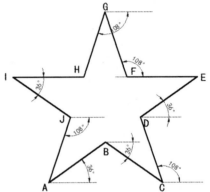

图 4-17 五角星各点之间的角度关系

操作步骤：

（1）设置极轴追踪的角度。命令：DSETTINGS（利用右健菜单输入该命令最方便），输入命令后，Auto CAD 弹出"草图设置"对话框"极轴追踪"选项卡，如图 4-18 所示。在"极轴角设置"选项组中，勾选"附加角（D）"复选框，点击"新建（N）"按钮，在左侧文本框中输入 36，并打开极轴追踪，单击"确定"按钮退出对话框。此时状态行上极轴按钮下凹，即极轴追踪打开。

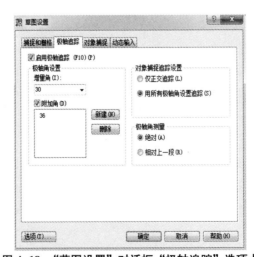

图 4-18 "草图设置"对话框"极轴追踪"选项卡

（2）绘图。启动 Line 命令绘制五角星，命令行提示如下：

命令：_line 指定第一点：（在屏幕上拾取点 A）

指定下一点或［放弃（U）］：（追踪 B 点 36°方向，输入长度 300，按 Enter 键）

指定下一点或［放弃（U）］：（追踪 C 点 36°方向，输入长度 300，按 Enter 键）

指定下一点或［闭合（C）/放弃（U）］：（追踪 D 点 108°方向，输入长度 300，按 Enter 键）

指定下一点或［闭合（C）/放弃（U）］：（追踪 E 点 36°方向，输入长度 300，按 Enter 键）

指定下一点或［闭合（C）/放弃（U）］：（追踪 F 点 180°方向，输入长度 300，按 Enter 键）

指定下一点或［闭合（C）/放弃（U）］：（追踪 G 点 108°方向，输入长度 300，按 Enter 键）

指定下一点或［闭合（C）/放弃（U）］：（追踪 H 点 108°方向，输入长度 300，按 Enter 键）

指定下一点或［闭合（C）/放弃（U）］：（追踪 I 点 180°方向，输入长度 300，按 Enter 键）

指定下一点或［闭合（C）/放弃（U）］：（追踪 J 点 36°方向，输入长度 300，按 Enter 键）

指定下一点或［闭合（C）/放弃（U）］：c（闭合，按空格键结束命令，效果如图 4-19 所示）

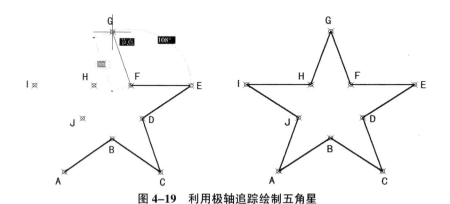

图 4-19　利用极轴追踪绘制五角星

二、对象捕捉追踪

对象捕捉追踪可捕捉到通过指定点的 X 方向、Y 方向或任意方向延长线上的任意点。对象捕捉追踪一般必须与固定对象捕捉配合使用。

1. 设置方式

采用与极轴追踪相同的方式弹出"草图设置"对话框，并在"对象捕捉"和"极轴追踪"两个选项卡中进行选项选择。在"对象捕捉"选项卡（见图 4-20）中，进行如下设置：勾选"启用对象捕捉（F3）（O）"按钮；设置合适的对象捕捉模式，开启"端点（E）""中点（M）""圆心（C）""交点（I）"等模式，如图 4-20 所示；勾选"启用对象捕捉追踪（F11）（K）"按钮。

在"极轴追踪"选项卡（见图 4-21）"对象捕捉追踪设置"选项组中，选择"仅正交追踪"或"用所有极轴角设置追踪"选项。当然若选择"用所有极轴角设置追踪"选项，则必须首先选择好极轴增量角和附加角。

图 4-20　"草图设置"对话框"对象捕捉"选项卡　图 4-21　"草图设置"对话框"极轴追踪"选项卡

对象捕捉追踪方式可通过单击状态行上"对象追踪"按钮来打开或关闭。

2. 应用示例

已知一矩形，但不知其四个角的具体坐标。要求在矩形形状中心处绘制一正五边形，使其内接于半径 R=400 的假想圆。如图 4-22（5）所示。

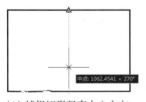 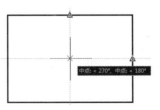 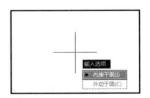

（1）捕捉矩形竖直中心方向　（2）捕捉矩形水平中心方向　（3）采用内接于圆方式绘制正五边形

图 4-22　应用对象捕捉追踪方式绘制正多边形

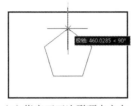 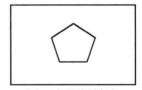

（4）指定正五边形顶点方向　　　　　（5）五角星绘制完成

图 4-22　应用对象捕捉追踪方式绘制正多边形（续）

操作步骤如下：

（1）设置捕捉方式。打开状态行上"对象捕捉"和"对象追踪"按钮；在图 4-20 中的"草图设置"对话框中选择"对象捕捉"选项卡，选择"捕捉中点"固定捕捉模式；在图 4-21 中的"对象捕捉追踪设置"选项组选择"仅正交追踪"。

（2）绘制正五边形。命令行提示如下：

命令：_polygon 输入边的数目<4>：5
指定正多边形的中心点或［边（E）］：
输入选项［内接于圆（I）/外切于圆（C）］<I>：I
指定圆的半径：300

操作方法如下：当命令提示"指定正多边形的中心点或［边（E）］："时，首先将光标移向矩形水平边的中点，其次往下移动［见图 4-22（1）］，当出现竖向追踪直线表明这时捕捉到水平边中点竖直方向，将鼠标移动至右侧竖直边的中点处，向左水平方向移动鼠标，这时将出现两条分别通过长边中点和短边中点，且相互垂直的点状线，其交点即为矩形的形心［见图 4-22（2）］，最后单击左键就可捕捉到这一点即正多边形中心点。

但命令提示"输入选项［内接于圆（I）/外切于圆（C）］<I>："时，输入 I，指定正多边形内接于圆的方式，如图 4-22（3）所示。将鼠标竖直向上移动，指定正五边形顶点位置，如图 4-22（4）所示；最后输入指定圆的半径 300，这样就可完成绘制，结果如图 4-22（5）所示。

第五节　动 态 输 入

一、动态输入概念

"动态输入"在光标附近提供了一个命令界面，以帮助用户专注于绘图区域。启用"动态输入"时，工具栏提示将在光标附近显示信息，该信息会随着光标移动而动态更

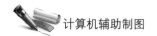

新。当某条命令为活动时，工具栏提示将为用户提供输入的位置。在输入字段中输入值并按 Tab 键后，该字段将显示一个锁定图标，并且光标会受用户输入的值约束。随后可以在第二个输入字段中输入值。另外，如果用户输入值然后按 Enter 键，则第二个输入字段将被忽略，且该值将被视为直接距离。使用"动态输入"可以让用户的注意力保持在光标附近，避免将注意力转移至命令行上。动态输入不会取代命令窗口。用户可以隐藏命令窗口以增加绘图屏幕区域，但是有些操作中还是需要显示命令窗口。按 F2 键可根据需要隐藏和显示命令提示和错误消息。另外，也可以浮动命令窗口，并使用"自动隐藏"功能来展开或卷起该窗口。

二、动态输入设置

1. 设置方式

用户可以利用以下之一打开或关闭动态输入：

（1）单击状态栏上的"DYN"来打开或关闭"动态输入"。

（2）按住 F12 键可以临时将其开启或关闭。

在状态栏"DYN"上单击鼠标右键，然后单击"设置"，打开"草图设置"对话框"动态输入"选项卡，如图 4-23 所示。

2. "草图设置"对话框"动态输入"选项卡选项解释

"动态输入"选项卡有三个组件："指针输入""标注输入"和"动态提示"。以控制启用"动态输入"时每个组件所显示的内容。各选项组功能如下：

（1）"指针输入"。当启用指针输入且有命令在执行时，十字光标的位置将在光标附近的工具栏提示中显示为坐标。可以在工具栏提示中输入坐标值，而不用在命令行中输入。第二个点和后续点的默认设置为相对极坐标。不需要输入 @ 符号。如果需要使用绝对坐标，在坐标值之前使用井号（#）前缀。例如，要将对象移到原点，在提示输入第二个点时，输入 #0，0。"指针输入"选项组如图 4-24 所示。

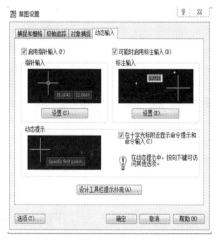

图 4-23 "草图设置"对话框"动态输入"选项卡

图 4-24 "指针输入"选项组

使用指针输入"设置（S）…"可修改坐标的默认格式，以及控制指针输入工具栏提示何时显示。点击"设置（S）…"按钮，弹出如图4-25所示的"指针输入设置"对话框。

"指针输入设置"对话框由"格式"和"可见性"选项组组成，其含义如下：

■ "格式"选项组。用于控制打开指针输入时显示在工具栏提示中的坐标格式。其选项含义如下：

□ "极轴格式（P）"。按极坐标格式显示第二个点或下一个点的工具栏提示。若在两个坐标值之间输入逗号","可更改为笛卡尔格式。

□ "笛卡尔格式（C）"。按笛卡尔坐标格式显示第二个点或下一个点的工具栏提示。若在两个坐标值之间输入角形符号"<"可更改为极坐标格式。

□ "相对坐标（R）"。按相对坐标格式显示对应第二个点或下一个点的工具栏提示。若在输入坐标值之前输入井符号"#"可更改为绝对坐标格式。

□ "绝对坐标（A）"。按绝对坐标格式显示对应第二个点或下一个点的工具栏提示。若在输入坐标值之前输入at符号"@"可更改为相对格式。请注意，选定此选项时不能使用直接距离输入方法。

■ "可见性"选项组。用于控制何时显示指针输入。

□ "输入坐标数据时（S）"。如果打开指针输入，仅当开始输入坐标数据时才显示工具栏提示。

□ "命令需要一个点时（W）"。命令请求点时，如果打开指针输入，只要命令提示输入点就显示工具栏提示。

□ "始终显示–即使未在执行命令（Y）"。如果打开指针输入，则始终显示工具栏提示。

（2）"标注输入"选项组。启用标注输入时，当命令提示输入第二点时，工具栏提示将显示距离和角度值。在工具栏提示中的值将随着光标移动而改变。按Tab键可以移动到要更改的值。标注输入可用于Arc、Circle、Ellipse、Line和Pline。"标注输入"选项组如图4-26所示。

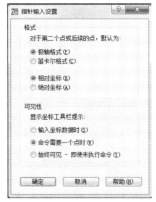

图4-25　"指针输入设置"对话框

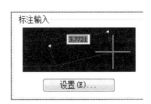

图4-26　"标注输入"选项组

使用夹点编辑对象时，标注输入工具栏提示可能会显示以下信息：旧的长度、移动夹点时更新的长度、长度的改变、角度、移动夹点时角度的变化、圆弧的半径，如图 4-27 所示。

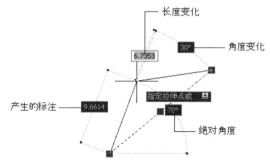

图 4-27　标注输入工具栏可能显示的提示信息

通过使用标注输入设置只显示用户所希望看到的信息。在使用夹点来拉伸对象或在创建新对象时，标注输入仅显示锐角，即所有角度都显示为小于或等于 180 度。因此，无论 ANGDIR 系统变量如何设置（在"图形单位"对话框中设置），270 度的角度都将显示为 90 度。创建新对象时指定的角度需要根据光标位置来决定角度的正方向。点击"设置（S）…"按钮，弹出如图 4-28 所示的"标注输入设置"对话框。

"标注输入设置"对话框由"可见性"选项组构成，"可见性"选项组时用来控制在打开标注输入的情况下，在拉伸夹点的过程中显示哪一个工具栏提示。系统有以下三个选项：

其一，"每次仅显示 1 个标注输入字段（1）"。使用夹点编辑拉伸对象时，只显示长度变化标注输入工具栏提示。

其二，"每次显示 2 个标注输入字段（2）"。使用夹点编辑拉伸对象时，显示长度变化和生成的标注输入工具栏提示。

图 4-28　"标注输入设置"对话框

图 4-29　"动态提示"选项组

其三，"同时显示以下这些标注输入字段（F）"。使用夹点编辑来拉伸对象时，将显示以下选定的标注输入工具栏提示：

■ "结果尺寸（R）"：显示随夹点移动更新的长度标注工具栏提示。

■ "长度修改（L）"：显示移动夹点时长度的变化。

■ "绝对角度（A）"：显示随夹点移动更新的角度标注工具栏提示。

■ "角度修改（C）"：显示移动夹点时角度的变化。

■ "圆弧半径（D）"：显示随夹点移动更新的圆弧半径。

可利用 Tab 键切换到下一个标注输入字符段。

（3）"动态提示"选项组。启用动态提示时，提示会显示在光标附近的工具栏提示中。

用户可以在工具栏提示（而不是在命令行）中输入响应。按下箭头键可以查看和选择选项。按上箭头键可以显示最近的输入。

"在十字光标附近显示命令提示和命令输入（C）"：勾选该复选框将在十字光标附近显示命令提示和命令输入。"动态提示"选项组如图 4-29 所示。

要在动态提示工具栏提示中使用 PASTECLIP，可键入字母然后在粘贴输入之前用空格键将其删除。否则，输入将作为文字粘贴到图形中。

"设计工具栏提示外观（A）…"：点击"设计工具栏提示外观（A）…"按钮，将弹出如图 4-30 所示的"工具栏提示外观"对话框，可利用该对话框对工具栏提示外观进行设计。下面介绍"工具栏提示外观"对话框主要选项的含义：

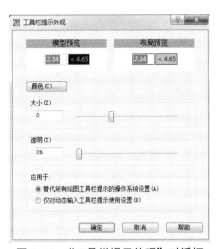

图 4-30　"工具栏提示外观"对话框

■ "预览"：显示当前工具栏提示外观的样例。

■ "颜色（C）…"：点击"颜色（C）…"按钮将显示"图形窗口颜色"对话框，从中可以指定绘图工具栏提示的颜色及其在指定上下文中的背景。

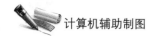

■ "大小（Z）"：用于指定工具栏提示的大小。默认大小为 0。使用滑块放大或缩小工具栏提示。

■ "透明度（T）"：该选项用于控制工具栏提示的透明度。设置的值越低，工具栏提示的透明度越低。值设置为 0 时工具栏提示为不透明。

■ "应用于"：指定将设置应用于所有的绘图工具栏提示还是仅用于动态输入工具栏提示。系统提供了 2 个选择项：

□ "替代所有绘图工具栏提示的操作系统设置（A）"：将设置应用于所有的工具栏提示，从而替代操作系统中的设置。

□ "仅对动态输入工具栏提示使用设置（D）"：将这些设置仅应用于动态输入中使用的绘图工具栏提示。

（4）"启用指针输入（P）"：该复选框用于开启和关闭"开启指针输入"功能。

（5）"可能时启用标注输入（D）"：该复选框用于开启和关闭"可能时启用标注输入"功能。

（6）"选项（T）…"：单击"选项（T）…"按钮，将弹出"选项"对话框的"草图"选项卡，单击"设计工具栏提示设置（E）…"按钮，也可以弹出图 4-30"工具栏提示外观"对话框，用户可以对工具栏提示外观进行重新设计。

习题

1. 绘图时的辅助工具有哪些？如何使用？

2. 如何使用对象捕捉和对象追踪？它有什么好处？

3. 单一对象捕捉和固定对象捕捉有何不同？

4. "捕捉自"方式的应用条件是什么？如何应用？

5. 利用临时追踪点追踪对象与极轴追踪、对象捕捉追踪方式（与固定对象捕捉配合）的不同点是什么？

第五章 图层设置与对象特性管理

教学目标

通过本章的学习，应掌握新图层的创建方法，包括设置图层的颜色、线型和线宽；"图层特性管理器"对话框的使用方法，并能够设置图层特性、过滤图层和使用图层功能绘制图形。掌握绘图单位和界限的设置以及对象显示特征修改的方法。

教学重点和教学难点

1. 绘图单位和界限的设置
2. 设置对象显示特征
3. 图层设置与管理
4. 对象显示特性的修改

本章知识点

1. "图层特性管理器"对话框的组成
2. 创建新图层
3. 设置图层颜色
4. 使用与管理线型
5. 设置图层线宽
6. 管理图层
7. 对象特性管理

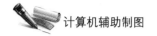

第一节　设置绘图单位和界限

利用 Auto CAD 绘制工程图时，一般是要根据所画图形的实际需要来确定图形的单位和图形界限。即使采用默认设置和做了某种设置，也可以随时改变图形的单位和图形界限。

一、设置绘图单位

1. 功能

确定绘图时的长度单位、角度单位及其精度和角度方向。

2. 调用方式

（1）菜单栏："格式（O）"｜"单位（U）…"。

（2）命令行：Units（UN）。

3. 命令操作

输入命令后，将弹出"图形单位"对话框，如图 5-1 所示。对于我国大多数用户来说，一般在长度选项组选择类型为小数（即十进制），其精度根据需要确定；在角度选项组选择类型为十进制度数，其精度根据需要确定；单击"方向（D）…"按钮，弹出"方向控制"对话框，如图 5-2 所示，一般默认图中所示的缺省状态，即"东（E）"为 0 度。

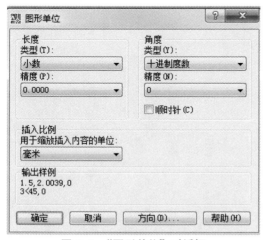

图 5-1　"图形单位"对话框

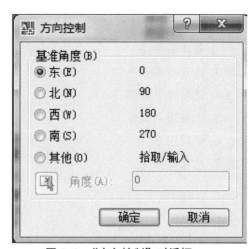

图 5-2　"方向控制"对话框

二、设置绘图界限

1. 功能

确定实际绘图时的绘图界限，相当于选图幅。

2. 调用方式

（1）菜单栏："格式（O）"｜"图形界限（A）"。

（2）命令行：Limits。

3. 命令操作

以选择 A2 图幅为例，命令行提示如下：

命令：limits↙

指定左下角点或 ［打开（ON）/ 关闭（OFF）］<0，0>：↙（接受缺省设置，确定图幅左下角图界坐标）

指定右上角点或 ［打开（ON）/ 关闭（OFF）］：594，420↙（键入图幅右上角图界坐标）

4. 注意与提示

在"指定左下角点或 ［打开（ON）/ 关闭（OFF）］<0，0>："提示行上的"打开（ON）/ 关闭（OFF）"是指将绘图界限检查功能打开与关闭，当输入 ON 或 OFF 时，Auto CAD 将用户可输入的坐标限制在图形界限内或不做此限制。

设置了图形界限，则该界限将是栅格点显示的范围、Zoom 命令中"比例"选项（输入纯数字时）针对的区域和 Zoom 命令中 All 选项显示的最小范围。另外，用户还可指定图形界限作为打印区域。

图形界限刚设置完成时，一般在屏幕上不能全部显示其范围（特别是设置的图界较大时）。为了在屏幕上能够全部显示其范围，必须执行 Zoom 命令并选择 All 选项，或者单击如图 5-3 所示的随位工具栏上从下向上第 2 个按钮（功能为全部缩放），才能将设置的图形界限全部显示在屏幕内。

图 5-3　全部缩放按钮

第二节　设置对象显示特性

每一个图形对象都由一组数据定义。这些数据可以分为两类：一类用于确定对象的几何形状，如直线的端点和中点、圆的圆心和半径等，这类数据称为对象的几何特性；另一类定义对象的显示特性，如颜色、线型、线型比例、线宽、所处图层等，相应地称这类数据为对象的显示特性。几何特性和显示特性通称为对象特性，几何特性是在绘图和编辑时确定的，后面介绍的对象捕捉、对象追踪和夹点编辑等主要使用的就是对象的几何特性。本节主要介绍线型、线型比例、线宽、颜色和图层等显示特性的设置方法。

一、设定线型命令

1. 功能

对线型进行设置和管理，以满足制图规范的要求。

2. 调用方式

（1）菜单栏："格式（O）"｜"线型（N）…"。

（2）工具栏：在"对象特性"工具栏"线型控制"下拉列表中（见图5-4），单击"其他"选项。

（3）命令行：Linetype（lt/ltype/ddltpye）。

图5-4　"线型控制"下拉列表

3. 命令操作与选项说明

调用该命令后，将弹出"线型管理器"对话框，如图5-5所示（如果不是此种样式，可单击"显示细节"按钮，就会出现此样式）。可以看出，Auto CAD缺省线型为Bylayer（随层）、ByBlock（随块）和Continuous（实线）三种线型，可根据需要进行如下的操作。

（1）加载线型。实际绘图时，需要使用多种线型。为了使用其他线型，必须从线型库中加载要用的线型。方法是单击"加载"按钮，弹出"加载或重载线型"对话框，如图5-6所示。从中选择需要加载的线型（如单点长画线 CENTER 等），然后单击"确定"按钮，回到"线型管理器"对话框，就可以看到加载的线型了。如图5-7所示。

图 5-5　"线型管理器"对话框

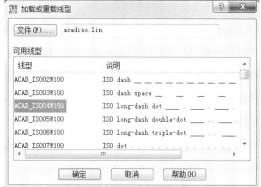

图 5-6　"加载或重载线型"对话框

图 5-7　加载长点画线并设置为当前线型

图 5-8　设置线型比例

（2）设置当前线型。当前要用哪一种线型绘图，就要把那种线型设置为当前线型。设置当前线型的方法是在图 5-7 中选择此线型（如 ACAD_ISO04W100），然后单击"当前"按钮，则完成当前线型设置，其标志为在对话框的中上部左侧显示"当前线型：ACAD_ISO04W100"。

（3）删除线型。要删除"线型管理器"中不需要的线型，可先选择要删除的线型，再单击"删除"按钮即可。

［注意］不能删除下列线型：随层、随块和连续线型；当前线型；依赖外部参照的线型；图层或对象参照的线型。

如单纯需要选择已经加载的线型，也可从"对象特性"工具栏上的线型列表中选择（"其他…"选项除外），也可用从选中的线型修改图形中被选中对象的线型。

二、设定线型比例

设置线型后，如果由实线段、空白段、点或文字等元素组成的不连续线型在屏幕上显示、在打印机或绘图仪上输出时，其疏密程度可能会不合适，则需要调整不连续线型的比例（连续线型不存在此问题）。线型比例的作用就是让不连续的线型，如虚

线、点画线等，以恰当的大小显示在图纸上。

不连续线型比例分为全局线型比例和新线型比例。全局线型比例控制整幅图形的非连续线型，新线型比例则控制新绘制的非连续线型。也就是说，非连续线型的全局线型比例是相同的，但新线型比例不一定相同。非连续线型最终的线型比例应为全局线型比例和新线型比例的乘积。

1. 调用方式

（1）菜单栏："格式（O）"｜"线型（N）…"｜"全局比例因子（G）"文本框。

命令行：Ltsacle。

在图 5-8 中的"全局比例因子（G）"文本框中设置全局线型比例。

（2）新线型比例。

命令行：Celtscale。

在图 5-8 中的"当前对象缩放比例"文本框中设置新线型比例。

2. 注意与提示

线型比例用于控制非连续线型单位距离上重复短线、间隔等元素的数目，其值越小，短线、间隔等元素的尺寸就越小，单位距离上短线、间隔等元素的数目就越多；反之，则短线、间隔等元素的尺寸就越大，单位距离上短线、间隔等元素的数目就越少。

合适的线型比例应以在打印机或绘图仪上输出合理的非连续线型为准，而不是以屏幕上显示为准。

三、设定线宽

1. 功能
设定所绘图形的线宽，以满足制图规范的要求。

2. 调用方式

（1）菜单栏："格式（O）"｜"线宽（W）…"。

（2）命令行：Lweight（lw 或 lineweight）。

3. 命令操作

启动该命令后，弹出如图 5-9 所示的"线宽设置"对话框。在此对话框中，可选择线宽、指定线宽单位、调节线宽的显示比例；利用"显示线宽"复选框确定是否按设置的线宽显示相应的图形，利用"默认"下拉列表框设置 Auto CAD 的默认绘图线宽（缺省值为 0.25 毫米或 0.010 英寸）。设置当前线宽并退出该对话框后，在"对象特性"工具栏中的线宽列表中显示的就是当前线宽值。

若单纯选择线宽，也可从"对象特性"工具栏上的线宽列表中选择（见图 5-10）。可用"对象特性"线宽控制下拉列表中选择相应线宽值修改图形中被选中对象的线宽值。

4. 注意与提示

当线宽设置为 0 时，其线宽在屏幕上显示为一个像素宽，出图时以所用绘图设备最细线宽输出。

利用状态栏上的"线宽"按钮也可方便地控制线宽显示与否。按下"线宽"按钮则在屏幕上显示其线宽，再按"线宽"按钮则在屏幕上不显示其线宽。

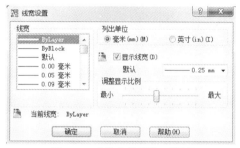

图 5-9　"线宽设置"对话框

图 5-10　"线宽控制"下拉列表

四、设定颜色

1. 功能

设定所绘图形对象的颜色，以方便绘图、编辑操作和识图。

2. 调用方式

（1）菜单栏："格式（O）"｜"颜色（C）…"。

（2）命令行：Color（col 或 colour 或 ddcolor）。

3. 命令操作

启动该命令后，弹出如图 5-11 所示的"选择颜色"对话框。该对话框包括三个调色板框，用户可从中选择需要的一种颜色作为当前颜色。

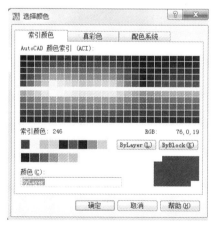

图 5-11　"选择颜色"对话框

图 5-12　"颜色控制"下拉列表

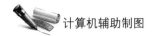

若单纯选择颜色，也可从"对象特性"工具栏上的颜色列表中选择（见图5-12）。也可用从选中的颜色修改图形中被选中对象的颜色。

4. 注意与提示

如图5-11所示，Auto CAD提供了255种颜色可供选择，每种颜色具有确定的编号，其中1~7号为7种常用颜色，即CAD标准色；8~255号颜色为全色。

第三节　图层设置

一、图层的概念

相对于线型、线宽、颜色等对象特性，图层对计算机绘图的初学者而言，是一项较难接受的CAD对象特性。手工绘图时，图纸只有一张，根本就没有什么图层的概念。但学习与使用CAD，则必须掌握图层这一对象特性，因为，它是Auto CAD的主要组织工具。

图层就相当于没有厚度且透明的玻璃纸，可在上面绘制图形对象。为了方便绘制和管理复杂图形，可按线型、颜色等特性分组并将其绘在不同的层上，而且对各层可单独控制（如打开/关闭、冻结/解冻、上锁/开锁、打印/不打印等），进而叠加各图层就构成完整的图形。比如，一张城市规划平面图可分为道路中心线、道路、建筑、植被、水域、文字注释等图层（见图5-13），且每层都有自己的线型、线宽、颜色等显示特性，将其分别绘制在各图层上，然后将各图层叠加起来就构成了城市规划平面图。这样不仅便于绘图与识图，而且用户还可以对各个图层进行单独控制，从而提高设计和绘图的质量与效率。

图5-13　图层的概念

1. 图层的功能及特点

Auto CAD 图层具有以下特点：

（1）Auto CAD 的系统对图层数量没有限制，用户可以在一幅图纸中设置任意数量的图层，但只能在当前图层上进行操作。

（2）每个图层都有一个名称，以便加以区别。当开始绘制一幅新图形时，Auto CAD 自动创建名为"0"的图层，这是 Auto CAD 的默认图层。其余图层都需要由用户自行定义。

（3）用户可以对图层进行打开/关闭、冻结/解东、锁定/解锁等操作，以决定各图层是否可见和可操作。

2. 图层创建的原则

创建图层之前需要考虑诸多问题，例如图层如何划分，图层的属性如何设置以及 0 图层的作用。图层划分在不同的行业中有不同的规范，应本着以下几点基本原则：

（1）按图形类别划分图层。虽然 Auto CAD 允许创建无限多个图层，但通常在够用的情况下图层数量越少越好。无论是什么专业，什么阶段的图纸，其图形信息都应该运用一定的规律来组织管理。例如，就平面图而言，园林规划方向的图纸，可以分为轴网、园路、铺装、植物、水体、园林小品等图层；城镇体系规划方向的图纸，可以分为河流流向、河流水域、山体、市域界限、乡镇界限、市级道路、乡镇道路、村级道路和行政区划等图层；建筑方向的室内图纸，可以分为轴线、墙体、门窗、家具、标注、楼梯等图层。在绘制图形的时候，应该先选择与图形类别相对应的图层，然后在该图层上进行绘图以及其他操作。

（2）按线型、线宽划分图层。在实际绘图中，为了使图形易于查看，经常需要按照不同的线型、线宽，将图形对象区分开。在制图中常用的线型有 Continuous 实线、Center 点画线和 Dash 虚线等，在不同专业制图中，各类线型具有不同的作用和意义。例如，道路中心线通常用点画线表示，道路边线用实线表示，这样它们就可以绘制在不同的两个图层中。

不同的线宽可以使图形层次分明。一张图纸是否清晰、直观，线宽的设置是其中重要的因素之一。若一张图纸里有不同的线宽，比如有 0.13mm 的细线，有 0.25mm 的中等宽度线，还有 0.35mm 的粗线，这样打印出来的图纸，从视觉上看能够根据线的粗细来区分不同类型的图元。建筑轮廓、道路、填充图案等，一目了然，层次分明。

有时同类图形对象也会设置不同的线宽。如房屋建筑轮廓线，首先用细线绘制出内外两道轮廓线，再用粗线把内轮廓线勾绘一遍。虽然同属于一类对象，也要分两个图层分别进行绘制。

（3）设置图形颜色。绘图时通常只允许有 3 种线型宽度，一般需要从线宽公称系列中确定粗线 b，然后按照 2/b 和 4/b 设置中粗线和细线。在实际绘图中，图形的区分不仅要依靠不同的线宽，还要依靠不同的颜色。在 Auto CAD 中，设置图层的颜色应注意

以下几点：

第一，不同图层选用不同的颜色。一般来说不同图层选用不同的颜色，这样在绘制图形时，就能够从颜色上很明显地进行区分。如果两个图层使用同一个颜色，那么就很难判断正在操作的图形是在哪一个图层上。

第二，根据打印时线宽的粗细来选择颜色。打印时，线条设置越宽的，该图层就应该选择越亮的，严格来说，比如建筑轮廓线是打印图形时最宽的线条，通常选择黄色为图层的颜色。反之，如果在打印时，某类线条的宽度仅为 0.09mm，那么该图层的颜色就应该用 8 号色或其他类似的颜色。因为这样的设置可以在未打印出图前，从屏幕上就能直观地反映出线条的粗细。

第三，图层颜色以能够体现物体的性质为佳。比如水体用蓝色、草地植物用绿色。如果一张图纸上水体的颜色用红色来表示，就会令人匪夷所思。

（4）0 层保持空白。0 图层是 Auto CAD 系统默认图层，一旦打开 Auto CAD 软件或者新建一个图形样板，就会存在一个 0 图层。此图层具有系统的默认设置，不能删除，也不要在 0 图层上进行绘图。0 图层的作用是定义图块，在 0 图层创建的图块，具有随层的特性，无论图块插入哪个图层，都会自动跟随这个图层的属性，图块插入其他图层后，0 图层就保持空白。

（5）个体服从全局。所有图形的各种属性都尽量跟随图层的属性，也就是说尽可能地让图形的对象属性都是 Bylayer（随层），这样才便于图层进行全局控制，不会造成混乱。

二、图层的设置与管理

在 Auto CAD 中，图层的设置与管理包括创建、删除图层，为图层设置线型、线宽和颜色，控制图层打开/关闭、冻结/解冻、锁定/解锁以及是否输出等内容。

1. 图层的调用方式

（1）菜单栏："格式（O）"｜"图层（L）…"。

（2）工具栏："图层"工具栏→ （图层特性管理器按钮）。

（3）命令行：Layer（la 或 ddlmodes）。

2. 图层的设置

启动该命令后，弹出如图 5-14 所示的"图层特性管理器"对话框。在该对话框中可创建图层、删除图层以及对图层进行管理。

（1）创建新图层。单击"新建"按钮，则在该对话框图层列表中增加一个图层，Auto CAD 给定默认名称为"图层 1"，再单击"新建"按钮，则又增加一个新图层，名称为"图层 2"，可依次增加下去。在增加新层后，用户可紧接着输入新图层名，或者回车接受默认名称。图层创建后也可以随时修改图层的名称，其方法是先选择该图层使其显亮，再单击已有图层名后就可修改。图层名一般是根据图层的功能或内容来命名，如"粗实线"、"细实线"或者"墙体层"、"标注层"等。图层名不能有"*""!"等通配符和空格，也不能重名。

图 5-14　"图层特性管理器"对话框

图 5-15　"选择线型"对话框

图 5-16　图层不同的"状态"

新图层的默认特性：白色（7 号颜色）、Continuous 线型、缺省线宽；如果在创建新图层时，图层显示窗口中存在一个选定图层，则新图层将沿用选定图层的特性。用户可接受这些默认值，也可以设置为其他值，并可随时修改，设置或修改的方法如下：

■ 设置颜色。单击该图层显示其颜色选项的区域，可以弹出"选择颜色"对话框（见图 5-11），从而设定该图层的颜色。

■ 设置线型。单击该图层显示其线型选项的区域，可以弹出"选择线型"对话框（见图 5-15），从而设定该图层的线型。

■ 设置线宽。单击该图层显示其线宽取值的区域，可以弹出"线宽"对话框，从而设定该图层的线宽。

（2）设置当前层。在一幅图的所有图层中，用户只能在其中的一个图层上绘图，该图层被称为当前层。Auto CAD 默认 0 层为当前层。0 层是当开始绘制一幅新图时，Auto CAD 自动建立的一个图层，层名始终为"0"，故称为 0 层。用户不能修改 0 层的层名，也不能删除该层，但可重新设置其颜色、线型和线宽。根据绘图的需要，要在

哪一层上绘图，就将其设置为当前层。

设置当前层的方法是，在"图层特性管理器"对话框中，选择用户所需要的图层，使其高亮度显示，然后单击"当前"按钮，该层就置为当前层，其标志是在"对象特性管理器"对话框中上部左侧"当前图层："后面显示出该图层名。

利用上述方法设置图层、设置当前层，并退出"图层特性管理器"对话框后，其当前层的设置将显示在"对象特性"工具栏的各个窗口内，其中"颜色""线型"和"线宽"窗口一般显示为"随层"。"随层"选项表示所绘制的颜色、线型和线宽按图层本身设置来定，只要在该层上绘图，则所绘制的对象就具有该层所设定的颜色、线型和线宽，这也是设置图层的重要目的之一。

（3）删除图层。在绘图过程中，用户可随时删除不使用的图层。要删除不使用的图层，可先从"图层特性管理器"对话框中选择一个或多个图层，然后单击该对话框右上部的"删除"按钮，则可将所选图层从当前图形中删除。

［注意］不能删除下列图层：0 层；定义点层（Defpoints）；当前图层；依赖外部参照的图层；包含对象的图层。

3. 图层管理

设置图层的另一重要目的之一就是可单独控制图层上的对象，提高绘图效率。Auto CAD 提供了打开/关闭、冻结/解冻、上锁/解锁、打印/不可打印等状态开关，用于图层管理。缺省状态下，新创建的图层均为"打开"、"解冻"、"解锁"和"可打印"的状态。下面对该对话框中显示的各个图形特性进行介绍：

（1）状态。显示图层和过滤器的状态，添加的图层以一块 ⌒ 表示，删除的图层以 ✖ 表示，当前图层以 ✔ 表示，如图 5-16 所示。

（2）名称。显示各图层和过滤器的名称。按 F2 键输入新名称。

（3）打开/关闭（💡/💡）。在对话框中用 💡 的颜色来表示图层的开关。默认情况下，图层都是打开的，灯泡显示为黄色 💡，表示图层可以使用和输出；单击灯泡可以切换图层的开关，此时灯泡变成灰色 💡，表示图层被关闭。关闭图层后，该层上的对象不能在屏幕上显示或由绘图设备输出。重新生成图形时，图层上的对象仍将参与重生成运算，因而运行速度比冻结慢。

（4）冻结/解冻（☀/❄）。打开图层时，系统默认以解冻的状态显示，以太阳图标 ☀ 表示，此时的图层可以显示、打印输入和在该图层上对图形进行编辑。单击太阳图标可以冻结图层，此时以雪花图标 ❄ 表示。冻结图层后，该层上的对象不能在屏幕上显示、无法用打印设备输出、不能编辑该图层上的图形。重新生成图形时，图层上的对象将不参与重生成运算，因而运行速度比关闭快。另外，当前层是不能冻结的。

（5）锁定/解锁（🔒/🔓）。在绘制完一个图层时，为了在绘制其他图形时不影响该图层，通常可以把图层锁定。图层锁定以锁头图标 🔒 来表示，单击图标可以将图层解锁，以图标 🔓 表示。新建的图层默认都是解锁状态。图层锁定后，图层上的对象是可见的，而且可以输出，但不能对已有对象进行编辑和修改，但仍可以在其上绘图。

（6）打印/不可打印（🖶/🖶）。用来设置图层是否打印。可以打印的图层用🖶 显示，单击该图标可以设置图层为不能打印，以图标🖶来表示。打印功能只能对可见图层、没有被冻结的图层、没有锁定的图层和没有关闭的图层起作用。图层设置为不可打印，则该图层上的对象可看到，但不能在绘图设备上输出。另外，定义点层（defpoint 图层）不能打印输出。

（7）颜色。用于设置图层显示的颜色。

（8）线型。用于设置绘图时所使用的线型。

（9）线宽。用于设置绘图使用线型的宽度。

（10）打印样式。用来确定图层的打印样式。如果使用的是彩色图层，则无法更改样式。

（11）说明。用来描述图层或图层过滤器。

三、使用"设计中心"跨文件复制图层

重复利用和共享图形内容，是有效管理绘图项目和提高图形设计效率的基础。Auto CAD 设计中心（Auto CAD Design Center，ADC）是 Auto CAD 中一个非常有用的管理工具。前面所讲解的图层是对一个图形文件进行管理，而设计中心则是在更高更广的范围之上，对多个图形文件进行管理。它有着类似于 Windows 资源管理器的界面，可管理图块、外部参照、光栅图像以及来自其他源文件或应用程序的内容。

这里介绍利用 Auto CAD "设计中心"通过鼠标拖曳的方式复制图层。例如，如果一个图形中包含所需的标准图层，就可以创建一个新的空白图形，通过设计中心将定义好的图册拖曳到新图形上，这样不仅节省了时间，还可以保证图形之间的一致性。将图形文件中现有的图层复制给一个新建图形文件的步骤如下：

第一步，单击"新建"按钮 ▭，新建一个图形文件。

第二步，单击"打开"按钮 ▨，打开一个包含所需标准图层的图形文件"私家别墅花园"。

第三步，执行"工具（T）"|"选项板"|"设计中心（G）"命令（快捷键命令是 Ctrl+2），打开"设计中心"浮动窗口，如图 5-17 所示。如果要固定"设计中心"窗口，可以将其拖动至应用程序窗口的右边或左边，直至它捕捉到固定位置。

第四步，单击"设计中心"窗口中的"打开的图形"标签。在左侧树状视图中，展开"私家别墅花园"分支，如图 5-18 所示。

第五步，在树状视图中选择"图层"，右侧控制面板上显示出该文件的所有图层，如图 5-19 所示。单击"视图"按钮 ▦ ▾，在下拉列表中选择"列表"选项。

第六步，确保新建的图形文件是当前打开的状态。在"设计中心"右侧控制面板上框选"私家别墅花园"文件的全部图层，拖曳鼠标至绘图区，松开鼠标，如图 5-20

所示。如果只需要复制部分图层，可以按住 Ctrl 键，单击需要的图层名。

图 5-17　"设计中心"浮动窗口

图 5-18　展开树状视图

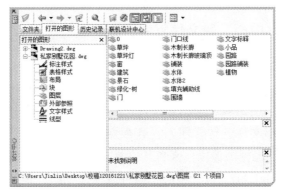

图 5-19　显示图层

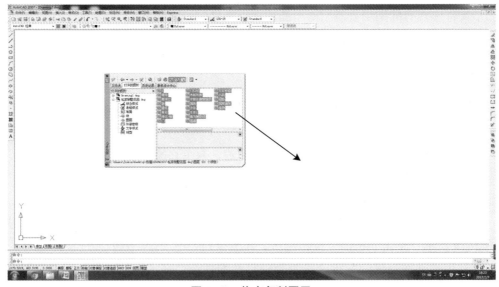

图 5-20　拖曳复制图层

第七步，打开"图层特性管理器"对话框，可以看到全部图层复制到新建的图形文件中，如图 5-21 所示。

图 5-21　"图层特性管理器"对话框

值得注意的是，利用"设计中心"拖曳复制图层之前，应确保图层名称的唯一性。如果当前图层有一个名为"草坪"图层，图层颜色为 86 号，再从另一个图形文件拖曳一个同样名为"草坪"的图层，图层颜色为 110 号，那么命令行将提示"图层已添加。重复的定义将被忽略"，结果是当前图形的"草坪"图层颜色仍为 86 号。

第四节　使用"图层"工具栏和"对象特性"工具栏进行设置

为了使用图层特性更为简便、快捷，Auto CAD 提供了一个"图层"工具栏，如图 5-16 所示。图层设置的大部分功能可通过该工具栏来完成，本节前面也介绍了该工具栏的一些功能，现简单介绍其另外两项功能。

一、设置当前图层和控制图层开关

设置当前图层和控制图层开关，除了前面介绍的利用"图层特性管理器"对话框

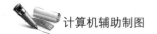

之外，还可以在"对象特性"工具栏上的"图层列表"中设置。方法是点击该窗口弹出下拉列表，并在该下拉列表中选择要设置为当前图层的图层名，则该图层将设置为当前层，并显示在工具栏该窗口上；在弹出该"图层列表"后，单击某图层控制开关状态的图标，可改变该图层的状态。如图 5-22 所示。

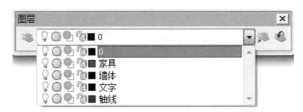

图 5-22　利用"图层"工具栏"图层列表"设置当前图层和控制图层开关

二、设置当前对象的颜色、线型和线宽

利用"图层特性管理器"对话框设置完图层后，当前层的"颜色"、"线型"和"线宽"就具有"随层"的特性。当希望当前对象按"随层"以外的颜色、线型或线宽绘制时，可分别在"特性"工具栏的"颜色控制"下拉列表、"线型控制"下拉列表或"线宽控制"下拉列表中选择"随层"之外的颜色、线型或线宽，随后新绘制的对象将具有新设置的颜色、线型或线宽特性，而且不会随图层的变化而变更，如图 5-23 所示，将当前绘制对象的颜色设置为绿色，线型为 ACAD_ISO04W100、线宽设置为 0.3mm。利用"特性"工具栏来设置既不会改变当前图层已有对象的颜色、线型和线宽，也不会改变图层已具有的颜色、线型或线宽的"随层"特性（它只是暂时被新特性替代），当需要用"随层"特性绘制对象时，可分别在"颜色控制"下拉列表、"线型控制"下拉列表或"线宽控制"下拉列表中选择"随层"即可恢复到"随层"的状态。

图 5-23　利用"特性"工具栏改变当前对象的颜色、线型和线宽

第五节　对象特性的修改

在 Auto CAD 2007 中，图形绘制时，一般还需要对图形进行各种特性和参数的设置修改，以便进一步完善和修正图形来满足工程制图和实际设计的需要。经常通过"特性"、"样式"、"图层"工具栏和"特性"选项板对对象特性进行设置，下面分别进行简要介绍。

一、特性工具栏

在 Auto CAD 2007 中，特性工具栏和特性面板实现的功能相同，在默认情况下是打开的。如图 5-24 所示。

图 5-24 "特性"工具栏

"特性"工具栏是用于设置对象的颜色、线型和线宽的。在"颜色""线型"和"线宽"三个下拉列表中都有 ByLayer 和 ByBlock 选项，其中 ByLayer 表示所选择对象的颜色、线型和线宽特性由所在图层的对应特性决定。ByBlock 表示所选择的对象的颜色、线型和线宽特性由所属图块的对应特性决定。

当用户选择需要设置特性的图形对象后，可以在颜色下拉列表中选择合适的颜色，或者通过"选择颜色"命令，弹出"选择颜色"对话框设置需要的颜色。用户可以在线型下拉列表中选择已经加载的线型，或者选择"其他"命令，在弹出的"选择线型"对话框中设置需要的线型；可以在"线宽"下拉列表中选择合适的线宽进行设置。

二、样式工具栏

在 Auto CAD 2007 中，"样式"工具栏如图 5-25 所示。

图 5-25 "样式"工具栏

在"样式"工具栏中，"文字""标注"和"表格"设置是集成在一个工具栏中的。在面板上，分别设有文字样式、标注样式和表格样式面板，可以设置文字对象、标注对象和表格对象的样式。在创建文字、标注和表格之前，可以分别在文字样式、标注样式和表格样式下拉列表中选择相应的样式，创建的对象就会采用当前列表中指定的样式。同样，用户也可以对创建完成的文字、标注和表格重新指定样式，方法是选择需要修改样式的对象，在样式列表中选择合适的样式即可。

三、特性选项板

"特性"选项板用于列出所选定对象或对象集的当前特性设置，通过"特性"选项板可以修改任何可以通过制定新值进行修改的图形特性。在默认情况下，"特性"选项板是关闭的。在未指定对象时，可以通过在菜单栏中选择"工具（T）"│"选项板"│

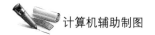
"特性（P）"命令，打开"特性"选项板，如图5-26所示。选项板只显示当前图层的基本特性、三维效果、图层附着的打印样式表的名称、查看特性以及关于UCS的信息等。

当绘图区选定一个对象时，单击鼠标右键，在弹出的快捷菜单中选择"特性"命令，可打开"特性"选项板，选项板显示了选定图形对象的参数特性，如图5-27所示为选定一个圆形对象时"特性"选项板的参数状态。如果选择多个对象，则"特性"选项板显示选择集中所有对象的公共特性。

图5-26　无选择对象时"特性"选项板状态

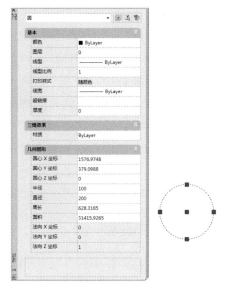

图5-27　有选择对象时"特性"选项板状态

习题

1. 哪些图层是不可以被删除的？

2. 创建图层的原则有哪几项？

3. 打开"图层特性管理器"，新建三个常用图层。分别将其命名为"建筑""轴网"和"草坪"。各图层设置如下："建筑"层，颜色为白色，线型为实线，线宽为0.3mm；"轴网"层，颜色为灰色，线型为点画线，线宽为默认；"草坪"层，颜色为绿色，线型为实线，线宽为默认。

4. 练习建立如图5-28所示的图层，将其文件命名为"私家别墅花园"保存。

状态	名称	开	冻结	锁定	颜色	线型	线宽		打印样式	打印	说明
✓	0				■ 白	Continuous	——— 默认		Color_7		
	草坪				■ 86	Continuous	——— 默认		Color_86		
	窗				□ 青	Continuous	——— 默认		Color_4		
	建筑				□ 黄	Continuous	——— 默认		Color_2		
	景石				□ 254	Continuous	——— 默认		Color_254		
	绿化-树				■ 104	Continuous	——— 默认		Color_104		
	门				■ 12	Continuous	——— 默认		Color_12		
	木制长廊				■ 30	Continuous	——— 默认		Color_30		
	铺装				■ 147	Continuous	——— 默认		Color_147		
	水体				■ 140	Continuous	——— 默认		Color_140		
	填充辅助线				■ 250	Continuous	——— 默认		Color_250		
	围墙				■ 白	Continuous	——— 默认		Color_7		
	小品				■ 洋红	Continuous	——— 默认		Color_6		
	园路				■ 123	Continuous	——— 默认		Color_123		
	植物				□ 110	Continuous	——— 0.05 毫米		Color_110		

图 5-28　图层信息

第六章　文字与表格

教学目标

通过本章的学习，读者应掌握创建文字样式，包括设置样式名、字体、文字效果；设置表格样式，包括设置数据、列标题和标题样式；创建与编辑单行文字和多行文字方法；使用文字控制符和"文字格式"工具栏编辑文字；创建表格方法以及如何编辑表格和表格单元。

教学重点和教学难点

1. 创建文字样式是本章教学重点
2. 设置表格样式是本章教学重点
3. 创建与编辑单行文字和多行文字是本章教学重点和教学难点
4. 使用文字控制符和"文字格式"工具栏编辑文字是本章教学难点
5. 创建表格是本章教学重点
6. 编辑表格和表格单元是本章教学重点

本章知识点

1. 创建文字样式、单行文字
2. 使用文字控制符
3. 编辑单行文字、多行文字
4. 创建和管理表格样式
5. 创建表格、编辑表格和表格单元

在实际工程制图中，为了使图形便于阅读，经常需要为图形增加一些注释性的说明，如标记图号、图形的各个部分等。Auto CAD 为用户提供了单行文字、多行文字和

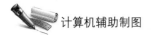

表格功能，以方便用户快速创建文字和表格。

第一节　创建文本样式

在 Auto CAD 中，所有文字都有与之相关联的文字样式。在创建文字注释和尺寸标注时，Auto CAD 通常使用当前的文字样式。也可以根据具体要求重新设置文字样式或创建新的样式。文字样式包括文字"字体""字型""高度""宽度系数""倾斜角""反向""倒置"以及"垂直"等参数。

为了避免在输入文字时设置文字的字体、字高和角度等参数，用户在创建文字前，最好先设置文字样式。设置好文字样式后，使创建的文字内容套用当前的文字样式，即可创建文字。

一、新建文字样式

Auto CAD 使用文字样式来管理文字注释的显示，Auto CAD 图形中的所有文字都有与之相关联的文字样式。用户可以创建多种文字样式，并通过 Auto CAD 设计中心把创建好的文字样式复制到其他图形中。

激活文字样式命令的方法有以下三种：

其一，选择"格式（O）"｜"文字样式（S）…"命令。

其二，单击"文字"面板中的"文字样式"按钮 。

其三，在命令行中输入 Style。

"文字样式"对话框如图 6-1 所示，在该对话框中可以设置字体大小、宽度因子等参数，用户只需设置最常用的几种字体样式，应用时从这些字体样式中进行选择即可，不需要每次都重新设置。

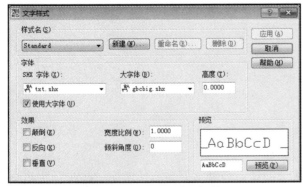

图 6-1　"文字样式"对话框

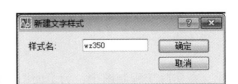

图 6-2　"新建文字样式"对话框

"文字样式"对话框由"样式名"选项组、"字体"选项组和"效果"选项组以及"预览"框组成。

1. 新建文字样式

选择"格式（O）"|"文字样式（S）…"命令，打开"文字样式"对话框。利用该对话框可以修改或创建文字样式，并设置文字的当前样式。

"文字样式"对话框的"样式名"选项组中显示了文字样式的名称、创建新的文字样式、为已有的文字样式重命名或删除文字样式，各选项的含义如下：

（1）"样式名（S）"下拉列表框。列出当前可以使用的文字样式，默认文字样式为Standard。

（2）"新建（N）…"按钮。单击该按钮打开"新建文字样式"对话框，如图 6-2 所示。在"样式名"文本框中输入新建文字样式名称后，如输入 wz350，单击"确定"按钮可以创建新的文字样式。新建文字样式 wz350 将显示在"样式名"下拉列表框中。

（3）"重命名（R）…"按钮。单击该按钮打开"重命名文字样式"对话框，如图 6-3 所示。可在"样式名"文本框中输入新的名称，如 wz500，但无法重命名默认的Standard 样式。

图 6-3　"重命名文字样式"对话框

图 6-4　"删除文字样式"对话框

（4）"删除（D）"按钮。单击该按钮可以删除某一已有的文字样式。如图 6-4 所示，点击该按钮，系统提示删除文字样式：wz500，点击是（Y）确认或否（N）取消操作。但无法删除已经使用的文字样式和默认的 Standard 样式。

2. 设置字体

字体定义了构成每个字符集文字的形状。字体文件分为两种：一种是普通字体文件，即 Windows 系列应用软件所提供的文字文件，为 TrueType 类型字体；另一种是Auto CAD 特有的字体文件，被称为大字体文件。

"文字样式"对话框的"字体"选项组用于设置文字样式使用的字体和字高等属性。其中，"字体名（F）"下拉列表框用于选择字体；"字体样式"下列表框用于选择字体格式，如斜体、粗体和常规字体等；"高度（T）"文本框用于设置文字的高度。如果用户想要使用大字体，选择一个 SHX 文件，然后选中"使用大字体"复选框。当选中"使用大字体（U）"复选框时，"字体样式"下拉列表框变为"大字体（B）"下拉列表框，用于选择大字体文件。只能选择 SHX 字体，并且在"大字体（B）"框内也只显

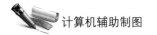

示大字体名，对话框选择如图 6-5 所示。

字体

SHX 字体 (X):   大字体 (B):

txt.shx   gbcbig.shx

☑ 使用大字体 (U)

图 6-5　使用大字体

字体

字体名 (F):   字体样式 (Y):

仿宋   常规

☐ 使用大字体 (U)

图 6-6　不使用大字体

当清除"使用大字体（U）"复选框时，"字体"选项组仅有"字体名（F）"下拉列表可用，下拉列表中包含用户 Windows 系统中的所有字体文件，如图 6-6 所示。

3. 设置文字大小

"字体"组选项中"高度（T）"文本框用来设置文字的大小。"高度（T）"文本框的默认值为 0.0000。如果将文字的高度设置为 0.0000，在使用 Text 命令标注文字时，命令行将显示"指定高度："提示，要求指定文字的高度。如果在"高度"文本框中输入了文字高度，Auto CAD 将按此高度标注文字，而不再提示指定高度。在相同高度设置下，TrueType 字体显示的高度要高于 SHX 字体，如图 6-7 所示。

计算机CAD　　计算机CAD

（1）使用 SHX 字体书写效果　　（2）使用 TrueType 字体书写效果

图 6-7　使用 SHX 字体和 TrueType 字体书写的效果

对于 TrueType 字体，指定的文字高度值表示首字母的高度加上上方字符区的高度，上方字符区用于标注重音符号和其他非英语语言中使用的符号。指定给首字母部分和上方字符部分的相对高度由字体设计者在设计字体时决定，因此各种字体之间会有所不同。

Auto CAD 提供了符合标注要求的字体型文件：gbenor.shx 文件、gbeitc.shx 文件和 gbcbig.shx 文件。其中，gbenor.shx 文件和 gbeitc.shx 文件分别用于标注直体和斜体字母与数字；gbcbig.shx 文件则用于标注中文。

4. 设置文字效果

在"文字样式"对话框中，使用"效果"选项组中的选项可以设置文字的颠倒、反向、垂直等显示效果，如图 6-8 所示。"颠倒（E）"复选框，用于确定是否将文字旋转 180°。"反向（K）"复选框，用于确定是否将文字以镜像方式标注。"垂直（V）"复选框，用于确定文字是水平标注还是垂直标注。在"宽度比例（W）"文本框中可以设置文字字符的高度和宽度系数，当"宽度比例"值为 1 时，将按系统定义的高宽比书写文字；当"宽度比例"小于 1 时，字符会变窄；当"宽度比例"大于 1 时，字符则变宽。在"倾斜角度（O）"文本框中可以设置文字的倾斜角度，角度为 0°时不倾斜；角度为正值时向右倾斜；为负值时向左倾斜。

5. 预览与应用文字样式

在"文字样式"对话框的"预览（P）"选项组中，可以预览所选择或所设置的文字样式效果。其中，在"预览（P）"按钮左侧的文本框中输入要预览的字符，单击"预览（P）"按钮，可以将输入的字符按当前文字样式显示在预览框中。

设置完文字样式后，单击"应用（A）"按钮即可应用文字样式。然后单击"关闭"按钮，关闭"文字样式"对话框。

二、制图文字标准

《房屋建筑制图统一标准》GB/T50001—2001 中要求图纸上所需书写的文字、数字或符号等，均应笔画清晰、字体端正、排列整齐；标点符号应清楚正确。

字体的大小用号数表示，分为 3.5、5、7、10、14、20 共 6 种。如需要书写更大的字，其高度应按照 $\sqrt{2}$ 的比例递增。汉字字体的号数就是字体的高度（单位：mm），长仿宋体汉字字宽约等于字高的 2/3，而且某号字的宽度即为小一号字的高度，汉字字高不小于 3.5mm。

图样及说明中的汉字，宜采用长仿宋字体。长仿宋体汉字的特点：横平竖直、起落分明、结构均匀、填满方格。长仿宋字体宽度与高度的关系应符合表 6-1 中的规定。大标题、图册封面、地形图等的汉字，也可书写成其他字体，但应易于辨认。

表 6-1　长仿宋体字高宽关系（mm）

字高	20	14	10	7	5	3.5	2.5
字宽	14	10	7	5	3.5	2.5	1.8

阿拉伯数字、罗马数字及拉丁字母在图纸上分直体和斜体两种，斜体字应向右倾斜，并与水平线成 75℃；数字和汉字同行书写时，其大小应比汉字小一号，且要用正字体。拉丁字母、阿拉伯数字、罗马数字不小于 2.5mm。各种计量单位凡前面有量值的，均应采用国家颁布的单位符号注写，单位符号应采用正体字母。

分数、百分数和比例数的注写，应采用阿拉伯数字和数学符号。例如，四分之三、百分之二十五和一比二十应分别写成 3/4、25% 和 1：20。

当注写的数字小于 1 时，必须写出个位的"0"，小数点应采用圆点，齐基准线书写，如 0.05。

第三节　创建单行文字

Auto CAD 提供了多种创建文字的方法，对简短的输入内容可以采用单行文字输

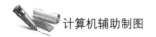

入，对于带有内部格式而且较长的输入项或输入内容则使用多行文字。当输入的文字只采用一种字体和文字样式时，可以使用"单行文字"命令来标注文字。对于单行文字来说，每一行都是一个文字对象。

激活单行文字命令的方法有以下三种：

其一，选择"绘图（D）"｜"文字（X）"｜"单行文字（S）"命令。

其二，在"文字"工具栏中单击"单行文字"按钮 AI ，如图6-8所示。

其三，在命令行中输入 text 或 dtext 命令。

图6-8　"文字"工具栏

一、创建单行文字

1. 概述

在 Auto CAD 中，使用 text 和 dtext 命令都可以在图形中添加单行文字对象。用 text 命令从键盘上输入文字时，能同时在屏幕上看到所输入的文字，并且可以键入多个单行文字，且每一行文字都是一个单独的对象。用户可以单独对其进行重新定位、调整格式或进行其他修改。

2. 创建步骤

创建单行文字的步骤如下：

（1）选择"绘图（D）"｜"文字（X）"｜"单行文字（S）"命令。命令行提示如下：

命令：_dtext

当前文字样式：truetype　当前文字高度：3.5000

指定文字的起点或［对正（J）/样式（S）］：（在绘图区任意指定一点为起点）

指定文字的旋转角度<0>：（按 Enter 键，采用默认旋转角度0，绘图区出现单行文字动态输入框）

（2）上述步骤后，在绘图区出现单行文字动态输入框，如图6-9所示，其中包含一个高度为文字高度的边框，该边框随用户的输入而展开。

（1）未输入文字前　　　　　　　（2）输入文字后动态框开始展开

图6-9　单行文字动态输入框

命令行提示包括"指定文字的起点""对正（J）"和"样式（S）"3个选项，各选项作用分别如下：

■ 指定文字的起点。

在默认情况下，通过指定单行文字行基线的起点位置创建文字。如果当前文字样式的高度设置为 0，系统将显示"指定高度："提示信息，要求指定文字高度，否则不显示该提示信息，而使用"文字样式"对话框中设置的文字高度。

然后系统显示"指定文字的旋转角度<0>："提示信息，要求指定文字的旋转角度。文字旋转角度是指文字行排列方向与水平线的夹角，默认角度为 0°。输入文字旋转角度，或按 Enter 键使用默认角度 0°，最后输入文字即可。也可以切换到 Windows 的中文输入方式下，输入中文文字。

■ 对正（J）。

用来确定标注文字的排列方式及排列方向，并设置创建单行文字时的对齐方式。"对正"选项将决定字符的哪一部分与插入点对齐。

在"指定文字的起点或［对正(J)/样式（S)］："提示信息后输入 J，可以设置文字的排列方式。此时命令行显示如下提示信息：

命令：dt

TEXT

当前文字样式：truetype　当前文字高度：3.5000

指定文字的起点或［对正(J)/样式（S)］：j（输入 J，设置对正方式）

输入选项

［对齐（A)/调整（F)/中心（C)/中间（M)/右（R)/左上（TL)/中上（TC)/右上（TR)/左中（ML)/正中（MC)/右中（MR)/左下（BL)/中下（BC)/右下（BR)］：（系统提供了 14 种对正的方式，用户可以从中任意选择一种）

在 Auto CAD 2007 中，系统为文字提供了多种对正方式，如图 6-10 所示。

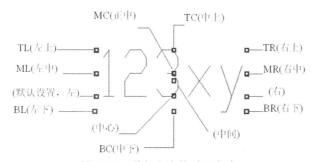

图 6-10　单行文字的对正方式

■ 样式（S）。

该选项用于选择文字样式。在"指定文字的起点或［对正（J)/样式（S)］："提示

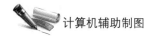

下输入 S，可以设置当前使用的文字样式。选择该选项时，命令行显示如下提示信息：

命令：TEXT

当前文字样式：truetype　当前文字高度：3.5000

指定文字的起点或 [对正(J)/样式（S）]：s（输入 S，设置文字样式）

输入样式名或 [?]<truetype>:（输入需要使用的已定义的文字样式名称）

可以直接输入文字样式的名称，也可输入"?"，并按 Enter 键入，弹出如图 6-11 所示的文本窗口，在"Auto CAD 文本窗口"中显示当前图形已有的文字样式。

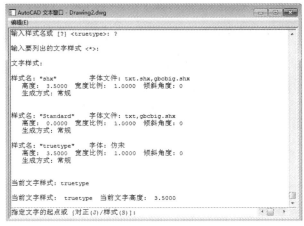

图 6-11　列出文字样式

二、编辑单行文字

单行文字可进行单独编辑。一般来说，文本编辑涉及以下几方面，包括编辑文字的内容、对正方式及缩放比例等。

1. 编辑文字内容

"编辑"命令（Ddedit）：选择该命令，然后在绘图窗口中单击需要编辑的单行文字，进入文字编辑状态，可以重新输入文本内容。

激活编辑文字命令的方法有以下四种：

（1）选择"修改（M）"|"对象（O）"|"文字（T）"子菜单中的"编辑"命令。

（2）单击"文字"工具栏中的"编辑文字"按钮。

（3）在命令行中输入 ddedit。

（4）直接双击文字。

单击"编辑文字"按钮 A，命令行提示如下：

命令：_ddedit

选择注释对象或 [放弃（U）]：（使用光标在图形中选择需要修改的单行文字对象

并对文字内容进行修改)

2. 文字比例

"比例"命令（Scaletext）：选择该命令，然后在绘图窗口中单击需要编辑的单行文字，此时需要输入缩放的基点以及指定新高度、匹配对象（M）或缩放比例（S）。

激活编辑单行文字比例命令的方法有以下三种：

（1）选择"修改（M）"｜"对象（O）"｜"文字（T）"子菜单中的"比例"命令。

（2）单击"文字"工具栏中的"比例"按钮🅰。

（3）在命令行中输入 Scaletext。

单击"比例"按钮🅰，效果如图 6–12 所示，命令行提示如下：

命令：_scaletext

选择对象：找到 1 个

选择对象：（按 Enter 键，结束选择对象）

输入缩放的基点选项

［现有（E）/左（L）/中心（C）/中间（M）/右（R）/左上（TL）/中上（TC）/右上（TR）/左中（ML）/正中（MC）/右中（MR）/左下（BL）/中下（BC）/右下（BR）］<中间>：E（选择缩放的参考点）

指定新高度或［匹配对象（M）/缩放比例（S）］<3.5>：10（执行默认选项，指定文字新高度）

123
（1）调整前 3.5 号字体　　　　（2）调整后指定文字新字高为 10 号

图 6–12　单行文字比例调整效果

提示行除了默认选项外，还有两个选项，分别为"匹配对象（M）"和"缩放比例（S）"，在提示栏中输入 M 选择匹配的方式，命令行提示如下：

命令：_scaletext

选择对象：找到 1 个

选择对象：（按 Enter 键，结束选择对象）

输入缩放的基点选项

［现有（E）/左（L）/中心（C）/中间（M）/右（R）/左上（TL）/中上（TC）/右上（TR）/左中（ML）/正中（MC）/右中（MR）/左下（BL）/中下（BC）/右下（BR）］<现有>：E

指定新高度或［匹配对象（M）/缩放比例（S）］<10>：m（选择匹配方式）

选择具有所需高度的文字对象：（选择参考高度的文字）

高度=10（系统提示信息）

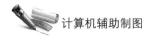

若在提示栏中输入 S，选择缩放的方式，效果如图 6-13 所示，命令行提示如下：

命令：_scaletext

选择对象：找到 1 个

选择对象：（按 Enter 键，结束选择对象）

输入缩放的基点选项

［现有（E）/左（L）/中心（C）/中间（M）/右（R）/左上（TL）/中上（TC）/右上（TR）/左中（ML）/正中（MC）/右中（MR）/左下（BL）/中下（BC）/右下（BR）］<现有>：E

指定新高度或［匹配对象（M）/缩放比例（S）］<10>：s（选择缩放方式）

指定缩放比例或［参照（R）]<2>：2.5（输入缩放的比例因子）

123

（1）缩放前字体

123

（2）缩放 2.5 倍后字体

图 6-13　单行文字缩放调整效果

3. 对正方式

选择"对正"命令（Justifytext）：命令，然后在绘图窗口中单击需要编辑的单行文字，此时可以重新设置文字的对正方式。"对正"命令决定单行文字与插入点的对齐方式。如图 6-10 所示，用户可以任意选择一种文字对齐方式，系统默认设置为左对齐。

激活编辑单行文字对正命令的方法有以下三种：

（1）选择"修改（M）"|"对象（O）"|"文字（T）"子菜单中的"对正"命令。

（2）单击"文字"工具栏中的"比例"按钮 **A**。

（3）在命令行中输入 justifytext。

单击"比例"按钮 **A**，命令行提示如下：

命令：_justifytext

选择对象：找到 1 个

选择对象：（按 Enter 键，结束选择对象）

输入对正选项［左（L）/对齐（A）/调整（F）/中心（C）/中间（M）/右（R）/左上（TL）/中上（TC）/右上（TR）/左中（ML）/正中（MC）/右中（MR）/左下（BL）/中下（BC）/右下（BR）］<正中>：MC（输入新的对正点，选择正中对齐方式）

选择该单行文字，出现两个夹点"节点"和"插入点"，当夹点处于热态时，可以移动单行文字。如果是要捕捉单行文字上的特殊点，一般也是节点和插入点这两点，效果如图 6-14 所示。

（1）节点　　　　　　　　（2）插入点

图 6-14　单行文字上的夹点

4. 文字查找与替换

（1）激活查找命令的方法有以下三种：

其一，选择"编辑（E)"｜"查找（F）…"命令。

其二，单击"文字"工具栏的"查找"按钮 。

其三，在命令行中输入 find。

执行查找命令后会弹出如图 6-15 所示的"查找和替换"对话框。

图 6-15　"查找和替换"对话框

（2）该对话框中较重要的参数说明如下：

1）"查找字符串"下拉列表。用于指定要查找的字符串。用户可以在文本框中输入包含任意通配符的文字字符串，或从列表中选择最近使用过的 6 个字符串中的一个。

2）"改为"下拉列表框。指定用于替换找到文字的字符串。用户在文本框中输入字符串，或从列表中最近使用过的 6 个字符串中选择一个。

3）"搜索范围"下拉列表框。用于指定是在整个图形中查找还是仅在当前选择中查找。如果已选择某选项，"当前选择"将为默认值。如果未选择任何选项，"整个图形"将为默认值。单击"选择对象"按钮可以切换到绘图区选择搜索文字范围。

4）"查找"按钮。单击该按钮，可以查找在"查找字符串"文本框中输入的文字。如果没有在"查找字符串"文本框中输入文字，则该选项不可用。在"上下文"区域中显示找到的文字。一旦找到第一个匹配的文本，"查找"按钮将变为"查找下一个"按钮。单击"查找下一个"按钮可以查找下一个匹配的文本。

5）"替换"按钮。单击该按钮，可以用"改为"文本框中输入的文字替换找到的文字。

6）"全部改为"按钮。单击该按钮，将查找所有与"查找字符串"文本框中输入的文字匹配的文本，并用"改为"文本框中输入的文字替换。

三、特殊符号与软键盘

在实际设计绘图中，往往需要标注一些特殊的字符。例如，在文字上方或下方添加划线、标注度（°）、正负号（±）、直径（φ）等符号。这些特殊字符不能从键盘上直接输入，因此 Auto CAD 提供了相应的控制符，以实现这些标注要求。Auto CAD 中，这些特殊符号有专门的代码，在标注文字时输入代码即可。常见的特殊符号代码如表 6-2 所示。

表 6-2　特殊符号的代码及含义

代码输入	字符	含义说明
%%%	%	百分号
%%c	φ	直径符号
%%p	±	正负号
%%d	°	度
%%o	̄	上划线
%%u	＿	下划线

在 Auto CAD 的控制符中，%%o 和%%u 分别是上划线与下划线的开关。第 1 次出现此符号时，可打开上划线或下划线，第 2 次出现该符号时，则会关掉上划线或下划线。在"输入文字："提示下，输入该控制符时，这些控制符也临时显示在屏幕上，当结束文本创建命令时，这些控制符将从屏幕上消失，转换成相应的特殊符号。

如果遇到比较复杂的特殊符号，用户可以打开输入法的软键盘，这里以搜狗拼音输入法为例进行讲解。单击搜狗输入法的"输入方式"按钮，弹出如图 6-16 所示的输入方式菜单，在"输入方式"对话框中点击"特殊符号"按钮 Ω，弹出如图 6-17所示的"符号大全"对话框，用户可以看到 12 个类别的特殊符号，用户可以在相应类别的符号栏里面选择需要输入的特殊符号。

四、单行文字创建实例

1. 概述

创建如图 6-18 所示，输入"总平面图"图名和比例尺"1∶1000"文字，具体要求为，"总平面图"采用 7 号字体，"1∶1000"采用 3.5 号字体，字体样式仿宋体，字体宽度比例设置为 0.7，图名线宽度为 2 个单位。

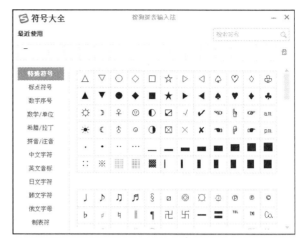

图 6-17 搜狗 "符号大全" 对话框

图 6-16 搜狗 "输入方式" 对话框

总平面图 1∶1000

图 6-18 单行文字创建效果

2. 操作步骤

具体操作步骤如下：

（1）选择 "格式（O)" | "文字样式（S）…" 命令。打开文字样式对话框，设置所需文字样式为 wz3.5 号，字体为仿宋_GB2312，宽度比例为 0.7，如图 6-19 所示。由于总平面图的比例是 1∶1000，因此 3.5 号字体应相应放大 1000 倍，设置字体高度为3500。再设置所需文字样式为 wz7 号，字体为仿宋_GB2312，字体高度为 7000，宽度比例为 0.7，如图 6-20 所示。文字样式设置完成之后，就可以创建文字了。

图 6-19 设置 3.5 号字体

图 6-20 设置 7 号字体

（2）选择 "绘图（D）" | "文字（X）" | "单行文字（S）" 命令。命令行提示如下：

命令：_dtext

当前文字样式：wz7 号当前文字高度：7000.0000

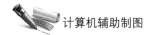

指定文字的起点或［对正(J)/样式（S)］：(在绘图区任意指定一点为起点)

指定文字的旋转角度<0>：Enter（按 Enter 键，采用默认旋转角度 0，绘图区出现单行文字动态输入框）

（3）在动态输入框中输入"总平面图"，按两次 Enter 键完成单行文字的输入，完成效果如图 6-21 所示。

总平面图

图 6-21　输入单行文字

节点·总平面图·插入点

图 6-22　右对齐方式

（4）单击"对正"按钮 **A**。命令行提示如下：

命令：_justifytext

选择对象：找到 1 个（选择如图 6-21 所示，需要调整对齐点的文字对象）

选择对象：(按 Enter 键，结束选择对象)

输入对正选项［左（L)/对齐（A)/调整（F)/中心（C)/中间（M)/右（R)/左上（TL)/中上（TC)/右上（TR)/左中（ML)/正中（MC)/右中（MR)/左下（BL)/中下（BC)/右下（BR)］<左>：R（输入新的对整点，选择右对齐方式，效果如图 6-22 所示）

（5）执行"多段线"命令。利用"直线"命令在文字底部绘制图名线，直线的第一点为文字节点，第二点为文字插入点，效果如图 6-23 所示，命令行提示如下：

命令：_pline

指定起点：(指定文字节点为多段线第一点)

当前线宽为 0.0000

指定下一个点或［圆弧（A)/半宽（H)/长度（L)/放弃（U)/宽度（W)］：w（设置多段线宽度）

指定起点宽度<0.0000>：700

指定端点宽度<0.7000>：700

指定下一个点或［圆弧（A)/半宽（H)/长度（L)/放弃（U)/宽度（W)］：(选择文字插入点作为多段线第二点)

指定下一个点或［圆弧（A)/闭合（C)/半宽（H)/长度（L)/放弃（U)/宽度（W)］：(按 Enter 键，结束命令)

总平面图

图 6-23　多段线绘制文字底部图名线

总平面图

图 6-24　移动文字底部图名线

（6）执行"移动"命令，并选择前一个步骤绘制的多段线为移动对象，基点为多段线上任意一点，偏移相对坐标为（0，−2000），移动效果如图6-24所示，命令行提示如下：

命令：m
MOVE
选择对象：找到 1 个［选择步骤（5）绘制的多段线为移动对象］
选择对象：（按 Enter 键，结束选择对象）
指定基点或［位移（D）］<位移>：（选择多段线上任意一点作为基点）
指定第二个点或<使用第一个点作为位移>：@0，−2000（输入偏移相对坐标）

（7）输入比例尺文字，执行"单行文字"命令，选择 wz3.5 号文字样式作为当前文字样式，捕捉图名文字的节点水平方向对齐，向右指定一点作为当前文字的起点，如图6-25所示，命令行提示如下：

图 6-25　捕捉文字节点

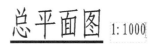

图 6-26　动态框中输入比例尺

命令：_dtext
当前文字样式：wz7 号当前文字高度：7000.0000
指定文字的起点或［对正(J)/样式（S）］：s（选择当前文字样式）
输入样式名或［?］<wz7 号>：wz3.5 号
当前文字样式：wz3.5 号当前文字高度：3500.0000（系统提示信息）
指定文字的起点或［对正(J)/样式（S）］：（捕捉图名文字的节点水平方向对齐，向右指定一点作为当前文字的起点）
指定文字的旋转角度<0>：（按 Enter 键，采用默认旋转角度 0，绘图区出现单行文字动态输入框，如图6-26所示）

在动态输入框中输入"1∶1000"，按两次 Enter 键完成单行文字的输入，完成比例尺输入，即完成图名和比例尺的输入。

第三节　创建多行文字

"多行文字"又称为段落文字，是一种更易于管理的文字对象，可以由两行以上的文字组成，而且各行文字都是作为一个整体处理。选择"绘图（D）"｜"文字（X）"｜

"多行文字（M）…"｜命令（Mtext），或在"绘图"工具栏中单击"多行文字"按钮，然后在绘图窗口中指定一个用来放置多行文字的矩形区域，将打开"文字格式"工具栏和文字输入窗口。利用它们可以设置多行文字的样式、字体及大小等属性。

一、多行文字命令激活方式

激活多行文字命令的方法有以下四种：

其一，选择"绘图（D)"｜"文字（X)"｜"多行文字（M）"命令。

其二，在"绘图"工具栏中单击"多行文字"按钮 **A**。

其三，在"文字"工具栏中单击"多行文字"按钮 **A**。

其四，在命令行中输入 mtext 命令或 mt。

二、创建多行文字

使用上述任意方法启动多行文字命令，单击"文字"工具栏上的"多行文字"按钮 **A**，如图 6-27 所示，命令行提示如下：

命令：mt

MTEXT 当前文字样式："wz3.5 号"当前文字高度：3500

指定第一角点：(指定多行文字输入区的第一个角点)

指定对角点或［高度（H）/对正（J）/行距（L）/旋转（R）/样式（S）/宽度（W）］：(指定多行文字输入区的另一个角点，弹出如图 6-27 所示的多行文字在位编辑器)

图 6-27 多行文字在位编辑器

1. 命令提示选项含义

命令行中有 7 个选项，默认选项"指定对角点""高度（H）""对正（J）""行距（L）""旋转（R）""样式（S）"和"宽度（W）"，各选项含义解释如下：

（1）"高度（H）"：该选项用于设置文本框的高度，用户可以在屏幕上拾取一点，该点与第一角点之间的距离成为文字的高度，或者在命令行中直接输入高度值。

（2）"对正（J）"：该选项用于确定文字排列方式，与单行文字类似。

（3）"行距（L）"：该选项用于为多行文字对象制定行与行之间的间距。

（4）"旋转（R）"：该选项用于确定文字倾斜角度。

（5）"宽度（W）"：该选项用于确定标注文本框的宽度。

用户设置好以上选项后，系统将提示"指定对角点:"，此选项用来确定标注文本框的另一个对角点，Auto CAD 将在这两个对角点形成的矩形区域中进行文字标注，矩形区域的宽度就是所标注文字的宽度。

当指定了对角点之后，弹出如图 6-27 所示的多行文字在位编辑器，用户可以在编辑框中输入需要插入的文字。

2. 在位编辑器

多行文字在位编辑器由多行文字编辑框和"文字格式"工具栏组成，使用在位文字编辑器，现在可以精确查看与图形相关的文字。多行文字编辑器中包含了制表位和缩进，因此可以如同编辑 Microsoft Word 一样创建段落，可以便捷地相对于文字元素边框进行文字缩进。如图 6-28 所示，标尺左端上面的小三角为"首行缩进"标记，该标记用于控制首行的起始位置；标尺左端下面的小三角为"段落缩进"标记，该标记用于控制自然段左端的边界；标尺右端的两个小三角为设置多行对象的宽度标记。单击该标记，然后按住鼠标左键拖动便可以调整文字宽度。

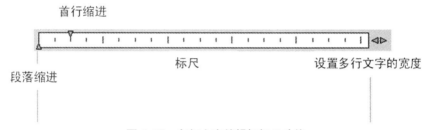

图 6-28 多行文字编辑框标尺功能

在文字输入窗口的标尺上右击，从弹出的如图 6-29 所示的标尺快捷菜单中选择"缩进和制表位"命令，打开如图 6-30 所示"缩进和制表位"对话框，可以从中设置缩进和制表位位置。其中，在"缩进"选项组的"第一行"文本框和"段落"文本框中设置首行和段落的缩进位置；在"制表位"列表框中可设置制表符的位置，单击"设置"按钮可设置新制表位，单击"清除"按钮可清除列表框中的所有设置。在标尺快捷菜单中选择"设置多行文字宽度"子命令，可打开"设置多行文字宽度"对话框，在"宽度"文本框中可以设置多行文字的宽度。

缩进和制表位...
设置多行文字宽度...

图 6-29 标尺快捷菜单　　　　**图 6-30 "缩进和制表位"对话框**

使用"文字格式"工具栏，可以设置文字样式、文字字体、文字高度、颜色、加粗、倾斜或加下划线效果，通过这些功能可完成一般文字编辑的常用操作。"文字格式"工具栏中主要选项的功能说明，如图 6-31 所示。

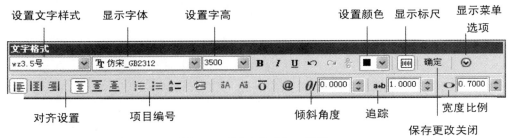

图 6-31 "文字格式"工具栏

下面分别介绍工具栏上主要选项的含义：

（1）"文字样式"下拉列表框用于设置文字样式；"字体"下拉列表框用于设置字体的类型；"字高"下拉列表框用于设置字符高度。

（2）"粗体"按钮 **B** 可以将被选中的文字设置成粗体；"斜体"按钮 *I* 可以将被选中的文字设置成斜体；"下划线"按钮 **U** 可以为被选中的文字添加下划线；"上划线"按钮 **Ō** 可以为被选中的文字添加上划线。

（3）"放弃"按钮 ↶，单击该按钮可以放弃对文字内容或文字格式所做的修改；"重做"按钮 ↷，单击该按钮可以重做对文字内容和文字格式所做的修改。

（4）"堆叠/非堆叠"按钮 ⅙，单击该按钮可以创建分数等堆叠文字（堆叠文字是一种垂直对齐的文字或分数）。在使用时，需要分别输入分子和分母，其间使用堆叠字符"/""#"或"^"分隔，然后选择这一部分文字，单击按钮，堆叠字符左侧的文字将堆叠在字符右侧的文字之上。如果选择堆叠文字，单击该按钮将取消堆叠。在默认情况下，包含插入符"^"的文字将转换为左对正的公差值；包含正斜杠"/"的文字将转换为居中对正的分数值，正斜杠"/"被转换为一条同较长的字符串长度相同的水平线；包含"#"字符的文字转换为被斜线（高度与两个字符串高度相同）分开的分数。斜线上方的文字向右下对齐，斜线下方的文字向左上对齐。

在进行堆叠时，输入字符按空格，系统弹出如图 6-32 所示的"自动堆叠特性"对话框，用户可以选择是否"启用自动堆叠（E）""删除前导空格（R）"；可以在"指定如何堆叠'x/y'"选项组中选择"转换为斜分数形式（D）"或"转换为水平分数形式（H）"。

不同堆叠效果如图 6-33 所示。

（5）"颜色"下拉列表框 ■ ▼ 用于设置当前文字的颜色。

（6）"显示标尺"按钮 ▥，用于控制标尺的显示。

（7）在"文字格式"工具栏中单击"选项"按钮，打开多行文字的选项菜单，可以对多行文本进行更多的设置。在文字输入窗口中右击，将弹出一个快捷菜单，该快捷菜单与选项菜单中的主要命令——对应，如图 6-34 所示。

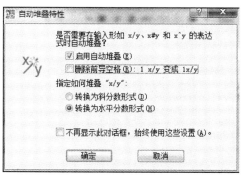

图 6-32　"自动堆叠特性"对话框

（1）"2/3"堆叠效果　（2）"2#3"堆叠效果　（3）"2^3"堆叠效果

图 6-33　不同堆叠效果

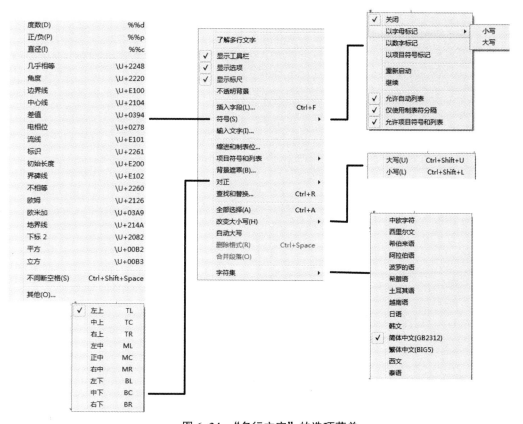

图 6-34　"多行文字"的选项菜单

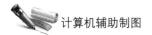

（8）工具栏上的对齐按钮包括左对齐、居中对齐、右对齐、上对齐、中央对齐和下对齐 6 种对齐方式，如图 6-35 所示。

（9）"项目编号"按钮组，"编号"按钮以带有句点的数字用于列表中各项的列表格式；"项目符号"按钮采用项目符号用于列表中各项的列表格式；"以字母标记"按钮 以带有句点的字母用于列表中的各项列表格式。

（10）"插入字段"按钮，单击该按钮将弹出"字段"对话框，如图 6-36 所示。在该对话框中可选择所需插入的字段。字段是设置图形修改中可能显示的、可更新的数据或文字。字段更新时，将显示最新的字段值，例如日期、时间等。

（11）"全部大写"按钮，该按钮用于控制字母由小写转化为大写；"小写"按钮，该按钮用于控制字母由大写转化为小写。

（12）"符号"按钮，单击该按钮将弹出如图 6-37 所示的"符号"菜单，在菜单中包括一些常用的符号。选择"其他"命令，将弹出如图 6-38 所示的"字符映射表"对话框，对话框中提供了更多的符号，以供用户选择。

图 6-35 多行文字对齐方式

图 6-36 "字段"对话框

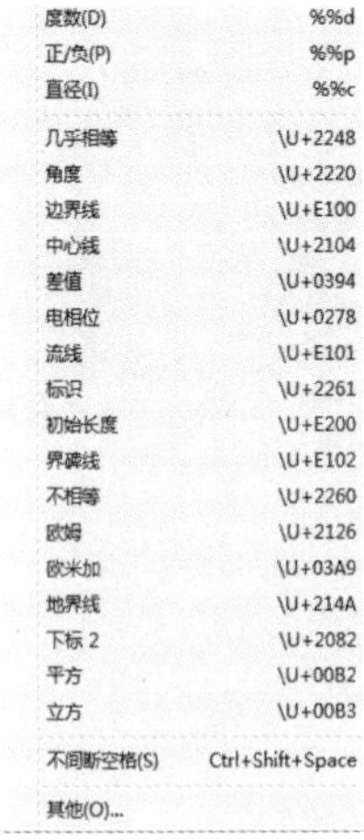

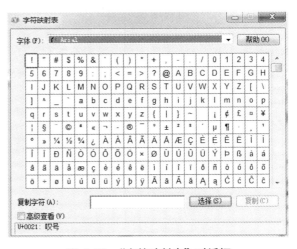

图 6-37 "符号"菜单

图 6-38 "字符映射表"对话框

（13）"倾斜"文本框 $O/$ ⊡ 用于设置选定文字的倾斜角度。倾斜角度表示的是相对于 90°角方向的偏移角度。输入一个 –85~85 的数值可使文字倾斜。倾斜角度的值为正时，文字向右倾斜；倾斜角度为负时，文字向左倾斜。

（14）"追踪"文本框 ⍺⍺b ⊡ 用于控制增大或减小选定字符之间的空间。1.0 设置时为常规间距。设置为大于 1.0 可增大间距，设置为小于 1.0 可减小间距。

（15）"宽度比例"文本框 ⊙ ⊡ 用于控制扩展或收缩选定字符。1.0 设置代表此字体中字母为常规宽度；可以增大该宽度，例如，使用宽度因子 2 使宽度加倍；也可以减小该宽度，例如，使用宽度因子 0.5 将宽度减半。如图 6–39 所示，为不同宽度比例因子时，文字的书写效果。

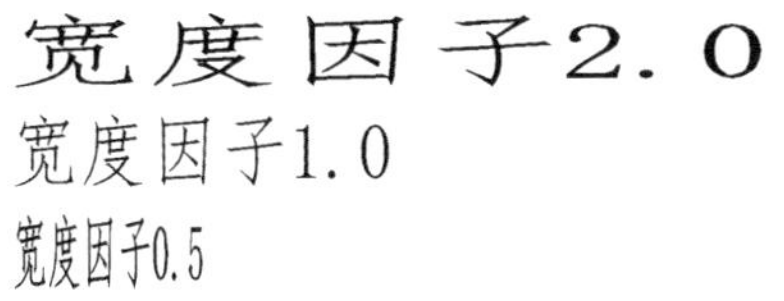

宽度因子2.0
宽度因子1.0
宽度因子0.5

图 6–39　不同宽度比例因子文字书写效果

三、编辑多行文字

对于多行文字来讲，创建完成的多行文字，可以比较便利地根据实际需要进行修改和编辑。

1. 命令激活方式

（1）在命令行输入 Mtedit，启动多行文字编辑命令。

（2）双击多行文字文本，打开在位编辑器进行多行文字编辑。

（3）选择"修改（M）"|"对象（O）"|"文字（T）"|"编辑（E）…"，进行多行文字编辑。

（4）单击"文字"工具栏上的"编辑文字" A 按钮。

单击"编辑文字按钮" A，命令行提示如下：

命令：_ddedit

选择注释对象或［放弃（U）］：（选择要进行编辑的多行文字，系统会显示多行文字在位编辑器，用户可以直接在其中对文字的内容和格式进行修改）

2. 多行文字夹点编辑

多行文字与单行文字不同，多行文字有 5 个夹点，如图 6–40 所示。多行文字也是采用"正中"方式创建，插入点为其中一个基点，可以控制多行文字的位置。当处于热态时，可以移动多行文字，其他 4 个夹点可以控制多行文字的宽度和高度。当捕捉多行文字的辅助点时，可以进行插入点和节点的捕捉，如图 6–41 所示。

某小区建筑施工图说明

图 6-40   多行文字夹点编辑

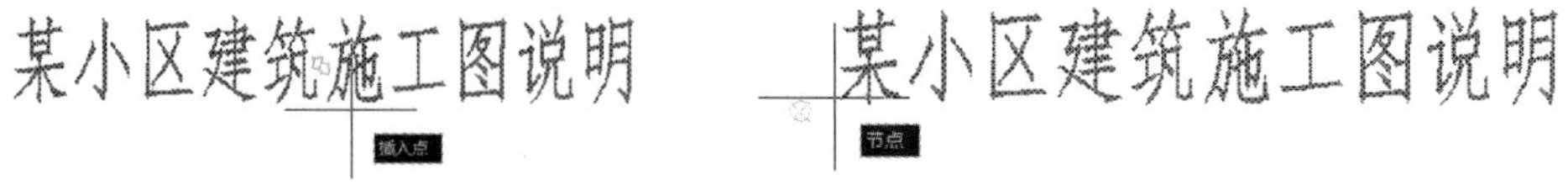

某小区建筑施工图说明   某小区建筑施工图说明

（1）插入点   （2）节点

图 6-41   多行文字上的辅助点

四、多行文字创建技术说明文字

使用多行文字创建技术说明文字，其中要求"技术要求"文字字高 5，其他文字字高为 3.5，字体为"仿宋"，创建效果如图 6-42 所示。

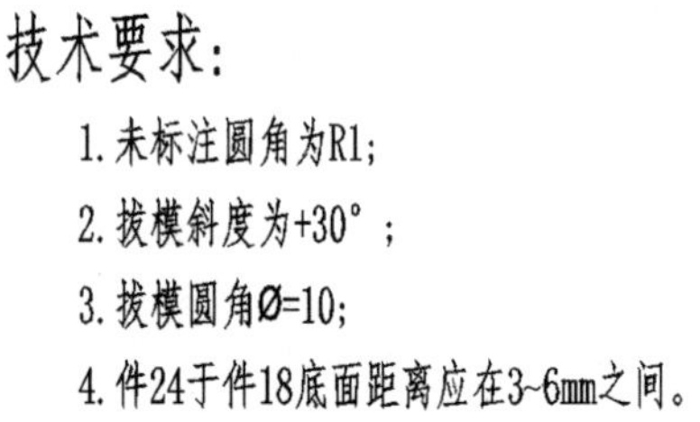

技术要求：

1. 未标注圆角为R1；

2. 拔模斜度为+30°；

3. 拔模圆角Ø=10；

4. 件24于件18底面距离应在3-6mm之间。

图 6-42   多行文字创建技术说明文字

具体操作步骤如下：

（1）单击"绘图"工具栏上的"多行文字"按钮 **A**，命令行提示如下：

命令：_mtext 当前文字样式："wz5" 当前文字高度：5
指定第一角点：（在绘图区任意拾取一点）
指定对角点或 ［高度（H）/对正（J）/行距（L）/旋转（R）/样式（S）/宽度（W）］：（用鼠标拖动文本编辑框，单击鼠标按钮，弹出多行文字在位编辑器）

（2）在弹开的在位编辑器文本编辑框中输入文字"技术要求"，然后按 Enter 键另起一行，效果如图 6-43 所示。

（3）继续输入其他文字，效果如图 6-44 所示。当输入"°"符号时，需要点开"符号"菜单，选择"度数（D）"，即可完成输入该符号。同理，当输入直径"φ"符号时，需要点开"符号"菜单，选择"直径（I）"，即可完成直径符号的输入。

（4）由于所选择字体为"仿宋"字体，该字体将直径符号以"冒"显示，选择该符号，将其字体单独调整成"Times New Roman"使其能够正常显示成"φ"，如图 6-45 所示。

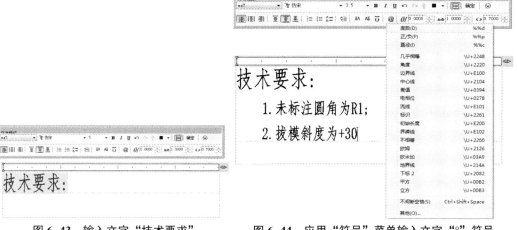

图 6-43　输入文字"技术要求"　　　图 6-44　应用"符号"菜单输入文字"○"符号

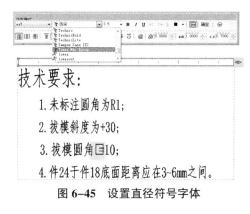

图 6-45　设置直径符号字体　　　　图 6-46　多行文字编辑效果

（5）在编辑过程中，可以拖动文本编辑框标尺右端的两个小三角，改变多行文字的宽度，调整效果如图 6-46 所示，单击"确定"按钮完成创建。

第四节　表　格

表格使用行和列以一种简洁清晰的形式提供信息，常用于一些组件的图形中。表格样式控制一个表格的外观，用于保证标准的字体、颜色、文本、高度和行距。用户可以使用默认的表格样式，也可以根据需要自定义表格样式。在 Auto CAD 2007，用户可以直接在绘图窗口中创建表格并对其进行编辑。另外，还可以从 Microsoft Excel 中直接复制表格，并将直接粘贴到 Auto CAD 图形中。此外，还可以输出来自 Auto CAD 的表格数据，以供在 Microsoft Excel 或其他应用程序中使用。

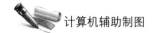

一、表格样式创建

用户在创建表格之前，需要先创建表格样式。表格的外观由表格样式控制，表格样式对应指定标题、列标题和数据行的格式。

1. 命令激活方式

激活表格样式的方法有以下三种：

（1）选择"格式（O）"｜"表格样式（B）…"命令。

（2）在命令行输入 Tablestyle 命令。

（3）"样式"工具栏中 按钮。

2. 操作步骤

（1）选择"格式（O）"｜"表格样式（B）…"命令，弹出如图 6-47 所示的"表格样式"对话框，"样式"列表中显示了已创建的表格样式。

Auto CAD 在表格样式中预设了 Standard 样式，该样式第一行是标题行，由文字居中合并单元行组成，第二行是表头，其他行都是数据行。用户创建自己的表格样式时，需要设定标题、表头和数据行的格式。

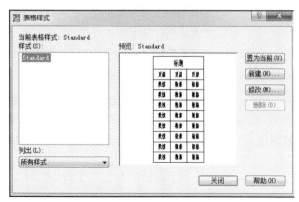

图 6-47 "表格样式"对话框

图 6-48 "创建新的表格样式"对话框

表格样式可以为每种行的文字和网格线指定不同的对齐方式和外观。例如，表格样式可以为标题行指定更大号的文字或为列标题行指定正中对齐以及为数据行指定左对齐。

可以由上而下或由下而上读取表格，列数和行数几乎是无限制的。

表格样式的边框特性控制网格线的显示，这些网格线将表格分隔成单元。标题行、列标题行和数据行的边框具有不同的线宽设置和颜色，可以显示也可以不显示。选择边框选项时，会同时更新"表格样式"对话框中的预览图像。

表格单元中的文字外观由当前表格样式中指定的文字样式控制。可以使用图形中的任何文字样式或创建新样式，也可以使用设计中心复制其他图形中的表格样式。

可以定义标题、列标题和数据行的数据和格式，也可以覆盖特殊单元的数据和格式。例如，可以将所有列标题行的格式设置为显示全大写文字，然后选择单个表格单元，将其设置为显示全小写文字。显示在行中的数据类型以及该数据类型的格式由用户在"表格单元格式"对话框中选择的格式选项控制。

（2）单击"新建（N）…"按钮，弹出如图6-48所示的"创建新的表格样式"对话框，可以在"新样式名（N）…"文本框中输入表格样式名称，在"基础样式（S）"下拉列表框中选择一个表格样式，使之成为新的表格样式的默认设置。

（3）单击"继续"按钮，弹出如图6-49所示的"新建表格样式"对话框，在该对话框中可以对样式进行具体设置。

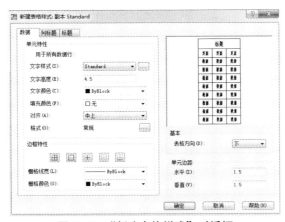

图6-49　"新建表格样式"对话框

3."新建表格样式"对话框各选项功能

"新建表格样式"对话框中有三个选项卡："数据""列标题"和"标题"。每个选项卡上的选项用来设置数据单元、列标题或表格标题的外观。

（1）"单元特性"选项组。该选项组用于设置数据单元、列标题和表格标题的外观，具体取决于当前所用的选项卡："数据"选项卡、"列标题"选项卡或"标题"选项卡。

■"用于所有数据行"。

将设置应用于所有数据行（仅限于"数据"选项卡）。

■"包含页眉/标题行复选框"。

用于确定表格具有标题行（仅限于"标题"选项卡）还是列标题行（仅限于"列标题"选项卡）。如果清除此选项，将不能选取单元特性设置。

■"文字样式（S）"下拉列表。

可以列出图形中的所有文字样式。单击"…"按钮将显示"文字样式"对话框，从中可以创建新的文字样式。

■"文字高度（E）"文本框。

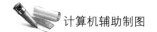

用于设置文字高度。数据和列标题单元的默认文字高度为 0.1800，表标题的默认文字高度为 0.25。

■ "文字颜色（C）" 下拉列表。

用于指定文字颜色。可以点击 "选择颜色" 以显示 "选择颜色" 对话框。

■ "填充颜色（F）" 下拉列表。

用于指定单元的背景色，默认值为 "无"。可以选择 "选择颜色" 以显示 "选择颜色" 对话框。

■ "对齐（A）" 下拉列表。

用于设置表格单元中文字的对正和对齐方式。文字根据单元的上下边界进行居中对齐、靠上对齐或靠下对齐。文字相对于单元的左右边界进行居中对正、左对正或右对正。

■ "格式（O）"。

用于为表格中的 "数据" "列标题" 或 "标题" 行设置数据类型和格式。单击 "格式" 右侧 按钮，可以弹出如图 6-50 所示 "表格单元格式" 对话框，从中可以进一步定义格式选项。

图 6-50 "表格单元格式" 对话框

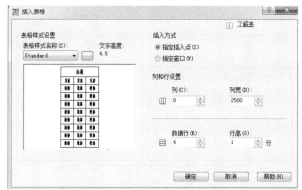

图 6-51 "插入表格" 对话框

（2）"边框特性" 选项组。该选项用来控制单元边界的外观，边框特性包括栅格线的线宽和颜色。

（3）"预览" 选项组。用于显示当前表格样式设置效果的样例。

（4）"基本" 选项组。用于设置或更改表格的方向。

■ "表格方向（D）" 下拉列表。

用于设置表格方向。当设置为 "向下" 时，可创建由上而下读取的表格，标题行和列标题行位于表格的顶部。单击 "插入行" 并单击 "下" 时，将在当前行的下面插入新行。当设置为 "向上" 时，可创建由下而上读取的表格，标题行和列标题行位于表格的底部。单击"插入行"并单击"上"时，将在当前行的上面插入新行。

（5）单元边距。用于控制单元边界和单元内容之间的间距。单元边距设置应用于表格中的所有单元。默认设置为 0.06（英制）和 1.5（公制）。

二、创建表格

1. 命令激活方式

启动表格命令的方式，有以下三种：

（1）单击绘图工具栏中"表格"按钮▦。

（2）选择"绘图（D）"｜"表格…"命令。

（3）在命令行中输入 Table。

单击表格按钮▦，可弹出如图 6-51 所示的"插入表格"对话框。

2. "插入表格"对话框各选项功能

（1）"表格样式设置"选项组。"表格样式设置"选项组用来设置表格的外观。其中：

■"表格样式名称（S）"下拉列表。

用于指定表格样式，默认样式为 Standard。

■"文字高度："文本框。

用于显示在当前表格样式中为数据行指定的文字高度（只读）。

（2）"预览"选项组。"预览"选项组用于显示当前表格样式的样例。

（3）"插入方式"选项组。"插入方式"选项组用于指定表格位置。系统提供了 2 种插入表格的方式。

■"指定插入点（I）"按钮。

该按钮用于指定表格左上角的位置。可以使用定点设备，也可以在命令行上输入坐标值。如果表格样式将表格的方向设置为由下而上读取，则插入点位于表格的左下角。

■"指定窗口（W）"按钮。

该按钮用于指定表格的大小和位置。可以使用定点设备，也可以在命令行上输入坐标值。选定此选项时，行数、列数、列宽和行高取决于窗口的大小以及列和行设置。

（4）"列和行设置"选项组。"列和行设置"选项组用于设置列和行的数目和大小。

3. 创建表格实例

利用 Table 命令，创建如图 6-68 所示的风玫瑰坐标。

具体操作步骤如下：

（1）创建表格样式，选择"格式（O）"｜"表格样式（B）…"，打开"表格样式"对话框，点击"新建（N）"，弹出"创建新的表格样式"对话框，在"新样式名（N）"中输入"风玫瑰"，如图 6-52 所示。

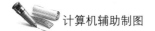

图 6-52 "创建新的表格样式"对话框

图 6-53 创建"数据"文字样式

（2）点击"继续"按钮，弹出"新建表格样式"对话框，单击"文字样式（S）" […] 按钮，创建"数据"和"标题"两种文字样式，如图 6-53 和图 6-54 所示。

图 6-54 创建"标题"文字样式

图 6-55 "新建表格样式"对话框设置效果

（3）将"新建表格样式"中"数据"选项卡、"列标题"选项卡和"标题"选项卡中的"文字样式（S）"分别设置为"数据""列标题"和"标题"，设置效果可以通过预览框预览，如图 6-55 所示。

点击"确定"按钮，关闭"表格样式"对话框，完成"风玫瑰"表格样式的设定。

（4）选择"绘图（D）"｜"表格…"命令，弹出"插入表格"对话框，在"表格样式"下拉列表框中选择"风玫瑰"样式，设置 3 列，列宽 25；数据行 20 行，行高 1，如图 6-56 所示。

图 6-56 设置表格参数

（5）单击"确定"按钮，命令行提示"指定插入点:"，在绘图区任意拾取一点，插入的效果如图6-57所示。

图 6-57　在绘图区指定表格的插入点

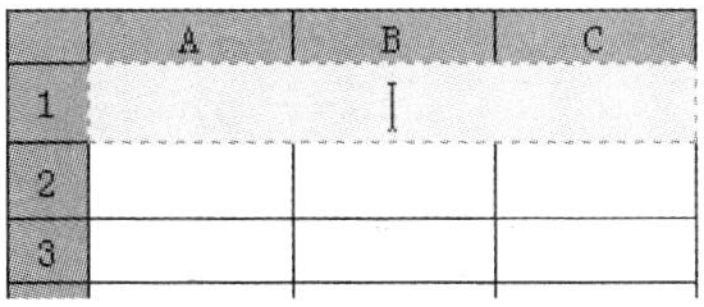

图 6-58　待输入状态的表格

（6）在"标题"中输入文字"风向风速数据"，如图6-59所示。

图 6-59　输入"标题"文字

图 6-60　输入"表头"文字

（7）单击"确定"按钮，完成标题的输入，双击表头单元格，弹开多行文字输入"在位编辑器"，利用按键盘上的"→""←""↑"和"↓"，在各个单元格之间进行切换，在表头中分别输入"风向:""风频"和"风速"，效果如图6-60所示。

（8）采用同样的方法，输入"数据"单元格中的文字，完成效果如图6-61所示。

风向风速数据		
风向:	风频	风速
N:	1.9000	0.9000
NNE:	11.7000	0.9000
NE:	9.2000	1.3000
ENE:	3.3000	1.5000
E:	1.7000	1.0000
ESE:	3.3000	1.3000
SE:	0.8000	1.7000
SSE:	0.0000	0.0000
S:	1.7000	0.8000
SSW:	1.7000	0.6000
SW:	15.8000	0.9000
WSW:	7.5000	0.6000
W:	3.3000	1.0000
WNW:	5.8000	1.7000
NW:	10.0000	1.2000
NNW:	5.0000	1.0000
C:	19.2000	0.0000

图 6-61　表格文字输入完成

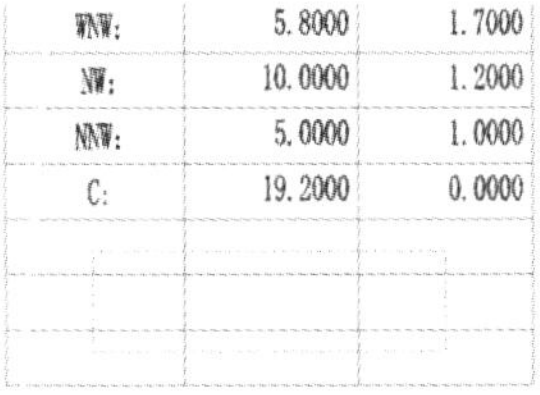

WNW:	5.8000	1.7000
NW:	10.0000	1.2000
NNW:	5.0000	1.0000
C:	19.2000	0.0000

图 6-62　拖动鼠标选择单元格

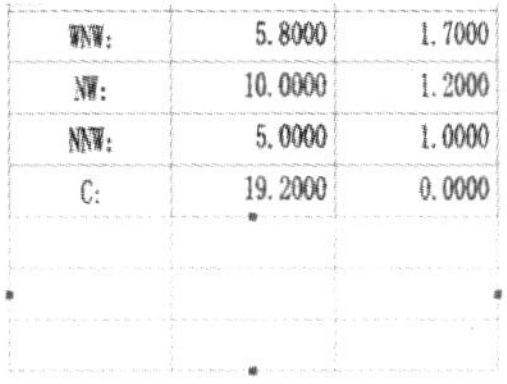

WNW:	5.8000	1.7000
NW:	10.0000	1.2000
NNW:	5.0000	1.0000
C:	19.2000	0.0000

图 6-63　被选中的多个单元格

（9）调整表格，表格设置"数据"行多3行，因此需要删除3行。按住鼠标左键拖动鼠标，框选最下面三行数据行，如图 6-62 所示，选中的效果如图 6-63 所示。

单击鼠标右键，在弹出的快捷菜单中选择"删除行"命令，如图 6-64 所示。这样完成了底部多余 3 行数据行的删除，效果如图 6-65 所示。

WNW:	5.8000	1.
NW:	10.0000	1.
NNW:	5.0000	1.
C:	19.2000	0.

图 6-64　快捷菜单

WSW:	7.5000	0.6000
W:	3.3000	1.0000
WNW:	5.8000	1.7000
NW:	10.0000	1.2000
NNW:	5.0000	1.0000
C:	19.2000	0.0000

图 6-65　删除多余单元格

（10）数据列精度调整。采用第（8）步骤的方法，全部选中"风频"列和"风速"列的数据，如图 6-66 所示。单击鼠标右键在弹出的菜单中选择"格式…"命令，弹出如图 6-67 所示的"表格单元格式"对话框，将"数据类型（T）"选项组设置为"十进制数"，"格式（F）"下拉列表框选择"小数"，"精度（R）"下拉列表框选择"0.0"，效果如图 6-68 所示。

风向风速数据		
风向	风频	风速
N:	1.9000	0.9000
NNE:	11.7000	0.9000
NE:	9.2000	1.3000
ENE:	3.3000	1.5000
E:	1.7000	1.0000
ESE:	3.3000	1.3000
SE:	0.8000	1.7000
SSE:	0.0000	0.0000
S:	1.7000	0.8000
SSW:	1.7000	0.6000
SW:	15.8000	0.9000
WSW:	7.5000	0.6000
W:	3.3000	1.0000
WNW:	5.8000	1.7000
NW:	10.0000	1.2000
NNW:	5.0000	1.0000
C:	19.2000	0.0000

图 6-66　选中数据列表

图 6-67　"表格单元格式"对话框

风向风速数据		
风向	风频	风速
N:	1.9	0.9
NNE:	11.7	0.9
NE:	9.2	1.3
ENE:	3.3	1.5
E:	1.7	1.0
ESE:	3.3	1.3
SE:	0.8	1.7
SSE:	0.0	0.0
S:	1.7	0.8
SSW:	1.7	0.6
SW:	15.8	0.9
WSW:	7.5	0.6
W:	3.3	1.0
WNW:	5.8	1.7
NW:	10.0	1.2
NNW:	5.0	1.0
C:	19.2	0.0

图 6-68　数据精度调整效果

（11）数据列对齐调整。选中"风频"列和"风速"列数据，如图 6-69 所示。单击鼠标右键，弹出如图 6-70 所示的快捷菜单中，选择"单元对齐"｜"正中"，完成数据列对齐调整，效果如图 6-71 所示。

风向风速数据		
风向	风频	风速
N:	1.9	0.9
NNE:	11.7	0.9
NE:	9.2	1.3
ENE:	3.3	1.5
E:	1.7	1.0
ESE:	3.3	1.3
SE:	0.8	1.7
SSE:	0.0	0.0
S:	1.7	0.8
SSW:	1.7	0.6
SW:	15.8	0.9
WSW:	7.5	0.6
W:	3.3	1.7
WNW:	5.8	1.7
NW:	10.0	1.2
NNW:	5.0	1.0
C:	19.2	0.0

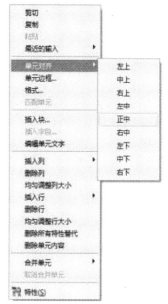

风向风速数据		
风向	风频	风速
N:	1.9	0.9
NNE:	11.7	0.9
NE:	9.2	1.3
ENE:	3.3	1.5
E:	1.7	1.0
ESE:	3.3	1.3
SE:	0.8	1.7
SSE:	0.0	0.0
S:	1.7	0.8
SSW:	1.7	0.6
SW:	15.8	0.9
WSW:	7.5	0.6
W:	3.3	1.7
WNW:	5.8	1.7
NW:	10.0	1.2
NNW:	5.0	1.0
C:	19.2	0.0

图 6-69　选中数据列表　　　　图 6-70　快捷菜单　　　　图 6-71　数据列对齐整效果

习题

1. 利用单行文字创建如图 6-72 所示的楼梯详图图题，图题采用仿宋体，文字字高为 7，比例尺文字字高为 3.5，宽度比例因子为 0.7。

楼梯第一、第二跑道平面图 1:50

图 6-72　单行文字创建效果

2. 采用多行文字创建效果如图 6-73 说明，其中标题采用 7 号字，说明内容采用 3.5 号字，字体样式为仿宋，宽度比例因子为 0.7。

设计总说明

1. 本工程建筑面积为 2000m^2，室外地坪标高为 ±0.000，室内外高差为 -0.600。

2. 图示尺寸，标高以米为单位，其他以毫米为单位。

3. 平面图中砖墙厚度未标注均为 240。

4. 窗均采用白色塑钢窗，选型见门窗表。

5. 凡本工程说明及图纸未详尽处，均按国家有关现行规范、规程、规定执行。

图 6-73　多行文字创建效果

3. 创建如图 6-74 所示门窗表。要求"门窗表"标题字高为 10，其他为 3.5，除"类别"列单元格宽为 10 外，其余单元格宽度为 25，单元格高为 6，行标题和列标题

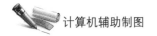

居中，其他内容坐下对齐，偏移各0.5。

门 窗 表

类别	型号	尺寸	数量			说明
			一层	二层	总数	
门	M1	800×2100	2	2	4	实木门
	M2	900×2400	4	3	7	实木门
	M3	1200×2400	1		1	实木门
窗	N1	900×1600	2	2	4	铝合金窗
	N2	1200×1600	1	3	4	铝合金窗
	N3	1500×1600	1		1	铝合金窗
	N4	1800×1600	1		1	铝合金窗

图 6-74 门窗表创建效果

第七章 创建图块与编辑图块

☞ **教学目标**

通过本章的学习，掌握建立块、插入块，以及对块操作，定义块的属性等各种知识。

☞ **教学重点和教学难点**

1. 掌握创建图块、定义图块属性、插入块、编辑图块属性的方法是本章教学重点
2. 学会定义与编辑有属性的图块及插入图块是本章教学难点
3. 掌握图块与图形文件和图层的关系是本章教学难点

☞ **本章知识点**

1. 创建块
2. 写块
3. 插入块
4. 定义块的属性

第一节 创建图块

一、图块的概念和分类

1. 图块的概念

块是组成复杂图形的一组实体的集合。一旦生成块后，这组实体就被当作一个实体处理，并被赋予一个块名，如图 7-1 所示。

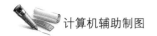

在作图时，可以用这个块名把这组实体插入到某一图形文件的任何位置，并且在插入时，可指定不同的比例和旋转角度，如图 7-2 所示。

图 7-1　双人床图块

（1）图块旋转 90°　　（2）图块缩放 0.5 倍

图 7-2　块操作光标菜单

2. 图块的分类

图块有两种类型：

（1）内部图块。利用 Block 命令建立，只可以在当前文件中进行调用。

（2）外部图块。又称"写块"命令，利用 Wblock 命令建立图形文件，可以在当前文件和其他文件中进行调用。

两者之间的主要区别：一个是"写块（Wbolck）"，可被插入到任何其他图形文件中；另一个是"块（Block）"，只能插入到当前建立的图形文件中。

二、图块的优点

1. 提高工作效率

在使用 Auto CAD 绘图时，常常会遇到图形中有大量相同或相似的内容，或者所绘制的图形与已有的图形文件相同，这时可以把重复绘制的图形创建成块，在需要时直接插入；也可以将已有的图形文件直接插入到当前图形中，如通过块创建制成的各种专业图形符号库、室内常用家具素材库、绿化常用素材库等，在绘图时，通过块的调用进行图形的拼合，从而提高绘图效率。

2. 节省存储空间

为了保存绘制的图形，Auto CAD 系统必须存入图形中各个实体的信息，它包括实体的大小、位置、图层等数据，这样将占据磁盘上很多空间。而块是将一组图形作为一个实体处理的，在引用块时，系统只需记忆该块引用时的块名、插入层、插入点、比例、转角等信息，不需要记忆块中每个实体的大小、位置、层状态等信息，这将节约磁盘许多存储空间。

3. 便于图形编辑修改

在图样的绘制和使用中，经常会需要修改。对于含有块的图形，可方便地使用图形编辑命令对块进行整体编辑。另外，可以对块进行编辑修改，然后再重新定义，这样在图形引用的同名块将得到一致修改并自动重新生成。

4. 便于说明及数据提取

在建立块时，可以使块具有属性，即加入文本信息说明。这些信息在每次引用块时，可以改变，而且还可以像普通文本一样显示或不显示，也可以从图中提取这些信息并将其传送到数据库中。

三、图块与图形文件和图层的关系

1. 图块与图形文件的关系

用块定义命令（Block 或 Bmake）建立的图块，只能插入到建块的图形文件中，不能被其他图形文件调用。用块存盘命令（Wblock），可以将已定义的块，存盘生成扩展名为.DWG 的图形文件（图块文件），也可以将当前图形文件中的一部分图形实体或整幅图形直接存盘生成图块文件。存盘后的图块文件可供其他图形调用。

图块文件与图形文件（.DWG）本质上没有区别。任何扩展名为.DWG 的文件可作为图块被调用，插入到当前图形中。插入图块的同时，系统自动在当前图形中建立一个新的与图块文件名同名的块定义，即建立一个同名的块。另外，还可以定义或修改当前图形的插入基点，以便使当前图形作为图块插入时在图形中定位。

2. 图块与图层的关系

图块是一个用名字标识的一组实体。这一组实体能放进一张图纸中，可以进行任意比例的转换、旋转并放置在图形中的任意地方。

组成块的各个实体可以具有不同的特性，如实体可以处于不同的图层、颜色、线型、线宽等特性。定义成块后，实体的这些信息将保留在块中。在块引用时，系统规定如下：

（1）块插入后，在块定义时位于 0 层上的实体被绘制在当前层上，并按当前层的颜色与线型绘制。

（2）对于在块定义时位于其他层上的实体，若块中实体所在图层有与当前图形文件中的图层名相同的，则块引用时，图块中该层上的实体被绘制在图中同名的图层上，并按图中该层的颜色、线型、线宽绘制。如果块中实体所在的图层在当前图形文件中没有相同的图层名，则块引用时，仍在原来的图层上绘出，并给当前图形文件增加相应的图层。

（3）当冻结某个图层时，在该层上插入的块以及块插入时绘制在该层上的图形实体都将变为不可见。

（4）若插入的块被炸开，块中实体恢复块定义前的所有特性。

四、创建块

1. 命令激活方式

可以通过以下三种方式激活命令：

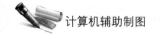

（1）下拉菜单：选择"绘图（D）"｜"块（K）"｜"创建（M）…"，如图 7-3 所示。

（2）工具栏按钮："绘图"工具栏上的"创建快"按钮 。

（3）命令行：block 或 b。

在该光标菜单中，选择相关选项。

点击"绘图"工具栏上的"创建快"按钮 ，弹出图 7-4"块定义"对话框。

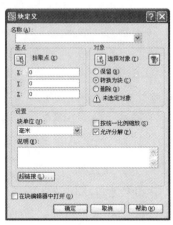

图 7-3　块操作光标菜单　　　　图 7-4　　"块定义"对话框

2."块定义"对话框解释

"块定义"对话框中包括"名称（A）""基点"选项组、"对象"选项组、"设置"选项组和"在块中编辑器打开（O）"等选项组，各选项含义如下：

（1）"名称（A）"。可以在该文本框中输入一个新定义的块名。单击右侧下拉箭头，弹出一个下拉列表框，在该列表框中列出了图形中已定义的块名。

（2）"基点"选项组。该选项组用于指定块的插入基点，作为块插入时的参考点，默认值是（0，0，0）。"拾取点（K）"，单击该按钮 后，屏幕临时切换到作图窗口，用光标点取一点或在命令提示行中输入一数值，作为基点。

（3）"对象"。该选项组用于选择构成块的实体对象。系统提供了 5 个选项：

■ "选择对象（T）"按钮 。

单击该按钮后，屏幕切换到作图窗口，选择实体并确认后，返回到"块定义"对话框。

■ "快速选择"按钮 。

在实体选择时，如果需要生成一个选择集，可以单击该按钮，弹出一个"快速选择"对话框，根据该对话框提示，构造选择集。

■ "保留（R）"单选按钮。

表示创建块后仍在绘图窗口上保留组成块的各对象。

■ "转换为块（C）"单选按钮。

表示创建块后将组成块的各对象保留，并把它们转换成块。

■ "删除（D）" 单选按钮。

表示创建块后删除绘图窗口上组成块的原对象。

（4）"设置"。该选项组用于确定是否设置一个随块定义保存的预览图标。系统提供以下选项：

■ "块单位（U）" 下拉列表，从下拉列表中选择定义块的单位，系统提供了 "无单位" "英寸" "英尺" "英里" "毫米" "厘米" "厘米" "米" "千米" "微英寸" "密耳" "码" "埃" "纳米" "微米" "分米" "十米" "百米" "百万公里" "天文" "光年" 和 "秒差距" 22 个单位，可以从中进行选择。

■ "按统一比例缩放（S）"。

该复选框用于指定是否阻止块参照不按统一比例缩放。

■ "允许分解（P）"。

该复选框用于指定块参照是否可以被分解。

（5）"说明（E）"。该文本框用于对块进行相关的文字说明。

（6）"超链接（L）..."。单击该按钮 超链接(L)，可以创建带有超级链接的块。单击该按钮后，弹出 "插入超链接" 对话框，如图 7-5 所示。通过该对话框，进行块的超级链接设置。

图7-5　"插入超链接" 对话框

（7）"在块中编辑器打开"。该复选框用于在定义块后，在块编辑器中打开当前的块定义。

3. 创建实例

将如图 7-6 所示的凉亭平面图定义成块，并命名为 "凉亭"，插入基点为凉亭中心点。

创建步骤如下：

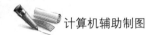

图7-6　凉亭图块

图7-7　选择定义块的"基点"

（1）启动"创建块"命令。点击"绘图"工具栏上的"创建块"按钮，弹出"块定义"对话框。

（2）输入块名。在"块定义"对话框的"名称"文本框中，输入"凉亭"。

（3）选择对象。在"块定义"对话框中，单击"选择对象"按钮，在绘图窗口，选择构成凉亭图形的各实体对象并确认，返回"块定义"对话框。

（4）确定基点。在"块定义"对话框中，单击"拾取点"按钮，用对象捕捉功能，在绘图区拾取凉亭中心点作为基点，如图7-7所示，完成后返回"块定义"对话框。

图7-8　"定义块"参数效果

图7-9　"写块"对话框

（5）设置单位。在"块定义"对话框中，单击"块单位（U）"下拉列表框，选择单位为毫米。

（6）完成块创建。在"块定义"对话框中，单击"确认"按钮，完成"凉亭"图块的创建，"块定义"对话框如图7-8所示。

五、写块

1. 写块概念

将已定义的块以文件形式（后缀为.DWG）存入磁盘指定位置，或将图形的一部分或整个图形以图形文件的形式写入磁盘（后缀为.DWG），以供其他图形文件调用。写块又可以称作外部块。

2. 命令激活方式

写块命令只能通过命令行启动，在命令行中输入 Wblock 或 w，按回车键启动写块命令，弹出如图 7–9 所示的"写块"对话框。

3. "写块"对话框解释

"写块"对话框包括"源""基点""对象"和"目标"4 个选项组，各选项组含义如下：

（1）"源"选项组用于确定存盘的源目标，系统提供了 3 个选项：

■ "块（B）"。

单选该按钮可将已定义的块作为存盘源目标。可以在其右边的下拉列表框中输入已定义的块名，或单击下拉箭头，在弹出的下拉列表框中选择已存在的块名。

■ "整个图形（E）"。

如果单选该按钮可将当前整个图形文件作为存盘源目标。

■ "对象（O）"。

如果单选该按钮可将图形重新定义的实体作为存盘源目标。

（2）"目标"选项组用于设置存盘块文件的文件名、储存路径及采用的单位制等。

■ "文件名和路径（F）"。

可以在该文本框中输入存盘块文件的存储位置和路径。通过其右边的下拉列表箭头，弹出下拉列表框，在该列表框中选择已存在的路径。单击该文本框右侧的"浏览图形文件"对话框按钮，弹出"浏览图形文件"对话框。在该对话框，确定存盘块文件的放置路径及位置。

■ "插入单位（U）"。

单击下拉列表框按钮设置存盘块文件插入时的单位制。如果希望插入时不自动缩放图形，选择"无单位"。

"基点"和"对象"选项组同"创建块"这里不再赘述。

4. 创建实例

将如图 7–10 所示的汽车图形，创建成外部块，存入桌面，命名为"立面汽车"。

具体步骤如下：

（1）在命令行中输入 w，弹出"写块"对话框，在"源"选项组中选择"对象（O）"。

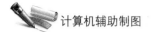

（2）在"基点"选项组中，单击"拾取点（K）"按钮 ，暂时关闭"写块"对话框，返回屏幕中，在图形中拾取一点作为插入时的基点，如图 7-11 所示。

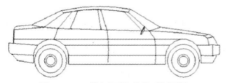

图 7-10 "立面汽车"外部块

图 7-11 拾取定义块"基点"

（3）在"对象"选项组中，单击"选择对象（T）"按钮 ，屏幕切换到作图窗口，选择汽车图形并确认后，返回到"块定义"对话框。

（4）在"目标"选项组中，单击"文件名和路径（F）"文本框下拉列表后面的按钮 ，弹出如图 7-12 所示的"浏览图形文件"对话框，将"保存于（I）:"设置为桌面，在"文件名（N）:"文本框中输入"立面汽车"，单击"保存（S）"键后，返回到"写块"对话框。

（5）在"插入单位（U）"下拉列表中选择插入单位"毫米"，"写块"对话框设置效果如图 7-13 所示。

图 7-12 "浏览图形文件"对话框

图 7-13 "写块"对话框

（6）单击"确定"按钮，在屏幕左上方弹出一个窗口，显示图块正在写入存盘的过程，表明正在进行"写块"，如图 7-14 所示。

图 7-14 "写块预览"窗口

图 7-15 桌面"立面汽车"图形文件

（7）这时在桌面上就创建了名为"立面汽车"的图形文件，如图 7-15 所示。

第二节 插入块

块定义完成后，可以将其插入到图形文件中。在进行块插入操作时，如果输入的块名不存在，则系统将查找是否存在同名的图形文件，如果有同名的图形文件，则将该图形文件插入到当前图形文件。因此，在块定义时，要注意对块名的定义。

一、单一块插入

通过对话框形式在图形中的指定位置上插入一个已定义块的操作。

1.命令激活方式

可采用以下任意方式激活插入块命令：

（1）下拉菜单："插入（I）"|"块（B）..."。

（2）工具条：在"绘图"工具条中，单击"插入块"图标按钮 。

（3）命令行：Insert 或 i。

在"绘图"工具条中，单击"插入块"图标按钮 ，弹出"插入"对话框，如图 7-16 所示。

图 7-16 "插入"对话框

图 7-17 "动态图块"预览框效果

2."插入"对话框解释

"插入"对话框中包含"名称（N）"、"路径"、"预览（B）..."、"插入点"、"缩放比例"、"旋转"、"块单位"和"分解（D）"8 个选项组，各选项含义如下：

（1）"名称（N）"。该下拉列表框用于设置要插入的块或图形的名称。单击右侧的"浏览（B）..."按钮，弹出"选择图形文件"对话框，在该对话框中，可以指定要插入的图形文件。在当前编辑任务中最后插入的块将成为 INSERT 命令随后使用的默认块。

（2）"路径"。"路径"显示区用于显示外部图形文件的路径。只有在选择外部图形

文件后，该显示区才有效。

（3）"浏览（B）…"。单击 浏览(B)… 按钮，则打开"选择图形文件"对话框（标准文件选择对话框），从中可选择要插入的块或图形文件。

（4）"预览"。在预览框里可以显示要插入的指定块的预览。预览右下角黄色发亮的闪电图标表明该块为动态块，如图 7-17 所示，为插入动态平面窗的预览框效果。

（5）"插入点"选项组用于确定块插入点位置。

■ "在屏幕上指定（S）"。

当选中该复选按钮后，确定块插入基点的 X 坐标、Y 坐标、Z 坐标文本框变为灰暗色，不能输入数值。插入块时直接在绘图界面上用光标指定一点或在命令提示行输入点坐标值作块插入点。

如不勾选该复选框，则需要在"X:""Y:""Z:"文本框中输入插入基点坐标 X 值、Y 值和 Z 值，系统默认坐标（0，0，0）。

■ "X:"。

用于指定基点的 X 坐标值。

■ "Y:"。

用于指定基点的 Y 坐标值。

■ "Z:"。

用于指定基点的 Z 坐标值。

（6）"缩放比例"选项组栏用于确定块插入的比例因子。

■ "在屏幕上指定（E）"。

当选中该复选按钮后，确定块插入的 X 轴、Y 轴、Z 轴比例因子文本框变为灰暗色，不能输入数值。插入块时直接在绘图界面上用光标指定两点或根据命令提示行提示输入坐标轴的比例因子。

■ "统一比例（U）"。

选中该复选按钮后，块插入时 X 轴、Y 轴、Z 轴比例因子相同，只需要确定 X 轴比例因子，Y 轴、Z 轴比例因子文本框变为灰暗色。

（7）"旋转"选项组用于确定块插入的旋转角度。

■ "在屏幕上指定（E）"。

当选择该复选按钮后，确定块插入的"角度（A）"文本框变为灰暗色，不能输入数值。插入块时直接在绘图界面上用光标指定角度或根据命令提示行提示输入角度值。

■ "角度（A）"。

在该文本框中，输入块插入时的旋转角度。

（8）"分解（D）"：选中该复选按钮，可以将插入的块分解成创建块前的各实体对象。

二、利用拖动方式插入图形文件

将一个图形文件插入到当前图形中时，可用块插入命令完成。但 Auto CAD 还提供一种更方便的方法，即利用拖动方式进行图形文件的插入。

操作方法如下：点击"开始"｜"所有程序"｜"附件"｜"Windows 资源管理器"，弹出 Windows 资源管理器窗口，如图 7-18 所示。

图 7-18　Windows 资源管理器窗口

图 7-19　使用"特性"窗口编辑块

在资源管理器窗口中，找到要插入的图形文件并选中该文件，然后将其拖动到 Auto CAD 的绘图屏幕上，命令行提示：

指定插入点或［比例（S）/X/Y/Z/旋转（R）/预览比例（PS）/PX/PY/PZ/预览旋转（PR）]：(输入选择项)

输入 X 比例因子，指定对角点，或［角点（C）/XYZ］<1>：

输入 Y 比例因子或<使用 X 比例因子>：

指定旋转角度<0>：

将所拖动的图形按指定的比例和旋转角度插入到当前图形文件的绘图区指定位置，完成图形的插入。

三、块的插入基点设置

块插入时，基点是作为其参考点，但要插入没有用"块定义"方式生成的图形文件时，Auto CAD 将该图形的坐标原点作为插入基点进行比例缩放、旋转等操作，这样往往给使用带来较大的麻烦，所以系统提供了"基点（Base）"命令，允许为图形文件

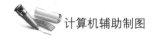

指定新的插入基点。

可以采用以下 2 种方式激活命令：

其一，下拉菜单："绘图（D）"｜"块（B）..."｜"基点（B）"。

其二，命令行：Base。

启动"基点（B）"命令，命令行提示如下：

命令：base

输入基点<0.0000，0.0000，0.0000>：（输入新的基点，默认为图形坐标原点）

系统将输入的点作为图形文件插入时的基点。

第三节　块的编辑

通过"特性"对话框，可以方便地编辑块对象的某些特性，如图 7-19 所示。当选中插入的块后，在"特性"该对话框中将显示出该块的特性，可以修改块的一些特性。

第四节　创建属性定义

一、属性的基本概念、特点

1. 属性的基本概念

属性是从属于块的文本信息，它是块的一个组成部分，它可以通过"属性定义"命令以字符串的形式表示出来，一个具有属性的块，由两部分组成，即，块=图形实体+属性。一个块可以含有多个属性，在每次块插入时，属性可以隐藏也可以显示出来，还可以根据需要改变属性值。

2. 属性的特点

属性虽然是块中的文本信息，但它不同于块中一般的文字实体，它有以下的几个特点：

（1）一个属性包括属性标签（Attribute tag）和属性值（Attribute value）两个内容。例如，把"轴号"定义为属性标签，而每一次块引用时的具体姓名，如"1""A"就是属性值，即称为属性。

（2）在定义块之前，每个属性要用属性定义命令（ATTDEF）进行定义，由此来确定属性标签、属性提示、属性缺省值、属性的显示格式、属性在图中的位置等。属性定义完成后，该属性以其标签在图形中显示出来，并把有关的信息保留在图形文件中。

（3）在定义块前，可以用 PROPERTIES、DDEDIT 等命令修改属性定义，属性必须依赖于块而存在，没有块就没有属性。

（4）在插入块时，通过属性提示要求输入属性值，插入块后属性用属性值显示，因此，同一个定义块，在不同的插入点可以有不同的属性值。

（5）在块插入后，可以用属性显示控制命令（ATTDISP）来改变属性的可见性显示，可以用属性编辑命令（ATTEDIT）对属性作修改，也可以用属性提取命令（ATTEXIT）把属性单独提取出来写入文件，以供制表使用，也可以与其他高级语言（如 FOR-TRAN、BASIC、C 等）或数据库（如 Dbase、FoxBASE）进行数据通信。

二、创建属性定义

块"属性定义"用于建立块的属性定义，即对块进行文字说明。

1. 命令激活方式

可以采用以下 2 种方式激活"属性定义"命令：

（1）下拉菜单："绘图（D）"｜"块（K）"｜"定义属性（D）…"。

（2）命令行：Attdef（Ddattdef 或 Att）。

单击"绘图（D）"｜"块（K）"｜"定义属性（D）…"，此时弹出"属性定义"对话框，如图 7-20 所示。

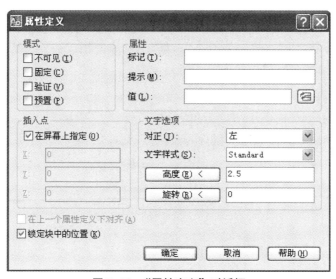

图 7-20 "属性定义"对话框

2. "属性定义"对话框解释

"属性定义"对话框包括"模式""属性""插入点""文字选项""在上一个属性定义

下对齐（A）"和"锁定块中的位置（K）"6 个选项组，各选项组功能如下：

（1）"模式"选项组用于设置属性的模式，系统提供了 4 种选项：

■ "不可见（I）"。

勾选该复选按钮时，插入块并输入该属性值后，属性值在图中不显示。

■ "固定（C）"。

勾选该复选按钮时，将块的属性设为一恒定值，块插入时不再提示属性信息，也不能修改该属性值，即该属性保持不变。

■ "验证（V）"。

勾选该复选按钮后，在插入块时，每出现一个属性值，命令行均出现提示，要求验证该属性输入是否正确，若发现错误，可在该提示下重新输入正确的值。

■ "预置（P）"。

勾选该复选按钮后，将块插入时指定的属性设为缺省值，在以后插入块时，系统不再提示输入属性值，而是自动填写缺省值。

（2）"属性"选项组用于设置属性标志、提示内容输入缺省属性值，包含 4 个子选项：

■ "标记（T）"。

该文本框用于输入属性的标志，即属性标签。

■ "提示（M）"。

该文本框用于输入在块插入时提示输入属性值的信息，若不输入属性提示，则系统将相应的属性标签当属性提示。

■ "值（L）"。

该文本框用于输入属性的缺省值，可以选属性中使用次数较多的属性值作为其缺省值。若不输入内容，表示该属性无缺省值。

■ "插入字段"按钮 ⊠。

单击"值（L）"文本框右侧的"插入字段"按钮，弹出"字段"对话框，选择相应的字段名称和格式后，按确定按钮，可在"值（L）"文本框插入一字段。

（3）"插入点"选项组用于确定属性值在块中的插入点，可以分别在 X 文本框、Y 文本框、Z 文本框中输入相应的坐标值，也可以勾选"在屏幕上指定（O）"复选框，切换到绘图界面，在命令提示行中输入插入点坐标或用光标在作图区拾取一点来确定属性值的插入点。

（4）"文字选项"选项组用于确定属性文本的字体、对齐方式、字高及旋转角等。

■ "对正（J）"。

该文本框用于确定属性文本相对于参考点的排列形式，可以通过单击其右边的下拉箭头，在弹出的下拉列表框中，选择一种文本的排列形式。

■ "文字样式（S）"。

该文本框用于确定属性文本的样式，可以通过单击其右边的下拉箭头，在弹出的下拉列表框中，选择一种文本样式。

■　"高度（E)"。

"高度（E)"按钮 ⬚高度(E)< 和文本框用于确定属性文本字符的高度，可直接在该项后面的文本框中输入数值，也可以单击 ⬚高度(E)< 按钮，切换到绘图界面，在命令提示行中输入数值或用于光标在作图区确定两点来确定文本字符高度。

■　"旋转（R)"。

"旋转（R)"按钮 ⬚旋转(R)< 文本框用于确定属性文本的旋转角，可直接在该项后面的文本框中输入数值，也可以单击 ⬚旋转(R)< 按钮，切换到绘图界面，在命令提示行中输入数值或用于光标在作图区确定两点所构成的线段与 X 轴正向的夹角来确定文本旋转角度。

（5）"在上一个属性定义下对齐（A)"。该复选按钮用于设置当前定义的属性采用上一个属性的字体、字高及旋转角度，且与上一个属性对齐。此时，"文字选项"栏和"插入点"栏显示灰色，不能选择。如果之前没有创建属性定义，则此选项不可用。

（6）"锁定块中的位置（K)"。该复选框用于锁定块参照中属性的位置。要注意在动态块中，由于属性的位置被包括在动作选择集中，因此必须将其锁定。

完成"属性定义"对话框的各项设置后，单击该按钮，即可完成一次属性定义。可以重复该命令操作，对块进行多个属性定义。

将定义好的属性连同相关图形一起，用块创建命令创建成带有属性的块，在块插入时，按设置的属性要求对块进行文字说明。

3. 汽车属性图块创建实例

创建如图 7-21 所示的带有属性汽车图块，要求给汽车定义 3 个属性，分别为"汽车品牌""汽车排量"和"汽车颜色"，其中"汽车排量"模式设置成不可见，"汽车品牌"和"汽车颜色"模式设置成可见。

图 7-21　汽车带属性图块创建效果

图 7-22　"属性定义"对话框参数

211

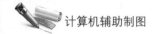
操作步骤如下：

（1）单击"绘图（D）"｜"块（K）"｜"定义属性（D）…"，此时弹出"属性定义"对话框，如图7-21所示。在"属性"选项组中，将"标记（T）"中输入"汽车品牌"，在"提示（M）"中输入"请输入汽车品牌"，在"值（L）"中输入"大众"。在"文字选项"选项组中，设置"对正（J）"为"左"，"文字样式（S）"为"Standard"，点击 高度(E) < ，切换到绘图界面，用于光标在作图区拾取两点来确定文本字符高度，设置效果如图7-22所示。点击确定按钮，在屏幕中指定属性文字插入的基点，完成"汽车品牌"属性文字的定义，如图7-23所示。

图7-23 "汽车品牌"属性文字

图7-24 "排量"属性文字

（2）采用和步骤（1）同样方法，定义第2个属性文字"汽车排量"。在"模式"选项组中勾选"不可见（I）"；在"属性"选项组中，将"标记（T）"中输入"排量"，在"提示（M）"中输入"请输入汽车排量"，在"值（L）"中输入"1.6L"。在"文字选项"选项组中，采用默认参数。点击确定按钮，在屏幕中捕捉"汽车品牌"的插入点，在水平向右方向指定属性文字插入的基点，完成"排量"属性文字的定义，如图7-24所示。

（3）采用与步骤（1）相同办法创建"汽车颜色"属性文字，这里就不再重复介绍。也可复制"汽车品牌"属性文字，双击复制对象，在弹开的"编辑属性定义"对话框中，将"标记："更改为"汽车颜色"，将"提示："信息输入为"请输入汽车颜色："，在"默认："中输入"黑色"，如图7-25所示。这样3个属性文字创建完毕，效果如图7-26所示。

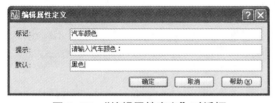

图7-25 "编辑属性定义"对话框

图7-26 创建文字属性效果

（4）启动"创建块"命令，点击"绘图"工具栏上的"创建块"按钮 ，弹出"块定义"对话框。在"名称（A）"中输入"汽车"；点击"基点"选项组中"拾取点（K）"拾取按钮 ，在屏幕中拾取块基点，返回到"块定义"对话框；在"对象"选项组中，点击"选择对象（T）"拾取按钮 ，将汽车图形对象和 3 个文字属性全部选中，按确定按钮，返回"块定义"对话框；在"设置"选项组中，在"块单位（U）"下拉列表中选择块单位为毫米，设置效果如图 7-27 所示。

图 7-27 "块定义"对话框设置　　　图 7-28 "属性编辑"对话框

（5）在"块定义"对话框中，点击确定按钮，完成带有 3 个文字属性的汽车图块创建。这时弹出如图 7-28 所示的"属性编辑"对话框，单击"编辑属性"对话框中确定按钮即可。

（6）创建的最终效果，如图 7-29 所示。

图 7-29 带有属性的汽车图块

图 7-30 标高符号

4. 标高属性图块创建实例

创建如图 7-30 所示的标高，使其具备 3 个文字属性。具体要求：标高文字采用 2.5 号，字体样式采用仿宋 _GB2312，字体宽度比例为 0.7，图块尺寸按国标要求绘制。

创建步骤如下：

绘制标高符号图形，采用直线（Line）绘制，效果如图 7-30 所示，命令行提示如下：

命令：_line 指定第一点：（拾取屏幕任意一点作为直线起点）

指定下一点或 ［放弃（U）］：@15，0

指定下一点或 ［放弃（U）］：@-3，-3

指定下一点或 ［闭合（C）/放弃（U）］：@-3，3

指定下一点或 ［闭合（C）/放弃（U）］：（按 Enter 键结束命令）

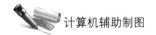

（1）设置文字样式，点击"样式"工具栏中的文字样式按钮 ，弹出"文字样式"对话框。点击"新建（N）"按钮，弹出"新建文字样式"对话框，在"样式名"中输入"A2.5"，效果如图 7-31 所示。

图 7-31 "新建文字样式"对话框   **图 7-32** "文字样式"对话框设置

（2）点击确定按钮，返回"文字样式"对话框，在"字体"选项组中，设置"字体名（F）"为"仿宋"；"高度（T）"设置为 2.5；"效果"选项组中，设置"宽度比例（W）"为 0.7，效果如图 7-32 所示。

（3）创建定义属性文字，单击"绘图（D）"｜"块（K）"｜"定义属性（D）…"，此时弹出"属性定义"对话框，如图 7-33 所示。在"属性"选项组中，在"标记（T）"中输入"标高"，在"提示（M）"中输入"请输入标高:"，在"值（L）"中输入"%%p0.000"。在"文字选项"选项组中，设置"对正（J）"为"左下"，"文字样式（S）"为"A2.5"。点击确定按钮，返回绘图界面，在屏幕中选择标高直线端点作为属性文字插入的基点，如图 7-34 所示。完成"标高"属性文字的定义，效果如图 7-35 所示。

（4）重复第（3）步骤，为标高定义多个属性文字。复制第（3）步骤的"标高"属性文字，选择"标高"直线端点作为复制"定义属性"基点，输入指定插入点效果如图 7-36 所示。

命令：_copy
选择对象：找到 1 个（选择步骤"标高"属性文字）
选择对象：（按 ENTER 键确定选择）
指定基点或［位移（D）］＜位移＞：（选择"标高"直线端点做为复制"定义属性"基点，如图 7-37 所示）
指定第二个点或＜使用第一个点作为位移＞：@4<90（输入复制属性相对于基点的距离 @4<90）
指定第二个点或［退出（E）/放弃（U）］＜退出＞：（输入复制属性相对于基点的距离 @8<90，如图 7-38 所示）
指定第二个点或［退出（E）/放弃（U）］＜退出＞：（按 ENTER 键结束命令，效果如图 7-39 所示）

图 7-33　"属性定义"对话框

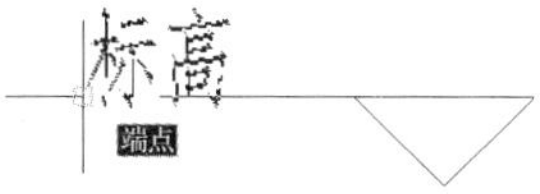

图 7-34　属性文字的插入基点 　　　图 7-35　标高属性定义效果 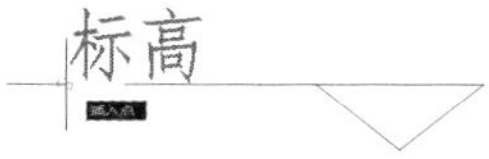　　　图 7-36　捕捉复制文字基点

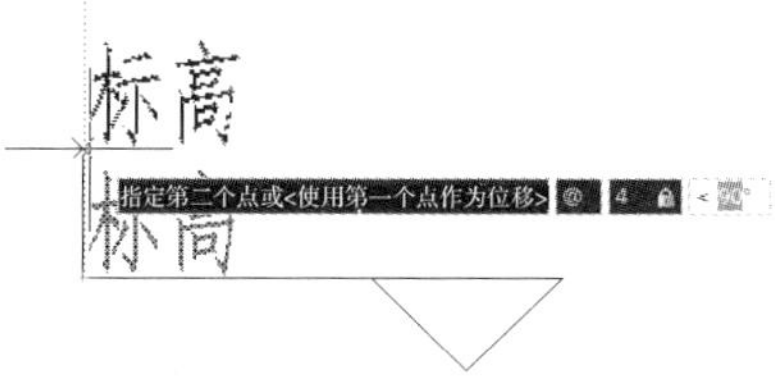

图 7-37　复制标高属性标签 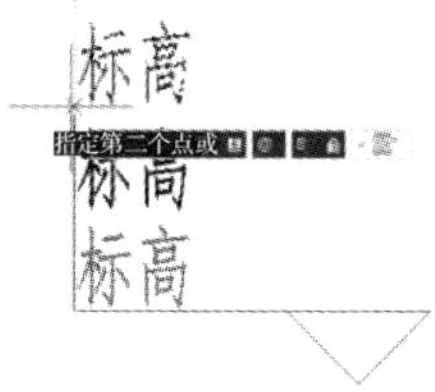　　　图 7-38　复制标高属性标签 　　　图 7-39　复制多个属性效果

（5）修改定义属性，双击复制的"标高"属性值，弹出如图 7-40 所示的"编辑属性定义"对话框，修改"标记"为"标高 1"，"默认"为 3.500，按确定按钮，效果如图 7-41 所示。

图 7-40　"编辑属性定义"对话框　　　　　图 7-41　修改定义属性效果

双击第二个复制的"标高"属性值，弹出如图 7-42 所示的"编辑属性定义"对话框，修改"标记"为"标高 2"，"默认"为 7.000，按确定按钮，效果如图 7-43 所示。

图 7-42　"编辑属性定义"对话框 　　　　　图 7-43　修改定义属性效果

（6）创建图块，点击"绘图"工具栏上的"创建快"按钮，弹出"块定义"对话框，在"名称（A）"选项组输入"标高"。点击"基点"选项组中"拾取点（K）"拾取按钮，在屏幕中"标高"顶点作为基点，如图7-44所示，返回到"块定义"对话框。

在"对象"选项组中，点击"选择对象（T）"拾取按钮，将标高图形对象和3个文字属性全部选中，按确定按钮，返回"块定义"对话框。在"设置"选项组中，在"块单位（U）"下拉列表中选择块单位为毫米，设置效果如图7-45所示。

（7）在"块定义"对话框中，点击确定按钮，完成带有3个文字属性的标高图块创建。这时弹出如图7-46所示的"属性编辑"对话框，单击"编辑属性"对话框中确定按钮。

（8）创建的最终效果，如图7-47所示。

图 7-44　选择标高图块基点

图 7-45　标高"块定义"对话框

图 7-46　"属性编辑"对话框

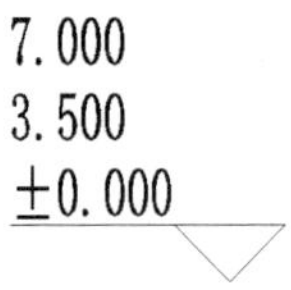

图 7-47　多个属性文字标高效果

第五节 修改属性定义、属性显示控制

一、属性定义修改

在具有属性的块定义前或将块分解后，修改某一属性定义。

1. 命令激活方式

可以用下列三种方式之一激活命令：

（1）下拉菜单。"修改（M）" | "对象（O）" | "文字（T）" | "编辑（E）…"。

（2）命令行。dedit（或 ed）。

（3）快速选择。击属性值。

双击属性值，启动属性定义编辑功能，命令行提示：

提示：选择注释对象或 [放弃（U）]：（拾取要修改的属性定义的标签或按回车键放弃）

2. 命令对话框解释

（1）当修改对象是注释对象时。当选择是注释对象后，弹出"编辑属性定义"对话框，如图 7-48 所示。在"编辑属性定义"对话框中，通过属性的"标记""提示""默认"文本框，重新输入新的内容。

图 7-48 "编辑属性定义"对话框

（2）当修改对象是带属性的块时。当选择带属性的块后，则弹出"增强属性编辑器"对话框，如图 7-49 所示。

图 7-49 "增强属性编辑器"对话框"属性"选项卡

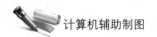

"增强属性编辑器"对话框包含"属性"、"文字选项"和"特性"3个选项卡。在如图7-49所示的"属性"选项卡中，在该对话框的列表框中，显示出块中的每个属性标签、属性提示及属性值，选择某一属性，在"值（V）"文本框中，显示出相应的属性值，并可以输入新的属性值。

如图7-50所示的"文字选项"选项卡，用于修改属性值文本格式，包括"文字样式（S）""对正（J）""高度（E）""宽度比例（W）""旋转（R）"和"倾斜角度（O）"6个选项和"反向（K）""颠倒（D）"2个复选按钮。单击"增强属性编辑器"对话框的"文字选项"选项卡，在该对话框的"文本样式（S）"文本框中，设置文字样式；在"对正（J）"文本框中，设置文字的对齐方式；在"高度（E）"文本框中，设置文字高度；在"旋转（R）"文本框中，设置文字旋转角度；在"宽度比例（W）"文本框中，设置文字的宽度系数；在"倾斜角度（O）"文本框中，设置文字的倾斜角度；"反向（K）"复选按钮，用于设置文本是否反向绘制；"颠倒（D）"复选按钮，用于设置文本是否上下颠倒绘制。通过修改以上各选项设置和定义参数，重新定义属性值。

图7-50　"增强属性编辑器"对话框　　　图7-51　"增强属性编辑器"对话框

"特性"选项卡包括"图层（L）""线型（T）""颜色（C）""线宽（W）"和"打印样式（S）"5个选项，可以修改各选项设置和定义参数，重新定义属性值，如图7-51所示。

"选择块（B）"按钮 ，单击该按钮返回到绘图窗口，选择要编辑带属性的块。

"应用（A）"按钮，在"增强属性编辑器"对话框打开情况下，确认修改的属性。

二、属性显示控制（Attdisp）

定义属性值可以通过改变系统参数设置来控制属性值可见性显示。

1. 命令激活方式

（1）下拉菜单。"视图（V）"|"显示（L）"|"属性显示（A）"|"光标菜单"，如图7-52所示。

（2）命令行：Attdisp。在命令行输入Attdisp，启动属性显示控制命令，命令行提示如下：

图 7-52 属性显示控制下拉菜单栏及调用过程

提示：输入属性的可见性设置［普通（N）/开（ON）/关（OFF）］＜普通＞：（输入各选择项）

2. 命令选项解释

各选择项的含义："普通（N）"，正常方式，即按属性定义时的可见性方式来显示属性；"开（ON）"，打开方式，即所有属性均为可见；"关（OFF）"关闭方式，即所有属性均不可见。

☞ 习题

1. 块与图形文件有什么关系？块与图层有什么关系？

2. Block 命令与 WBlock 命令有什么区别？

3. 什么是属性？为什么要引进属性？属性与块有什么关系？

4. 带有属性的块与不带属性的块，在插入时有什么不同？

5. 创建如图 7-53 所示门平面图形并将其定义成块，插入点为平面窗左下角点。

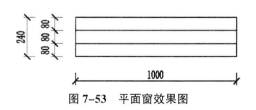

图 7-53 平面窗效果图

6. 创建折断线符号图形，并将其定义成块，插入点为折断线中心点，尺寸如图 7-54 所示。

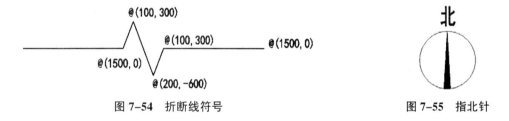

图 7-54 折断线符号

图 7-55 指北针

7. 创建如图 7-55 所示的指北针符号并将其定义为有定义属性的图块。

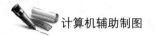
8. 创建如图 7-56 所示标高符号，将其定义为有定义属性的图块。

9. 创建如图 7-57 所示的轴号，将其定义为有定义属性的图块。

±0.000

图 7-56　标高

①

图 7-57　轴号

第八章 尺寸标注

☞ **教学目标**

通过本章的学习，应了解尺寸标注的规定和组成，以及"标注样式管理器"对话框的使用方法，并掌握创建尺寸标注的基础以及样式设置的方法。掌握各种类型尺寸标注的方法，其中包括长度型尺寸、半径、直径、圆心、角度、引线和形位公差等；另外掌握编辑标注对象的方法。

教学重点和教学难点

1. 掌握尺寸标注的规定和组成是本章教学重点
2. "标注样式管理器"对话框的使用方法是本章教学重点
3. 创建尺寸标注的基础是本章教学重点
4. 尺寸标注样式设置是本章教学重点
5. 掌握各种类型尺寸标注的方法是本章教学难点
6. 掌握编辑标注对象的方法是本章教学重点

本章知识点

1. 尺寸标注的规定、组成和类型
2. 创建尺寸标注的基本步骤
3. 创建标注样式
4. 设置直线格式、符号和箭头格式、文字格式、调整格式、主单位格式、换算单位格式、设置公差格式

在图形设计中，尺寸标注和文字一样是绘图设计工作中的一项重要内容，也是对图形对象的一个很好的补充，尺寸标注可视为一种特殊的对象。绘制图形的根本目的

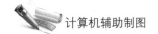

是反映对象的形状，而图形中各个对象的真实大小和相互位置只有经过尺寸标注后才能确定。Auto CAD 2007 包含了一套完整的尺寸标注命令和实用程序，用户使用它们足以完成图纸中要求的尺寸标注。用户在进行尺寸标注之前，必须了解 Auto CAD 2007 尺寸标注的组成，标注样式的创建和设置方法。

本章主要介绍尺寸标注，包括尺寸标注概述、标注样式创建与设置、常用标注创建与编辑。

第一节　尺寸标注概述

一、尺寸标注构成

一个完整的尺寸标注包括尺寸界线、尺寸线、尺寸起止符号和标注 4 个组成元素，对于圆标注还有圆心标记和中心线，如图 8-1 所示。在缺省情况下这四部分组成的尺寸以一个块的形式存放在图形文件中，因此一个尺寸就是一个对象。各元素主要含义如下：

其一，标注文字是尺寸标注中的文字内容，表示几何要素的大小，是用于指示测量值的字符串。文字可以包含前缀、后缀和公差。标注文字可以是 Auto CAD 系统计算的值，也可以是用户指定的值，还可以取消标注文字。尺寸文本的高度在考虑到国家标准的前提下按出图比例来设置。

其二，表示尺寸标注的范围，通常使用箭头或短斜线来指出尺寸线的起点和终点。尺寸文本可以放在尺寸线上或置于尺寸线中。当标注的是角度时，尺寸线不再是一条直线，而是一段圆弧。

其三，箭头，也称为起止符号，是位于尺寸线两端的符号，表示尺寸测量的开始和结束位置。缺省的符号是闭合的实心箭头，在标注尺寸时，可以根据需要选择不同的箭头和种类，包括建筑标线、斜线、点等，还可以使用自定义的符号。

其四，尺寸界线，也称为投影线或正视线，表示尺寸标注的范围，通常使用箭头或短斜线来指出尺寸线的起点和终点。尺寸文本可以放在尺寸线上或置于尺寸线中。当标注的是角度时，尺寸线不再是一条直线，而是一段圆弧。

其五，中心标记是标记圆或圆弧中心的小十字。

其六，中心线是标记圆或圆弧中心的虚线。

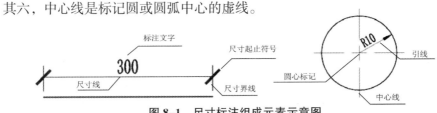

图 8-1　尺寸标注组成元素示意图

二、尺寸标注标准

由于不同国家或不同行业对于尺寸标注的标准不尽相同，因此需要使用标注样式来定义不同的尺寸标注标准，这里参照《房屋建筑制图统一标准》（GB/T50001—2001）中对建筑制图中的尺寸标准的相关规定，分别介绍规范中对尺寸界线、尺寸线、尺寸起止符号和标注文字的要求。

1. 尺寸界线、尺寸线及尺寸起止符号

（1）尺寸界线应用细实线绘制，一般应与备注长度垂直，其一端应离开图样轮廓线不小于 2mm，另一端宜超出尺寸线 2~3mm。图样轮廓线可用作尺寸界线，如图 8-2 所示。

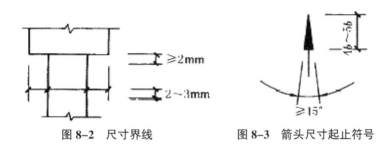

图8-2　尺寸界线　　　　　图8-3　箭头尺寸起止符号

（2）尺寸线应用细实线绘制，应与备注长度平行。图样本身的任何图线均不得用作尺寸线。

（3）尺寸起止符号一般用中粗斜短线绘制，其倾斜方向应与尺寸界线成顺时针 45°角，长度宜为 2~3mm。半径、直径、角度与弧长的尺寸起止符号，宜用箭头表示，如图 8-3 所示。

2. 尺寸数字

（1）图样上的尺寸，应以尺寸数字为准，不得从图上直接量取。图样上的尺寸单位，除标高及总平面以米为单位外，其他必须以毫米为单位。尺寸数字的方向，应按图 8-4（1）的规定注写。若尺寸数字在30°斜线区内，宜按图 8-4（2）的形式注写。

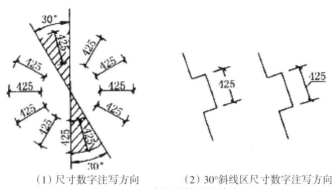

（1）尺寸数字注写方向　　　　（2）30°斜线区尺寸数字注写方向

图8-4　尺寸数字的注写方向

（2）尺寸数字一般应依据其方向注写在靠近尺寸线的上方中部。如没有足够的注写位置，最外边的尺寸数字可注写在尺寸界线的外侧，中间相邻的尺寸数字可错开注写，如图 8-5 所示。

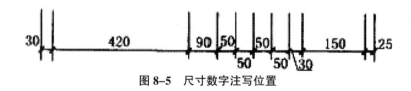

图 8-5　尺寸数字注写位置

3. 尺寸的排列与布置

（1）尺寸宜标注在图样轮廓以外，不宜与图线、文字及符号等相交，如图 8-6 所示。

（2）互相平行的尺寸线，应从被注写的图样轮廓线由近向远整齐排列，较小尺寸应离轮廓线较近，较大尺寸应离轮廓线较远，如图 8-7 所示。

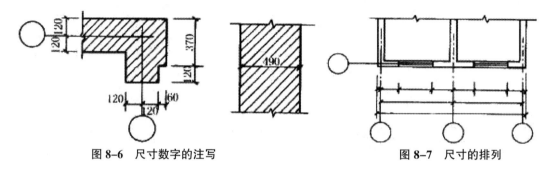

图 8-6　尺寸数字的注写　　　　　　图 8-7　尺寸的排列

（3）图样轮廓线以外的尺寸界线，距图样最外轮廓之间的距离，不宜小于 10mm。平行排列的尺寸线的间距，宜为 7~10mm，并应保持一致（见图 8-6）。

（4）总尺寸的尺寸界线应靠近所指部位，中间分尺寸的尺寸界线可稍短，但其长度应相等（见图 8-7）。

4. 半径、直径、球的尺寸标注

（1）半径的尺寸线一端应从圆心开始，另一端画箭头指向圆弧。半径数字前应加注半径符号"R"，如图 8-8 所示。

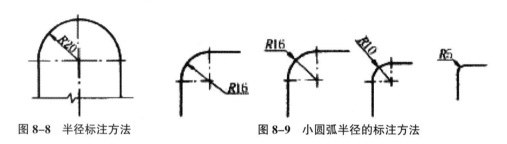

图 8-8　半径标注方法　　　　　图 8-9　小圆弧半径的标注方法

（2）较小圆弧的半径，可按图 8-9 形式标注。

（3）较大圆弧的半径，可按图 8-10 形式标注。

图 8-10　大圆弧半径的标注方法

（4）标注圆的直径尺寸时，直径数字前应加直径符号"φ"。在圆内标注的尺寸线应通过圆心，两端画箭头指至圆弧，如图 8-11 所示。

（5）较小圆的直径尺寸，可标注在圆外，如图 8-12 所示。

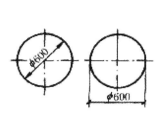

图 8-11　圆直径的标注方法

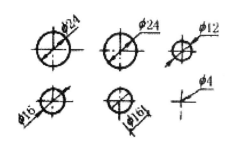

图 8-12　小圆直径的标注方法

（6）标注球的半径尺寸时，应在尺寸前加注符号"SR"。标注球的直径尺寸时，应在尺寸数字前加注符号"Sφ"。注写方法与圆弧半径和圆直径的尺寸标注方法相同。

5. 角度、弧度、弧长的标注

（1）角度的尺寸线应以圆弧表示。该圆弧的圆心应是该角的顶点，角的两条边为尺寸界线。起止符号应以箭头表示，如没有足够位置画箭头可用圆点代替，角度数字应按水平方向注写，如图 8-13 所示。

（2）标注圆弧的弧长时，尺寸线应以与该圆弧同心的圆弧线表示，尺寸界线应垂直于该圆弧的弦，起止符号用箭头表示，弧长数字上方应加注圆弧符号"⌒"，如图 8-14 所示。

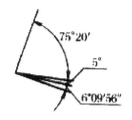

图 8-13　角度标注方法

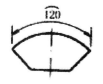

图 8-14　弧长标注方法

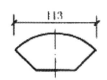

图 8-15　弦长标注方法

（3）标注圆弧的弦长时，尺寸线应以平行于该弦的直线表示，尺寸界线应垂直于该弦，起止符号用中粗斜短线表示，如图8-15所示。

6. 薄板厚度、正方形、坡度、非圆曲线等尺寸标注

（1）在薄板板面标注板厚尺寸时，应在厚度数字前加厚度符号"t"，如图8-16所示。

（2）标注正方形的尺寸，可用"边长×边长"的形式，也可在边长数字前加正方形符号"□"，如图8-17所示。

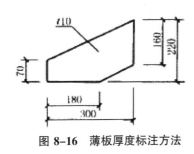

图8-16　薄板厚度标注方法

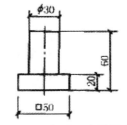

图8-17　标注正方形尺寸

（3）标注坡度时，应加注"坡度符号"，如图8-18所示，该符号为单面箭头，箭头应指向下坡方向。坡度也可用直角三角形形式标注，如图8-19所示。

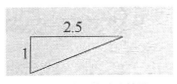

图8-18　箭头式坡度符号

图8-19　三角形坡度符号

（4）外形为非圆曲线的构件，可用坐标形式标注尺寸，如图8-20所示。

（5）复杂的图形，可用网格形式标注尺寸，如图8-21所示。

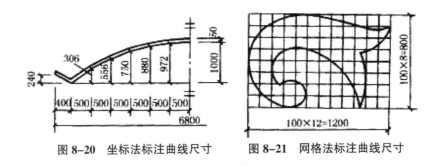

图8-20　坐标法标注曲线尺寸　　　　图8-21　网格法标注曲线尺寸

7. 尺寸的简化标注

（1）杆件或管线的长度，在单线图（桁架简图、钢筋简图、管线简图）上，可直接将尺寸数字沿杆件或管线的一侧注写，如图8-22所示。

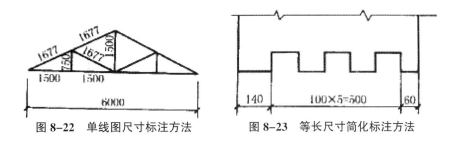

图 8-22　单线图尺寸标注方法　　　　图 8-23　等长尺寸简化标注方法

（2）连续排列的等长尺寸，可用"个数×等长尺寸＝总长"的形式标注，如图 8-23 所示。

（3）构配件内的构造因素（如孔、槽等）如相同，可仅标注其中一个要素的尺寸，如图 8-24 所示。

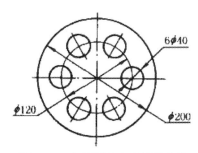

图 8-24　相同要素尺寸标注方法

8. 标高的标注

（1）标高符号应以直角等腰三角形表示，按如图 8-25（1）所示形式用细实线绘制，如标注位置不够，也可按如图 8-25（2）所示形式绘制。标高符号的具体画法如图 8-25（3）和图 8-25（4）所示。

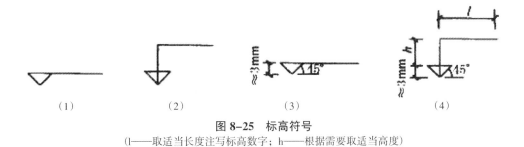

（1）　　　　　（2）　　　　　（3）　　　　　（4）

图 8-25　标高符号

（l——取适当长度注写标高数字；h——根据需要取适当高度）

（2）总平面图室外地坪标高符号，宜用涂黑的三角形表示［见图 8-26（1）］，具体画法如图 8-26（2）所示。

（1）　　　　　（2）

图 8-26　总平面图室外地坪标高符号

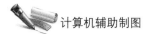

（3）标高符号的尖端应指至被注高度的位置。尖端一般应向下，也可向上。标高数字应注写在标高符号的左侧或右侧，如图 8-27 所示。

图 8-27　标高的指向　　　　图 8-28　同一位置注写多个标高数字

（4）标高数字应以米为单位，注写到小数点以后第三位。在总平面图中，可注写到小数字点以后第二位。

（5）零点标高应注写成±0.000，正数标高不注"+"，负数标高应注"-"，例如3.000、-0.600。

（6）在图样的同一位置需要同时表示几个不同标高时，标高数字可按图 8-28 的形式注写。

第二节　创建尺寸标注样式

在 Auto CAD 中，使用"标注样式"可以控制标注的格式和外观，建立强制执行的绘图标准，并有利于对标注格式及用途进行修改。用户使用 Auto CAD 进行尺寸标注时，是使用当前尺寸样式进行标注的，尺寸的外观及功能取决于当前尺寸样式的设定。尺寸标注样式控制的尺寸变量有尺寸线和尺寸界线、标注文字、尺寸文本相对于尺寸线的位置、箭头的外观及方式等。

选择"格式（O）"|"标注样式（D）…"命令，或者单击"标注"面板上的"标注样式"按钮，会弹出如图 8-29 所示的"标注样式管理器"对话框。用户可以在该对

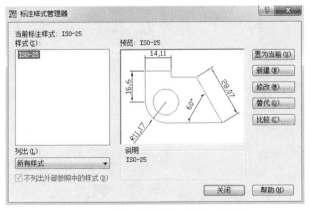

图 8-29　"标注样式管理器"对话框

话框中创建新的尺寸标注样式和管理已有的尺寸标注样式。

在"标注样式管理器"对话框中,"当前标注样式"区域显示了当前的尺寸标注样式。"样式(S)"列表框中显示了图形中所有的尺寸标注样式或者正在使用的样式。用户在列表框中选择合适的标注样式,单击"置为当前(U)"按钮,则可将选择的样式置为当前。

用户单击"新建(N)"按钮,可弹出"创建新标注样式"对话框,在该对话框中可以创建新的标注样式。单击"修改(M)"按钮,弹出"修改标注样式"对话框,此对话框用于修改当前尺寸标注的样式设置。单击"替代(O)"按钮,弹出"替代当前样式"对话框,在该对话框中用户可以设置临时的尺寸标注样式,用来替代当前尺寸标注样式的相应设置。单击"比较(C)"按钮,可以弹出"比较标注样式"对话框,可以比较两种标注样式的特性或列出一种样式的所有特性。

一、创建尺寸标注样式

单击"标注样式管理器"对话框中的"新建(N)"按钮,在弹开的如图 8-30 所示的"创建新标注样式"对话框中即可创建新标注样式。

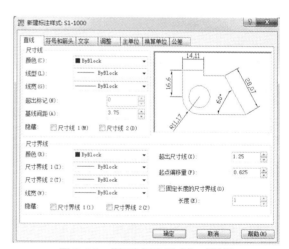

图 8-30 "创建新标注样式"对话框　　　　图 8-31 "新建标注样式"对话框

在"新样式名(N)"文本框中可以设置新创建的尺寸标注样式的名称;在"基础样式(S)"下拉列表框中可以选择新创建的尺寸标注样式的模板样式;在"用于(U)"下拉列表框中可以指定新创建的尺寸标注样式将用于哪些类型的尺寸标注。

单击"继续"按钮将关闭"创建新标注样式"对话框,并弹出如图 8-31 所示的"新建标注样式"对话框,用户可以在该对话框的各选项卡中设置相应的参数,设置完成后单击"确定"按钮,返回"标注样式管理器"对话框,在"样式"列表框中可以看到新建的标注样式。

在"新建标注样式"对话框中共有"直线""符号和箭头""文字""调整""主单位"

"换算单位"和"公差"7个选项卡,下面分别介绍各选项卡的组成内容及参数含义。

1. "直线"选项卡

"直线"选项卡如图 8-31 所示,由"尺寸线"和"尺寸界线"两个选项组组成,该选项卡用于设置尺寸线和尺寸界线的特性,以控制尺寸标注的几何外观。尺寸线、尺寸界线的缺省颜色和缺省线宽为随块,可以从下拉列表框中选择需要的颜色和线宽。一般情况下使用缺省值即可。

(1)"尺寸线"选项组。在"尺寸线"选项组中,各参数项的含义如下:

■ "颜色(C)"。该下拉列表框用于设置尺寸线的颜色。如果选择列表底部的"选择颜色"选项将弹出"选择颜色"对话框,在该对话框中可以设置颜色。

■ "线型(L)"。该下拉列表框用于设置尺寸线的线型。

■ "线宽(G)"。该下拉列表框用于设定尺寸线的宽度。

■ "超出标记(N)"。该微调框用于设定使用倾斜尺寸界线时尺寸线超过尺寸界线的距离,如图 8-32 所示为超出标记效果。

(1)超出标记为 0　　　　　　　　(2)超出标记为 2

图 8-32　超出标记效果

■ "基线间距(A)"。该微调框用于设定使用基线标注时各尺寸线间的距离。如图 8-33 所示,为基线间距大小设置为 10 和 5 时的标注效果。

(1)基线间距为 10　　　　　　　　(2)基线间距为 5

图 8-33　不同基线间距效果

■ "隐藏"及其复选框用于控制尺寸线的显示。"尺寸线 1"复选框用于控制第 1 条尺寸线的显示,"尺寸线 2"复选框用于控制第 2 条尺寸线的显示,如图 8-34 所示为分别隐藏尺寸线 1 或尺寸线 2 时的不同效果。

(1)隐藏尺寸线 1　　　　　　　　(2)隐藏尺寸线 2

图 8-34　尺寸线隐藏效果

■ "固定长度尺寸界线(O)"复选框。勾选该复选框,可以设置尺寸界线长度。在"长度(E)"微调框中设置尺寸界线长度。

(2)"尺寸界线"选项组。在"尺寸界线"选项组中,各参数项的含义如下:

■ "颜色（R）"。该下拉列表框用于设置尺寸界线的颜色。

■ "尺寸界线 1 的线型（I）"和"尺寸界线 2 的线型（T）"。这两个下拉列表框分别用于设置第 1 条尺寸界线和第 2 条尺寸界线的线型。

■ "线宽（W）"。该下拉列表框用于设定尺寸界线的宽度。

■ "超出尺寸线（X）"。该微调框用于设定尺寸界线超过尺寸线的距离。如图 8-35 所示为超出尺寸界线分别为 2 和 5 时的不同设置效果。

（1）超出尺寸线为 2　　　　　（2）超出尺寸线为 5

图 8-35　超出尺寸线效果

■ "起点偏移量（F）"。该微调框用于设置尺寸界线相对于尺寸界线起点的偏移距离。如图 8-36 所示为起点偏移量分别为 1 和 5 时的设置效果。

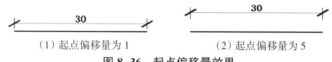

（1）起点偏移量为 1　　　　　（2）起点偏移量为 5

图 8-36　起点偏移量效果

■ "隐藏"及其复选框用于设置尺寸界线的显示。"尺寸界线 1"复选框用于控制第 1 条尺寸界线的显示，"尺寸界线 2"复选框用于控制第 2 条尺寸界线的显示。如图 8-37 所示为分别隐藏尺寸界线 1 和尺寸界线 2 时的效果。

（1）隐藏尺寸界线 1　　　　　（2）隐藏尺寸界线 2

图 8-37　尺寸界线隐藏效果

2. "符号和箭头"选项卡

在"符号和箭头"选项组中，可以设置尺寸线和引线箭头的类型及尺寸大小等。"符号和箭头"选项卡如图 8-38 所示，由"箭头""圆心标记""弧长符号"和"半径折弯标注"4 个选项组组成，各选项组的功能如下：

（1）"箭头"选项组。"箭头"选项组用于选定表示尺寸线端点箭头的外观形式。"第一项（T）"和"第二个（D）"下拉列表框列出了常见的箭头形式，常用的为"实心闭合"和"建筑标记"两种。"引线（L）"下拉列表框中列出尺寸线引线部分的形式。"箭头大小（I）"文本框用于设定箭头相对其他尺寸标注元素的大小。

在通常情况下，尺寸线的两个箭头应一致。为了适用于不同类型的图形标注需要，Auto CAD 设置了 20 多种箭头样式。可以从对应的下拉列表框中选择箭头，并在"箭头大小（I）"文本框中设置其大小。也可以使用自定义箭头，此时可在下拉列表框中选

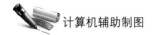

择"用户箭头"选项，打开"选择自定义箭头块"对话框。在"从图形块中选择"文本框内输入当前图形中已有的块名，然后单击"确定"按钮，Auto CAD 将以该块作为尺寸线的箭头样式，此时块的插入基点与尺寸线的端点重合。

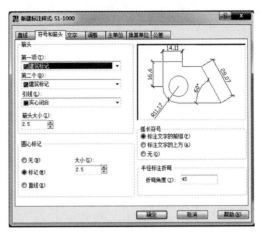

图 8-38　"符号和箭头"选项卡对话框

（2）"圆心标记"选项组。"圆心标记"选项组用于控制当标注半径与直径尺寸时中心线和中心标记的外观，可以设置圆或圆弧的圆心标记类型，如"标记（M）""直线（E）"和"无（N）"。其中，选择"标记（M）"选项可对圆或圆弧绘制圆心标记；选择"直线（E）"选项，可对圆或圆弧绘制中心线；选择"无（N）"选项，则没有任何标记。当选择"标记"或"直线"单选按钮时，可以在"大小"文本框中设置圆心标记的大小。如图 8-39 所示为不同"圆心标记"效果。

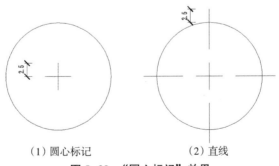

（1）圆心标记　　　　　　　　（2）直线

图 8-39　"圆心标记"效果

当"圆心标记"选择"无（N）"选项时，进行圆心标记时，命令行提示如下：

命令：_dimcenter DIMCEN = 0.0，不画中心十字。* 无效 *

（3）"弧长符号"选项组。在"弧长符号"选项组中，用于控制弧长标注中圆弧符号的显示位置，包括"标注文字的前缀（P）"、"标注文字的上方（A）"和"无（O）"3

种方式。"标注文字的前缀"单选按钮可以设置将弧长符号"⌒"放在标注文字的前面；"标注文字的上方（A）"单选按钮可以设置将弧长符号"⌒"放在标注文字上面；"无（O）"将不显示弧长符号，如图 8-40 所示是 3 种不同"弧长符号"效果的对比。

（1）无弧长符号　　　（2）弧长符号在标注文字前面　　　（3）弧长符号在标注文字上方

图 8-40　不同"弧长符号"效果的对比

（4）"半径折弯标注"选项组。在"半径标注折弯"选项组的"折弯角度（J）"文本框中，可以设置标注圆弧半径时标注线的折弯角度大小。通过形成折弯角度两个顶点之间的距离确定折弯高度。线性折弯大小由线性折弯因子×文字高度确定。图 8-41 为不同"半径折弯标注"效果。

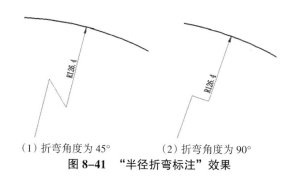

（1）折弯角度为 45°　　　（2）折弯角度为 90°

图 8-41　"半径折弯标注"效果

3."文字"选项卡

"文字"选项卡如图 8-42 所示，由"文字外观""文字位置"和"文字对齐"3 个选项组组成。使用"文字"选项卡用于设置标注文字的外观、位置和对齐方式等特性。

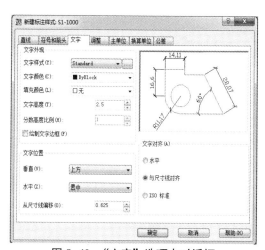

图 8-42　"文字"选项卡对话框

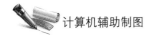

（1）"文字外观"选项组。在"文字外观"选项组中，可以设置文字的样式、颜色、高度和分数高度比例以及控制是否绘制文字边框等。各选项的功能说明如下：

■ "文字样式（Y）"。该下拉列表框用于设置标注文字所用的样式，单击下拉按钮，在下拉列表中列出了当前图形文件中定义的所有文字样式，可以从中选择需要的文字样式；单击后面的按钮，将弹出"文字样式"对话框，在该对话框中可以选择创建文字样式作为标注中的文字样式。

■ "文字颜色（C）"。该下拉列表框用于设置标注文字的颜色，一般可设为"随层（Bylayer）"或"随块（Byblock）"。

■ "文字高度（T）"。该微调框用于设置当前标注文字样式的高度。

■ "分数高度比例（H）"。该文本框用于设置标注文字中的分数相对于其他标注文字的高度系数，Auto CAD 将该比例值与标注文字高度的乘积作为分数的高度。

■ "绘制文字边框（F）"。该复选框用于设置是否给标注文字加边框。

（2）"文字位置"选项组。在"文字位置"选项组中，用于控制尺寸文本相对于尺寸线的位置，可以设置标注文字的垂直、水平位置以及从尺寸线的偏移量。

■ "垂直（V）"。该下拉列表框用于设置标注文字沿尺寸线在垂直方向上的对齐方式，系统提供了4种对齐方式，其含义如下：

□ "居中"。将标注文字放在尺寸线的两部分中间。

□ "上方"。将标注文字放在尺寸线上方，从尺寸线到文字的最低基线的距离就是当前的文字间距，该选项最常用。

□ "外部"。将标注文字放在尺寸线上远离第一个尺寸界线的一边。

如图 8-43 所示为 3 种不同垂直位置的标注文字效果。

□ "JIS"。按照日本工业标准的标注位置（JIS）放置标注文字。

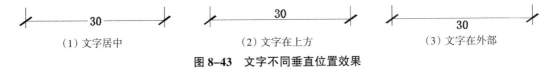

（1）文字居中　　　　　　　（2）文字在上方　　　　　　　（3）文字在外部

图 8-43　文字不同垂直位置效果

■ "水平（Z）"。该下拉列表框用于设置标注文字沿尺寸线和尺寸界线在水平方向上的对齐方式，系统提供了5种对齐方式，其含义如下：

□ "居中"。将标注文字沿尺寸线放在两条尺寸界线的中间。

□ "第一条尺寸界线"。沿尺寸线与第一条尺寸界线左对正，尺寸界线与标注文字的距离是箭头大小加上文字间距之和的两倍。

□ "第二条尺寸界线"。沿尺寸线与第二条尺寸界线右对正，尺寸界线与标注文字的距离是箭头大小加上文字间距之和的两倍。

□ "第一条尺寸界线上方"。沿第一条尺寸界线放置标注文字或将标注文字放在第一条尺寸界线之上。

□ "第二条尺寸界线上方"。沿第二条尺寸界线放置标注文字或标注文字放在第二条尺寸界线之上。

如图 8-44 所示为 5 种不同水平方向位置上标注文字的效果。

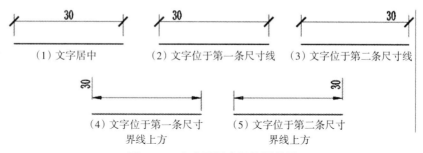

图 8-44　文字不同水平位置效果

■ "从尺寸线偏移（O）"微调框。

"从尺寸线偏移（O）"微调框用于设置尺寸文字与尺寸线的间距，如图 8-45 所示为偏移尺寸为 0.625 和 2 的效果。

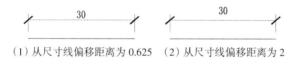

（1）从尺寸线偏移距离为 0.625　（2）从尺寸线偏移距离为 2

图 8-45　文字不同垂直位置效果

（3）"文字对齐（A）"选项组。在"文字对齐（A）"选项组中，可以设置标注文字是保持水平还是与尺寸线平行。系统提供了 3 种文字对齐方式，其含义如下：

■ "水平"。选择该单选按钮时，表示标注文字沿水平线放置。

■ "与尺寸线对齐"。选择该单选按钮时，表示标注文字沿尺寸线方向放置，尺寸文本的方向始终与尺寸线平行的。

■ "ISO 标注"。选择该单选按钮时，表示当标注文字在尺寸界线之间时沿尺寸线的方向放置，当标注文字在尺寸界线外侧时则水平放置标注文字。

如图 8-46 所示为不同文字对齐方式的效果。

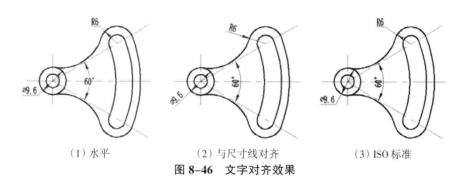

（1）水平　　　　　　　（2）与尺寸线对齐　　　　　　（3）ISO 标准

图 8-46　文字对齐效果

4."调整"选项卡

在"新建标注样式"对话框中，可以使用"调整"选项卡设置标注文字、尺寸线、尺寸箭头的相互位置关系。"调整"选项卡如图 8-47 所示，该选项卡由"调整选项（F）""文字位置""标注特性比例"和"优化（T）"4 个选项组组成。

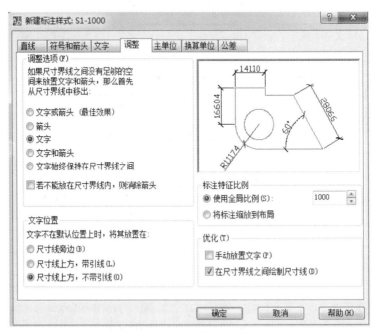

图 8-47 "调整"选项卡

（1）"调整选项（F）"选项组。"调整选项（F）"选项组用于控制基于尺寸界线之间可用空间的文字和箭头的位置。如果有足够大的空间，文字和箭头都将放置在尺寸界线内；若尺寸界线之间没有足够的空间同时放置标注文字和箭头时，将按照"调整"选项放置文字和箭头。系统提供了 6 种调整方式，其含义如下：

■ "文字或箭头（最佳效果）"。选择该单选按钮时，当尺寸界线间的距离足够放置文字和箭头时，文字和箭头都放置在尺寸界线内，否则，将按照最佳效果移动文字或箭头；当尺寸界线间的距离仅够容纳文字时，将文字放在尺寸界线内，而箭头放在尺寸界线外；当尺寸界线间的距离仅够容纳箭头时，将箭头放在尺寸界线内，而文字放在尺寸界线外；当尺寸界线间的距离既不够放文字又不够放箭头时，文字和箭头都放在尺寸界线外。

■ "箭头"。选择该单选按钮时，表示先将箭头移动到尺寸界线外，然后移动文字。当尺寸界线间的距离足够放置文字和箭头时，文字和箭头都放在尺寸界线内；当尺寸界线间距离仅够放下箭头时，将箭头放在尺寸界线内，而文字放在尺寸界线外；当尺寸界线间距离不足以放下箭头时，文字和箭头都放在尺寸界线外。

■ "文字"。选择该单选按钮时，表示先将文字移动到尺寸界线外，然后移动箭头。当尺寸界线间的距离足够放置文字和箭头时，文字和箭头都放在尺寸界线内；当尺寸界线间距离仅够放下文字时，将文字放在尺寸界线内，而箭头放在尺寸界线外；当尺寸界线间距离不足以放下文字时，文字和箭头都放在尺寸界线外。

■ "文字和箭头"。选择该单选按钮时，表示当尺寸界线间距离不足以放下文字和箭头时，文字和箭头都移到尺寸界线外。

■ "文字始终保持在尺寸界线之间"。选择该单选按钮时，表示始终将文字放在尺寸界线之间。

■ "若不能放在尺寸界线内，则消除箭头"。选择此复选框时，表示如果尺寸界线内没有足够的空间，则隐藏箭头。

如图 8-48 所示为不同"调整选项"设置时文字和箭头的效果。

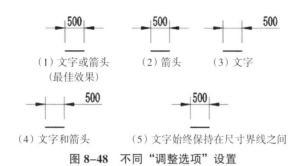

图 8-48　不同"调整选项"设置

（2）"文字位置"选项组。"文字位置"选项组控制的是当用夹点编辑或其他方法改变尺寸文本的位置时，文本位置及引线的变化规律。用于设置标注文字从默认位置（由标注样式定义的位置）移动时标注文字的位置。系统提供了 3 种文字位置方式，其含义如下：

■ "尺寸线旁边（B）"。如果选中该选项，只要移动标注文字，尺寸线就会随之移动。

■ "尺寸线上方，带引线（L）"。如果选中该选项，移动标注文字时尺寸线将不会移动。如果将标注文字从尺寸线上移开，将创建一条连接文字和尺寸线的引线。当文字非常靠近尺寸线时，将省略引线。

■ "尺寸线上方，不带引线（O）"。如果选中该选项，移动标注文字时尺寸线不会移动。远离尺寸线的标注文字不与带引线的尺寸线相连。

如图 8-49 所示为不同"文字位置"设置时标注文字的效果。

图 8-49　不同"文字位置"设置

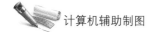

（3）"标注特征比例"选项组。"标注特征比例"选项组控制的是尺寸标注的整体比例或按图纸空间比例缩放。可以设置全局标注尺寸的特征比例值，以便通过设置全局比例来增加或减少各标注的大小。系统提供了 2 种"标注特征比例"选项，其含义如下：

■ "使用全局比例（S）"。采用"使用全局比例（S）"选项，则为所有标注设置一个与出图相适应的比例，标注样式中指定的文字、箭头大小或尺寸线间距等长度数值，都将按照全局比例中指定的比例因子缩放，使用全局比例不会改变标注的测量值。在绘制不同图幅的图纸时，可以通过调整全局比例系数来控制尺寸的外观大小。

■ "将标注缩放到布局"。使用"将标注缩放到布局"比例，是指基于在当前模型空间视口和图纸空间之间的比例决定缩放因子。

如图 8-50 所示为不同"使用全局比例"设置时的标注效果。

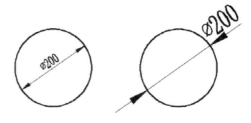

（1）设置全局比例为 1　　　（2）设置全局比例为 2

图 8-50　"使用全局比例"效果

（4）"优化（T）"选项组。在"优化"选项组中，可以对标注文本和尺寸线进行细微调整，该选项组包括以下两个复选框。系统提供了 2 种"优化"方法，其含义如下：

■ "手动放置文字（P）"。选中该复选框，则忽略标注文字的水平设置，在指定尺寸线位置的同时，也指定尺寸文本相对于尺寸线在水平方向上的位置。

■ "在尺寸界线之间绘制尺寸线（D）"。是缺省选项，使用此选项，即使箭头符号由于需要放置于尺寸界线外时，尺寸界线之间不再绘制尺寸线。

5. "主单位"选项卡

"主单位"选项卡如图 8-51 所示，使用"主单位"选项卡设置文字标注主单位的格式与精度，同时还可以设置标注文字的前缀和后缀等属性。该对话框分成两部分，分别是对线性标注的单位和角度标注的单位进行设置。

（1）"线性标注"选项卡。在"线性标注"选项组中可以设置线性标注的单位格式与精度，各选项功能如下：

■ "单位格式（U）"。用于设置除角度标注之外的其余各标注类型的尺寸单位，包括"科学"、"小数"、"工程"、"建筑"、"分数"等选项。

■ "精度（P）"。用于设置除角度标注之外的其他标注在十进制单位下小数位数来显示标注尺寸的精度。

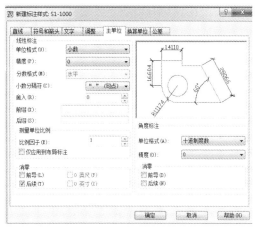 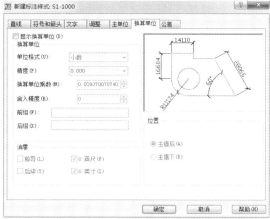

图 8-51 "主单位"选项卡　　　　图 8-52 "换算单位"选项卡

■ "分数格式（M）"。当单位格式是分数时，可以设置分数的格式，包括"水平"、"对角"和"非堆叠"3 种方式。

■ "小数分隔符（C）"。用于设置小数的分隔符，包括"逗点"、"句点"和"空格"3 种分隔符，缺省情况下小数的分隔符是逗点，按照建筑制图标准，应设为句点。

■ "舍入（R）"。该微调框用于设置除角度标注外的所有尺寸标注类型的测量值的取整规则。如果输入的值为"0.25"，那么所有的测量值都将以 0.25 为单位，当测量得到的实际尺寸值为 3.30，则尺寸文本显示 3.25。如果输入 1.0，所有标注距离四舍五入成整数，小数点后显示的位数取决于在"精度（P）"里设置的精度值。

■ "前缀（X）"和"后缀（S）"。该两个微调框用于设置标注文字的前缀和后缀，在相应的文本框中输入字符即可。例如，在前缀中输入控制代码"%%c"，那么当使用该尺寸样式进行标注时，所有的尺寸文本前都将加上直径符号。

（2）"测量单位比例"选项组。"测量单位比例"选项组控制的是线性尺寸缺省值的比例因子，是标注数字与实际绘制单位的比例关系，各选项功能如下：

■ "比例因子（E）"。使用该文本框可以设置测量尺寸的缩放系数，Auto CAD 的实际标注值为测量值与该比例的积。"比例因子（E）"文本框用于设置线性标注测量值的比例因子。例如，如果在"比例因子（E）"文本框中输入 10，则 10mm 直线的尺寸将显示为 100mm，实际标注值 = 测量值（10mm）× 比例因子（10）= 100mm。在建筑制图中，绘制 1∶100 的图形，比例因子为 1，那么若绘制 1∶50 的图形，比例因子可设置为 0.5；绘制 1∶200 的图形，比例因子可设置为 2。该比例因子不应用到角度标注，也不应用到舍入值或者正负公差值。

■ 选中"仅应用到布局标注"复选框，可以设置该比例关系仅适用于布局。

（3）"消零"选项组。"消零"选项组可以设置是否显示尺寸标注中的"前导（L）"和"后续（T）"，控制的是文字标注中数字"0"的显示。如果使用"前导消零"，则不

输出十进制尺寸的前导零，例如，测量的实际值为"0.25"，则标注文字显示".25"；若指定了"后续消零"，则十进制尺寸测量值的小数点部分，不输出后续零，比如，测量的实际值为"3.0000"，则标注文字显示"3"。"英尺"和"英寸"消零只有字使用建筑单位或工程单位时才会用到，消零的效果与"前导消零"及"后续消零"类似。

（4）"角度标注"选项组。"角度标注"选项组用来显示和设置角度标注的当前标注格式。角度标注中的设置和线性标注中相对应的设置的含义及用法基本相同，各选项主要功能如下：

■ "单位格式（A）"下拉列表框：用于设置标注角度时的单位，包括"十进制度数""度/分/秒""百分度"和"弧度"4 种方式。

■ "精度（O）"下拉列表框：用于显示和设置标注角度的尺寸精度。

（5）"消零"选项组。使用"消零"选项组用于控制是否消除角度尺寸的前导零和后续零。

6. "换算单位"选项卡

"换算单位"选项卡如图 8-52 所示，用于指定标注测量值中换算单位的显示并设置其格式和精度。一般情况下，保持"换算单位"选项组的默认值不变即可。"显示换算单位（D）"复选框用于设置是否向标注文字添加换算测量单位，将 Dimalt 系统变量设置为 1。

如果选择了"显示换算单位（D）"复选框，表示为标注文字添加换算测量单位。此选项卡中所有的选项将被激活。换算单位以"[ ]"括起，可以指定换算单位的格式、精度等，以及显示的位置是在主单位后或是主单位下。

（1）"换算单位"选项组。"换算单位"选项组用于显示和设置角度之外的所有标注类型的当前换算单位格式。各选项功能如下：

■ "单位格式（U）"下拉列表框用于设置单位的单位格式。堆叠分数中的数字的相对大小由系统变量 Dimtfac 确定。

■ "精度（P)"下拉列表框用于设置换算单位中小数位数。

■ "换算单位倍数（M）"微调框用于指定一个乘数，作为主单位和换算单位之间的换算因子使用。例如，要将英寸转换为毫米，可以输入 25.4，此值对角度标注没有影响，而且不会应用于舍入值或者正负公差值。

■ "舍入精度（R）"微调框用于设置除角度之外的所有标注类型的换算单位的舍入规则。如果输入 0.25，则所有测量值都以 0.25 为单位进行舍入。如果输入 1.0，则所有标注测量值都将舍入为最接近的整数。小数点后显示的位数取决于"精度"设置。

■ "前缀（F）"和后缀（X）文本框用于设置在换算标注文字中包含前缀或后缀，可以输入文字或使用控制代码显示特殊符号。

（2）"消零"选项组。"消零"选项组用于控制不输入前导（L）零及后续（T）零以及零英尺和零英寸部分。

（3）"位置"选项组。"位置"选项组用于控制标注文字中换算单位的位置。可将换算单位的位置放置于"主值后（A）"或"主值下（B）"。

7．"公差"选项卡

"公差"选项卡如图 8-53 所示，可以使用"公差"选项卡设置是否标注公差，以及以何种方式进行标注。Auto CAD 提供了四种公差格式：对称、极限偏差、极限尺寸、基本尺寸。使用对称公差时，上下偏差值是相同的，在设定上下偏差值的框中，只有上偏差值可用。如果需要指定的上下偏差值不同，可以使用极限偏差或极限尺寸格式。

在缺省状态下，公差的文字与基本尺寸的标注文字的高度是相同的，如果需要改变公差文字的高度时，可以在此"高度比例（H）"微调框中设定相对于基本尺寸的高度比例因子，还可以根据需要指定公差文字相对于基本尺寸字垂直方向的位置。

需要注意的是，如果在标注样式中设置了尺寸公差，那么用该样式标注的所有尺寸都会带上公差，且公差数值都与样式中设置的数值相同。

实际上一般使用替代尺寸样式或多行文字编辑器来完成尺寸公差的标注。

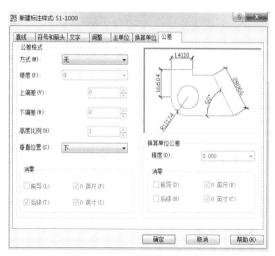

图 8-53　"公差"选项卡

图 8-54　创建 S1-100 标注样式

二、创建尺寸标注的基本步骤

在 Auto CAD 中对图形进行尺寸标注的基本步骤如下：

第一步，选择"格式（O）"|"图层（L）…"命令，在打开的"图层特性管理器"对话框中创建一个独立的图层，用于尺寸标注。

第二步，选择"格式（O）"|"文字样式（S）…"命令，在打开的"文字样式"对话框中创建一种文字样式，用于尺寸标注。

第三步，选择"格式（O）"|"标注样式（D）…"命令，在打开的"标注样式管理器"对话框设置标注样式。

第四步，使用对象捕捉和标注等功能，对图形中的元素进行标注。

三、创建建筑制图尺寸标注样式

在 Auto CAD 中对建筑图进行标注时，首先要确定标注样式，不同绘图比例的图纸采用不同的标准样式，通常情况下，根据实际需要建筑制图采用比例为 1：100、1：1000、1：500、1：200、1：50、1：20、1：10 等。在这些绘图比例中，1：100 的绘图比例是经常见的一种形式。在绘制平面图、立面图和剖面图时，通常采用 1：100 的比例绘制。

欲创建 S1-100 样式名称的标注样式，比例 1：100。下面通过两种方法讲解 1：100 标注比例的创建。

1. 第一种创建方法

具体操作步骤如下：

（1）创建标注样式名称。选择"格式（O）"｜"标注样式（D）…"命令，弹出"标注样式管理器"对话框。单击"新建（N）"按钮，弹出"创建新标注样式"对话框，如图 8-54 所示。输入新样式名称为"S1-100"。

（2）设置"直线"选项卡。单击"继续"按钮，弹出"新建标注样式 S1-100"对话框。在"直线"选项卡中，设置"基线间距（A）"为 10，"超出尺寸线（X）"为 2，"起点偏移量（F）"为 2，选择"固定长度的尺寸界线（O）"复选框，设置长度为 4，设置效果如图 8-55 所示。

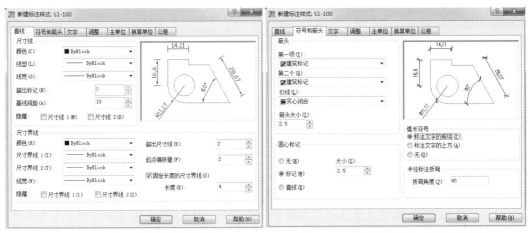

图 8-55　设置"直线"选项卡　　　　图 8-56　设置"符号和箭头"选项卡

（3）设置"符号和箭头"选项卡。选择"符号和箭头"选项卡，选择"箭头"为"建筑标记"，"箭头大小（I）"为 2.5，设置"折弯角度（J）"为 45，设置效果如图 8-56 所示。

图 8-57　设置标注文字

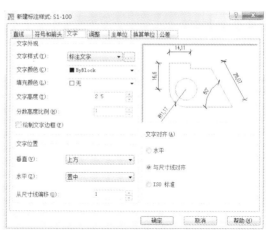

图 8-58　设置"文字"选项卡

（4）设置"文字"选项卡。选择"文字"选项卡，单击"文字样式（Y）"下拉文本框后面的按钮，弹出"文字样式"对话框。单击"新建（N）"按钮，创建"标注文字"文字样式，在"字体"选项组中，设置"字体名（F）"为 simplex.shx。在"效果"选项组中，设置"宽度比例（W）"为 0.7。设置效果如图 8-57 所示。

单击"关闭"按钮，返回到"文字"选项卡，在下拉列表中选择"标注样式"文字样式，设置"文字高度（T）"为 2.5，"从尺寸线偏移（O）"尺寸为 1，设置效果如图 8-58 所示。

（5）设置"调整"选项卡。在"调整选项（F）"选项组中，选择"文字"。在"文字位置"选项组中，选择"尺寸线上方，不带引线（O）"。选择"调整"选项卡，在"标注特性比例"选项组中，选择"使用全局比例（S）"，然后输入 100，这样就会使标注的特征放大 100 倍。比如标注字体设置为 2.5，但能将其放大显示成 250，这样按照 1：100 比例输出时，字体高度缩小 1/100，字体高度仍然是 2.5。在"优化（T）"选项组中，选择"在尺寸界线之间绘制尺寸线（D）"。设置效果如图 8-59 所示。

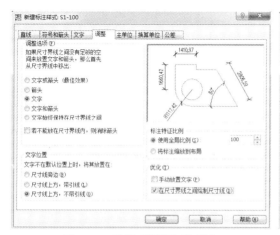

图 8-59　设置"调整"选项卡

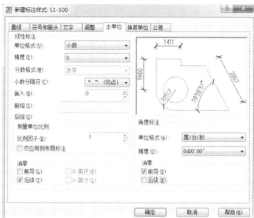

图 8-60　设置"主单位"选项卡

243

（6）设置"主单位"选项卡。选择"主单位"选项卡，在"线性标注"选项组中，设置"单位格式（U）"为小数，"精度（P）"为 0。在"分数格式（M）"选项组中，设置"小数分隔符（C）"为"."（句点）。在"测量单位比例"选项组中，设置"比例因子（E）"为 1。在"角度标注"选项组中，设置"单位格式（A）"为"度/分/秒"，"精度（O）"为 0d00′00″，设置效果如图 8-60 所示。

单击"确定"按钮，返回到"标注样式管理器"对话框，完成利用第一种方法进行 S1-100 标注样式的创建。

2. 第二种创建方法

（1）创建标注样式名称。选择"格式（O）"｜"标注样式（D）…"命令，弹出"标注样式管理器"对话框。单击"新建（N）"按钮，弹出"创建新标注样式"对话框，如图 8-54 所示。输入新样式名称为"S1-100"。

（2）设置"直线"选项卡。单击"继续"按钮，弹出"新建标注样式 S1-100"对话框。在"直线"选项卡中，设置"基线间距（A）"为 1000，"超出尺寸线（X）"为 200，"起点偏移量（F）"为 200，选择"固定长度的尺寸界限（O）"复选框，设置长度为 400，设置效果如图 8-61 所示。

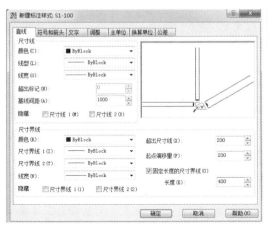

图 8-61　设置"直线"选项卡

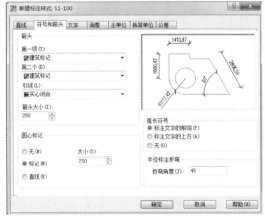

图 8-62　设置"符号和箭头"选项卡

（3）设置"符号和箭头"选项卡。选择"符号和箭头"选项卡，选择"箭头"为"建筑标记"，"箭头大小（I）"为 250，在"圆心标记"选项组中，设置"标记（M）"，大小为 250。设置"折弯角度（J）"为 45，设置效果如图 8-62 所示。

（4）设置"文字"选项卡。选择"文字"选项卡，单击"文字样式（Y）"下拉文本框后面的按钮，弹出"文字样式"对话框。单击"新建（N）"按钮，创建"标注文字"文字样式，设置效果如图 8-57 所示。

单击"关闭"按钮，返回到"文字"选项卡，在下拉列表中选择"标注样式"文字样式，设置"文字高度（T）"为 250，"从尺寸线偏移（O）"尺寸为 100，设置效果如图 8-63 所示。

（5）设置"调整"选项卡。在"调整选项（F）"选项组中，选择"文字"。在"文字位置"选项组中，选择"尺寸线上方，不带引线（O）"。选择"调整"选项卡，在"标注特性比例"选项组中，选择"使用全局比例（S）"，输入。在"优化（I）"选项组中，选择"在尺寸界线之间绘制尺寸线（D）"。设置效果如图 8-64 所示。

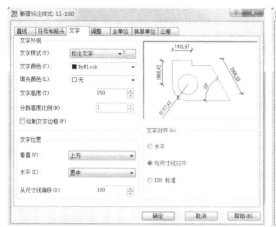

图 8-63 设置"文字"选项卡

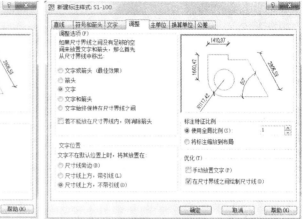

图 8-64 设置"调整"选项卡

（6）设置"主单位"选项卡。选择"主单位"选项卡，在"线性标注"选项组中，设置"单位格式（U）"为小数，"精度（P）"为 0。在"分数格式（M）"选项组中，设置"小数分隔符（C）"为"."（句点）。在"测量单位比例"选项组中，设置"比例因子（E）"为 1。在"角度标注"选项组中，设置"单位格式（A）"为"度/分/秒"，"精度（O）"为 0d00′00″，设置效果如图 8-60 所示。

单击"确定"按钮，返回到"标注样式管理器"对话框，完成第二种方法的 S1-100 标注样式创建。

四、不同绘图比例图纸的尺寸标注

在建筑制图中根据设计阶段和绘制内容的不同，通常在绘制建筑平面图、立面图和剖面图时使用 1∶100 的比例绘制，而绘制建筑详图时通常要采用 1∶50 的比例绘制，因此需要创建不同的标注样式以适应不同绘图比例图纸的尺寸标注。对于绘图比例不是 1∶100 的图形，用户可以新创建标注样式，在 1∶100 的基础上进行简单的修改即可创建适合其他绘图比例的标注样式。比如要创建绘图比例为 1∶50 的标注样式，在"标注样式管理器"对话框中单击"新建（N）"按钮，弹出"创建新标准样式"对话框，输入新样式名称 S1-50，基础样式为 S1-100，如图 8-65 所示。

单击"继续"按钮，进入"新建标注样式"对话框，选择"主单位"选项卡，将"比例因子（E）"设置为 0.5，如图 8-66 所示。

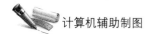

计算机辅助制图

图 8-65　创建 S1-50 标注样式

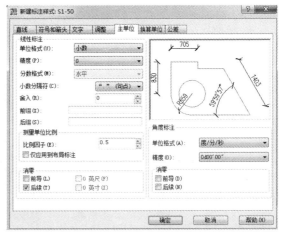

图 8-66　设置比例因子

单击"确定"按钮，完成 S1-50 标注样式的创建。同理，若创建 1∶20 的绘图比例的标注样式，"样式名称"创建为"S1-20"，将"比例因子"设置为 0.2 即可。

第三节　常用标注创建

标注显示了对象的测量值、对象之间的距离、角度或特征点距指定原点的距离。Auto CAD 2007 提供了 3 种基本标注：长度、半径和角度，利用这些标注工具用以标注图形对象，分别位于"标注"菜单或"标注"工具栏中，包含快速标注、线性标注、对齐标注、弧长标注、坐标标注、半径标注、折弯标注、直径标注、角度标注、基线标注、连续标注、引线标注、公差标注和圆心标记等标注类型（见图 8-67），常用的是

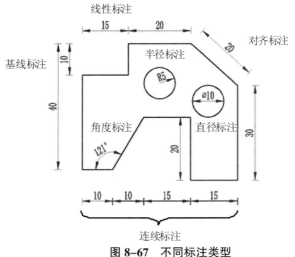

图 8-67　不同标注类型

线性标注和连续标注两种标注类型。

Auto CAD 将标注设置于当前图层，每一个标注都采用当前标注样式，用于控制各尺寸标注元素的特征。用户可以通过在"标注"菜单中选择合适的命令，或单击如图8-68 所示的"标注"工具栏中的相应按钮来进行相应的尺寸标注，下面分别介绍各种标注类型的创建方法。

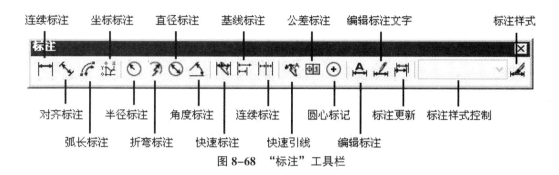

图 8-68　"标注"工具栏

一、线性尺寸标注

线性标注，能够标注水平尺寸、垂直尺寸和旋转尺寸。可创建用于标注用户坐标系 XY 平面中的两个点之间的距离测量值，并通过指定点或选择一个对象来实现。

1. 命令激活方式

（1）选择"标注（N)"|"线性（L)"命令。

（2）在"标注"工具栏中单击"线性"按钮 ⊢⊣。

（3）在命令行中输入 Dimlinear。

单击"线性标注"按钮 ⊢⊣，命令行提示如下：

命令：_dimlinear

指定第一条尺寸界线原点或<选择对象>：(拾取第一条尺寸界线的原点)

指定第二条尺寸界线原点：(拾取第二条尺寸界线的原点)

指定尺寸线位置或［多行文字（M)/文字（T)/角度（A)/水平（H)/垂直（V)/旋转（R)］：(一般移动光标指定尺寸线位置)

标注文字=30（系统显示测量数据）

2. 命令选项解释

在使用该命令过程中，出现"指定尺寸线位置"、"多行文字（M)"、"文字（T)"、"角度（A)"、"水平（H)"、"垂直（V)"和"旋转（R)"7个选项，各选项含义如下：

（1）"指定尺寸线位置"。"指定尺寸线位置"是系统默认选项，用于确定尺寸线的角度和标注文字的位置。

247

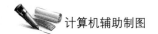

（2）"多行文字（M）"。该选项用于显示在位文字编辑器，可以用它来编辑标注文字，可以通过文字编辑器来添加前缀或后缀，用控制码和 Unicode 字符串来输入特殊字符或符号，要编辑或替代生成的测量值，请删除文字，输入新文字，然后单击"确定"按钮。如果标注样式中未打开换算单位，可以通过输入方括号（[]）来显示换算单位。

（3）"文字（T）"。该选项表示在命令行中自定义标注文字，要包括生成的测量值，可用角括号（<>）表示生成的测量值。如果标注样式中未打开换算单位，可以通过输入方括号（[]）来显示换算单位。

（4）"角度（A）"。该选项用于修改标注文字的角度。

（5）"水平（H）"。该选项用于创建水平线性标注。

（6）"垂直（V）"。该选项用于创建垂直线性标注。

（7）"旋转（R）"。该选项用于创建旋转线性标注。

命令：_dimlinear
指定第一条尺寸界线原点或<选择对象>：（拾取第一条尺寸界线的原点）
指定第二条尺寸界线原点：（拾取第二条尺寸界线的原点）
指定尺寸线位置或［多行文字（M）/文字（T）/角度（A）/水平（H）/垂直（V）/旋转（R）］：h
指定尺寸线位置或［多行文字（M）/文字（T）/角度（A）］：（移动光标指定尺寸线位置）
标注文字=2850（系统显示测量数据）

命令：DIMLINEAR
指定第一条尺寸界线原点或<选择对象>：（拾取第一条尺寸界线的原点）
指定第二条尺寸界线原点：（拾取第二条尺寸界线的原点）
指定尺寸线位置或［多行文字（M）/文字（T）/角度（A）/水平（H）/垂直（V）/旋转（R）］：v
指定尺寸线位置或［多行文字（M）/文字（T）/角度（A）］：（移动光标指定尺寸线位置）
标注文字=2031（系统显示测量数据）

命令：_dimlinear
指定第一条尺寸界线原点或<选择对象>：（拾取第一条尺寸界线的原点）
指定第二条尺寸界线原点：（拾取第二条尺寸界线的原点）
指定尺寸线位置或［多行文字（M）/文字（T）/角度（A）/水平（H）/垂直（V）/旋转（R）］：r（旋转尺寸线方向）
指定尺寸线的角度<0>：45（输入尺寸线方向）

指定尺寸线位置或［多行文字（M）/文字（T）/角度（A）/水平（H）/垂直（V）/旋转（R）］：（移动光标指定尺寸线位置）

标注文字＝3452（系统提示值，效果如图 8-69 所示）

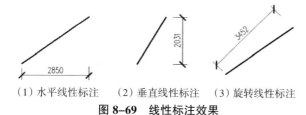

（1）水平线性标注　　（2）垂直线性标注　　（3）旋转线性标注

图 8-69　线性标注效果

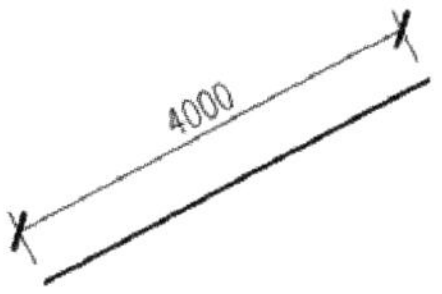

图 8-70　对齐尺寸标注效果

二、对齐尺寸标注

对齐标注，可以创建与指定位置或对象平行的标注。在对齐标注中，尺寸线平行于尺寸界线原点连成的直线，对齐标注是线性标注尺寸的一种特殊形式。在对直线段进行标注时，如果该直线的倾斜角度未知，那么使用线性标注方法将无法得到准确的测量结果，这时可以使用对齐标注。

1. 命令激活方式

（1）选择"标注（N）"｜"对齐（G）"命令。

（2）在"标注"工具栏中单击"对齐标注"按钮 ⟍。

（3）在命令行中输入 Dimaligned。

单击"对齐标注"按钮 ⟍，命令行提示如下：

命令：_dimaligned

指定第一条尺寸界线原点或<选择对象>：（拾取第一条尺寸界线的原点）

指定第二条尺寸界线原点：（拾取第二条尺寸界线的原点）

指定尺寸线位置或［多行文字（M）/文字（T）/角度（A）］：（移动光标指定尺寸线位置）

标注文字＝4000（系统显示测量数据，使用对齐标注的效果，如图 8-70 所示）

2. 命令选项解释

在使用该命令过程中，出现"指定尺寸线位置""多行文字（M）""文字（T）"和"角度（A）"4 个选项，各选项含义如下：

（1）"指定尺寸线位置"："指定尺寸线位置"是系统默认选项，用于确定尺寸线的角度和标注文字的位置。

（2）"多行文字（M）"：该选项用于显示在位文字编辑器，可以用它来编辑标注文字，可以通过文字编辑器来添加前缀或后缀，用控制码和 Unicode 字符串来输入特殊字

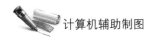
符或符号，要编辑或替代生成的测量值，请删除文字，输入新文字，然后单击"确定"按钮。如果标注样式中未打开换单位，可以通过输入方括号（［］）来显示换算单位。

（3）"文字（T）"：该选项表示在命令行中自定义标注文字，要包括生成的测量值，可用角括号（<>）表示生成的测量值。如果标注样式中未打开换算单位，可以通过输入方括号（［］）来显示换算单位。

（4）"角度（A）"：该选项用于修改标注文字的角度。

三、基线尺寸标注

基线标注是自同一基线处测量的多个标注。在创建基线或连续标注之前，必须创建线性、对齐或角度标注。基线标注是从上一个尺寸界线处测量的，除非指定另一点作为原点。

1. 命令激活方式

（1）选择"标注（N）"|"基线（B）"命令。

（2）在"标注"工具栏中单击"对齐标注"按钮 ⊟。

（3）在命令行中输入 Dimbaseline。

单击"对齐标注"按钮 ⊟，命令行提示如下：

命令：_dimlinear
指定第一条尺寸界线原点或<选择对象>：（拾取第一条尺寸界线的原点）
指定第二条尺寸界线原点：（拾取第二条尺寸界线的原点）
指定尺寸线位置或［多行文字（M）/文字（T）/角度（A）/水平（H）/垂直（V）/旋转（R）］：（移动光标指定尺寸线位置）
标注文字=1500（系统显示测量数据）

命令：_dimbaseline
指定第二条尺寸界线原点或［放弃（U）/选择（S）］<选择>：（拾取第二条尺寸界线的原点）
标注文字=3000（系统显示测量数据）
指定第二条尺寸界线原点或［放弃（U）/选择（S）］<选择>：（拾取第二条尺寸界线的原点）
标注文字=4500（系统显示测量数据）
指定第二条尺寸界线原点或［放弃（U）/选择（S）］<选择>：（按 Esc 退出命令）
选择基准标注：＊取消＊

2. 命令选项解释

（1）"指定第二条尺寸界线原点"：该选项为默认选项，选择该选项用户可以选择一个线性标注、坐标标注或角度标注作为基线标注的基准。选择基准标注之后，将再次显示"指定第二条尺寸界线原点"提示，如图8-71所示为基线尺寸标注效果。

（2）"放弃（U）"：选择此命令选项，将取消最近一次操作。

（3）"选择（S）"：选择此命令选项，命令行提示"选择基准标注"，用拾取框选择新的基准标注。

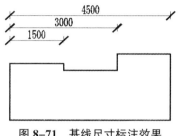

图8-71　基线尺寸标注效果

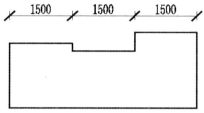

图8-72　连续尺寸标注效果

四、连续尺寸标注

连续标注是首尾相连的多个标注，迁移尺寸的第二尺寸界线就是后一尺寸的第一尺寸界线。与基线尺寸标注一样，在进行连续标注之前，必须先创建（或选择）一个线性、坐标或角度标注作为基准标注，以确定连续标注所需要的前一尺寸标注的尺寸界线，然后执行Dimcontinue命令。基线标注是从上一个尺寸界线处测量的，除非指定另一点作为原点。

1. 命令激活方式

（1）选择"标注（N）"｜"连续（C）"命令。

（2）在"标注"工具栏中单击"连续标注"按钮 ⊞。

（3）在命令行中输入Dimcontinue。

单击"对齐标注"按钮 ⊞，命令行提示如下：

命令：_dimlinear

指定第一条尺寸界线原点或<选择对象>：（拾取第一条尺寸界线的原点）

指定第二条尺寸界线原点：（拾取第二条尺寸界线的原点）

指定尺寸线位置或

［多行文字（M）/文字（T）/角度（A）/水平（H）/垂直（V）/旋转（R）］：（移动光标指定尺寸线位置）

标注文字=1500（系统显示测量数据）

命令：_dimcontinue

指定第二条尺寸界线原点或［放弃（U）/选择（S）］<选择>：（拾取第二条尺寸界线的原点）

标注文字=1500（系统显示测量数据）

指定第二条尺寸界线原点或［放弃（U）/选择（S）］<选择>：（拾取第二条尺寸界线的原点）

标注文字=1500（系统显示测量数据）

指定第二条尺寸界线原点或［放弃（U）/选择（S）］<选择>：（按 Enter 键结束命令）

2. 命令选项解释

（1）"指定第二条尺寸界线原点"：该选项为默认选项，当在该提示下，当确定了下一个尺寸的第二条尺寸界线原点后，Auto CAD 按连续标注方式标注出尺寸，即把上一个或所选标注的第二条尺寸界线作为新尺寸标注的第一条尺寸界线标注尺寸。当标注完成后，按 Enter 键即可结束该命令，图 8-72 为连续尺寸标注效果。

（2）放弃（U）：选择此命令选项，将返回到最近上一次操作。

（3）选择（S）：选择此命令选项，命令行提示"选择连续标注"，用拾取框选择新的连续标注。

五、半径尺寸标注

半径标注使用可选的中心线或中心标记测量圆弧和圆的半径。半径标注用于测量圆弧或圆的半径，并显示前面带有字母 R 的标注文字。

1. 命令激活方式

（1）选择"标注（N）"｜"半径（R）"命令。

（2）在"标注"工具栏中单击"半径"按钮。

（3）在命令行中输入 Dimradius。

单击"半径"按钮，命令行提示如下：

命令：_dimradius

选择圆弧或圆：（选择要标注半径的圆或圆弧）

标注文字=10（系统显示测量数据）

指定尺寸线位置或［多行文字（M）/文字（T）/角度（A）］：（将鼠标移动到合适位置，单击左键，确定尺寸线位置）

2. 命令选项解释

（1）"指定尺寸线位置"。该选项为默认选项，当选择了需要标注半径的圆或圆弧后，直接确定尺寸线的位置，系统将按实际测量值标注出圆或圆弧的直径。

（2）"多行文字（M）"。选择该项后，系统会显示在位文字编辑器，可用它来编辑标注文字。要添加前缀或后缀，请在生成的测量值前后输入前缀或后缀。用控制代码和 Unicode 字符串来输入特殊字符或符号。要编辑或替换生成的测量值，请删除文字，输入新文字，然后单击"确定"。如果标注样式中未打开换算单位，可以通过输入方括号（［ ］）来显示它们。

（3）"文字（T）"。选择该选项，可以重新确定尺寸文字时，只有给输入的尺寸文字加前缀 R，才能使标出的半径尺寸有半径符号 R，否则没有该符号。

（4）"角度（A）"。选择该选项，可以修改标注文字的角度。

图 8-73 为半径标注的创建效果。

六、直径尺寸标注

半径标注使用可选的中心线或中心标记测量圆弧和圆的半径。直径标注用于测量圆弧或圆的直径，并显示前面带有直径符号的标注文字。

1. 命令激活方式

（1）选择"标注（N）"｜"直径（D）"命令。

（2）在"标注"工具栏中单击"直径"按钮 。

（3）在命令行中输入 Dimdiameter。

单击"直径"按钮 命令行提示如下：

命令：_dimdiameter

选择圆弧或圆：（选择要标注直径的圆或圆弧）

标注文字=20（系统显示测量数据）

指定尺寸线位置或［多行文字（M）/文字（T）/角度（A）］：（将鼠标移动到合适位置，单击左键，确定尺寸线位置，效果如图 8-74 所示）

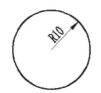

图 8-73 半径标注效果

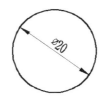

图 8-74 直径标注效果

图 8-75 标注文字旋转 45°效果

2. 命令选项解释

（1）"指定尺寸线位置"。该选项为默认选项，当选择了需要标注直径的圆或圆弧后，直接确定尺寸线的位置，系统将按实际测量值标注出圆或圆弧的直径。

（2）"多行文字（M）"。选择该项后，系统会显示在位文字编辑器，可用它来编辑标注文字。要添加前缀或后缀，请在生成的测量值前后输入前缀或后缀。用控制代码和 Unicode 字符串来输入特殊字符或符号。要编辑或替换生成的测量值，可删除文字，输入新文字，然后单击"确定"。如果标注样式中未打开换算单位，可以通过输入方括

号（［］）来显示它们。

（3）"文字（T）"。选择该选项，可以重新确定尺寸文字，需要在尺寸文字前加前缀"%%C"，才能使标出的直径尺寸有直径符号"Φ"。

（4）"角度（A）"。选择该选项，可以修改标注文字的角度。例如，要将文字旋转45℃，请输入45，效果如图8-75所示。指定角度之后，将再次显示"尺寸线位置"提示。

七、折弯标注

折弯标注用于标注圆弧或圆的中心位于布局外并且无法在其实际位置显示的圆弧或圆。当圆弧或圆的中心位于布局外并且无法显示在其实际位置时，使用Dimjogged可以创建折弯半径标注，也称为"缩略的半径标注"。可以在更方便的位置指定标注的原点（这称为中心位置替代）。如图8-76折弯标注所示。

在"修改标注样式"对话框的"符号和箭头"选项卡中的"半径标注折弯"选项，用户可以控制折弯的默认角度。

命令：_dimjogged
选择圆弧或圆：（选择要标注直径的圆或圆弧）
指定中心位置替代：（选择中心替代位置）
标注文字=79.5（系统显示测量数据）
指定尺寸线位置或［多行文字（M)/文字（T)/角度（A)］：（移动鼠标指定尺寸线位置）
指定折弯位置：（移动鼠标指定折弯位置）

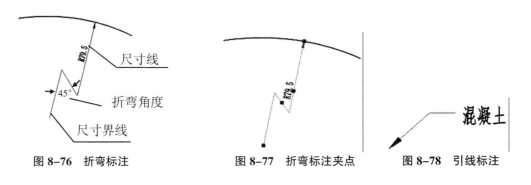

图8-76　折弯标注　　　　图8-77　折弯标注夹点　　　　图8-78　引线标注

创建折弯半径标注后，通过以下方式，可以修改折弯和中心位置替代，也可使用如图8-77所示的夹点来移动部件，或选择"折弯"对象，打开"特性"选项板修改部件的位置。

八、引线标注

引线标注由带箭头的引线和注释文字两部分组成，多用于标注文字或形位公差。引线对象是一条线或样条曲线，其一端带有箭头，另一端带有多行文字对象。在某些情况下，有一条短水平线（又称为钩线、折线或着陆线）将文字和特征控制框连接到引线上。

1. 命令激活方式

（1）选择"标注（N）"｜"引线（E）"命令。

（2）在"标注"工具栏中单击"快速引线"按钮 ▧。

（3）在命令行中输入 Qleader。

利用以上三种方法都可以创建引线和注释，而且引线和注释可以有多种格式。单击"快速引线"按钮 ▧，命令行提示如下，效果如图 8-78 所示：

命令：_qleader

指定第一个引线点或［设置（S）］<设置>：（指定引线的起点）

指定下一点：（指定引线的转折点）

指定下一点：（指定引线的另一个端点）

指定文字宽度<0>：（指定文字的宽度）

输入注释文字的第一行<多行文字（M）>：（输入文字，按 Enter 键结束标注）

2. 命令选项解释

（1）"指定第一个引线点"：该选项为默认选项。

（2）"设置（S）"：直接按回车键选择"设置（S）"命令选项，弹出"引线设置"对话框，如图 8-79 所示。

图 8-79　"引线设置"对话框　　　　图 8-80　"引线设置"对话框

3. 引线标注设置方法

下面介绍引线设置的方法。

"引线设置"对话框由"注释""引线和箭头"和"附着"3个选项卡组成。

（1）"注释"选项卡（"引线设置"对话框）。"注释"选项卡由"注释类型"、"多行文字选项"和"重复使用注释"3个选项组组成。

■ "注释类型"选项组。"注释类型"选项组用来设置引线注释类型、指定多行文字选项，并指明是否需要重复使用注释。系统提供了5个选项：

□ "多行文字（M）"。该按钮用于提示创建多行文字注释。

□ "复制对象（C）"。该按钮用于提示用户复制多行文字、单行文字、公差或块参照对象，并将副本连接到引线末端。副本与引线是相关联的，这就意味着如果复制的对象移动，引线末端也将随之移动。钩线的显示取决于被复制的对象。

□ "公差（T）"。该按钮用于显示"公差"对话框，用于创建将要附着到引线上的特征控制框。

□ "块参照（B）"。该按钮可提示插入一个块参照。块参照将插入到自引线末端的某一偏移位置处，并与该引线相关联，这就意味着如果块移动，引线末端也将随之移动。没有显示钩线。

□ "无（O）"。选择该按钮可创建无注释的引线。

■ "多行文字选项"选项组。"多行文字选项"选项组用于设置多行文字选项。只有选定了多行文字注释类型时该选项才可用。系统提供了3个选项：

□ "提示输入宽度（W）"。该按钮提示指定多行文字注释的宽度。

□ "始终左对齐（L）"。选择该按钮，无论引线位置在何处，多行文字注释应靠左对齐。

□ "文字边框（F）"。选择该按钮，将在多行文字注释周围放置边框。

■ "重复使用注释"选项组。"重复使用注释"选项组用于设置重新使用引线注释的选项。系统提供了3个选项：

□ "无（N）"。选择该按钮则不重复使用引线注释。

□ "重复使用下一个（E）"。选择该按钮将重复使用为后续引线创建的下一个注释。选择"重复使用下一个"之后，重复使用注释时将自动选择此选项。

□ "重复使用当前（U）"。选择该按钮将重复使用当前注释。

（2）"引线和箭头"选项卡（"引线设置"对话框）。"引线和箭头"选项卡用于设置引线和箭头格式，如图8-80所示。"引线和箭头"选项卡由"引线""点数""箭头"和"角度约束"4个选项组组成。

■ "引线"选项组。"引线"选项组用于设置引线格式。系统提供了2种选项：

□ "直线（S）"。选择该按钮将在指定点之间创建直线段。

□ "样条曲线（P）"。选择该按钮将用指定的引线点作为控制点创建样条曲线对象。

■ "箭头"选项组。"箭头"选项组用于定义引线箭头。从"箭头"列表中选择箭头。这些箭头与尺寸线中的可用箭头一样，系统提供了21种箭头样式。如果选择"用户箭头",将显示图形中的块列表。选择其中一个块用作引线箭头。

■ "点数"选项组。"点数"选项组用于设置引线的点数,系统默认为 3,最少为 2,即引线为一条线段,也可以在微调框中输入节点数;提示输入引线注释之前,Qleader 命令将提示指定这些点。例如,如果设置点数为 3,指定两个引线点之后,Qleader 命令将自动提示指定注释。请将此数目设置为比要创建的引线段数目大 1 的数。

如果将此选项设置为"无限制",则 Qleader 命令会一直提示指定引线点,直到用户按 Enter 键。

■ "角度约束"选项组。"角度约束"选项组用于设置第一条与第二条引线的角度约束,系统提供了 6 种角度可供选择。

□ "第一段"。用于设置第一段引线的角度,可在下拉列表中选择约束角度。

□ "第二段"。用于设置第二段引线的角度,可在下拉列表中选择约束角度。

(3)"附着"选项卡("引线设置"对话框)。"附着"选项卡,如图 8-81 所示,用于设置引线和多行文字注释的附着位置。只有在"注释"选项卡上选定"多行文字"时,此选项卡才可用。该选项卡中包括 5 种文字与引线间的相对位置关系,这 5 种关系如下:"第一行顶部"、"第一行中间"、"多行文字中间"、"最后一行中间"和"最后一行底部",这 5 个选项都有"文字在左边"和"文字在右边"之分。如果选中复选框,则前面这 5 项均不可用。

图 8-81　"引线设置"对话框图

图 8-82　引线标注夹点

4. 引线标注创建说明

(1)引线与多行文字对象相关联,因此在重定位文字对象时,引线相应拉伸。当打开关联标注,并使用对象捕捉确定引线箭头的位置时,引线则与附着箭头的对象相关联。如果重定位该对象,箭头也重定位,并且引线相应拉伸。可以复制图形中其他位置使用的文字并为其附加引线。

(2)引线对象通常包含箭头、引线或曲线和多行文字对象。

(3)可以从图形中的任意点或部件创建引线并在绘制时控制其外观。引线可以是直线段或平滑的样条曲线。引线颜色由当前的尺寸线颜色控制。引线比例由当前标注样

式中设置的全局标注比例控制。箭头（如果显示一个箭头）的类型和尺寸由当前标注样式中定义的第一个箭头控制。

（4）Leader 可创建由两条以上线段组成的复杂引线。Dimdiameter 和 Dimradius 使用两条线段为圆和圆弧创建简单的自动引线。打开关联标注时（Dimassoc），使用对象捕捉可将引线箭头与对象上的位置相关联。如果重定位该对象，箭头保持附着于对象上，并且引线拉伸，但多行文字保持原位。

（5）有两种创建引线文字的方法。可在命令行上输入文字，或使用在位文字编辑器创建文字段落。如果创建多行文字，可以将格式应用到单个的词语或字母。也可以将现有注释的副本附加至引线。

（6）文字将自动以指定的偏移放置到引线的端点。在修改标注样式管理器的"文字"选项卡的"文字位置"下，指定此偏移值。特征控制框也自动放置在引线的端点处，块被以指定的比例和旋转插入到指定的位置。

（7）使用"垂直"设置（位于修改标注样式管理器的"文字"选项卡中的"文字位置"下），将注释与引线垂直对齐。

5. 编辑引线标注

引线创建完成后，用户可以通过夹点的方式对引线进行拉伸和移动位置，对文字位置调整，双击引线标注文字弹开在位编辑器对文字内容和样式进行重新设置，引线标注夹点如图 8-82 所示。当移动文字位置时，将影响到引线位置的变化。

九、坐标标注

坐标标注测量原点（称为基准）到标注特征（例如建筑物的角点）的垂直距离。这种标注保持特征点与基准点的精确偏移量，从而避免增大误差。坐标标注由 X 或 Y 值和引线组成。X 基准坐标是标注沿 X 轴测量特征点与基准点的距离。Y 基准坐标是标注沿 Y 轴测量特征点与基准点的距离。程序使用当前 UCS 的绝对坐标值确定坐标值。在创建坐标标注之前，通常需要重新设置 UCS 原点，使其与基准相符。

1. 命令激活方式

在 Auto CAD 2007 中，执行坐标标注命令的方法有以下 3 种：

（1）单击"标注"工具栏中的"坐标标注"按钮 。

（2）选择菜单"标注（N）"｜"坐标标注（O）"。

（3）在命令行中输入 Dimordinate。

单击"坐标"按钮 ，命令行提示如下，效果如图 8-83 所示，命令行提示如下：

命令：_dimordinate
指定点坐标：（拾取需要创建坐标标注的点）
指定引线端点或 [X 基准（X）/Y 基准（Y）/多行文字（M）/文字（T）/角度（A）]：

（指定引线端点）

　　标注文字=1946（系统显示测量数据）

　　命令：_dimordinate

　　指定点坐标：（拾取需要创建坐标标注的点）

　　指定引线端点或［X 基准（X）/Y 基准（Y）/多行文字（M）/文字（T）/角度（A）］：（指定引线端点）

　　标注文字=18685（系统显示测量数据）

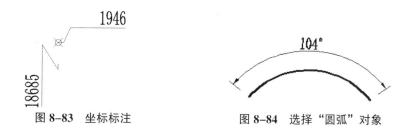

图 8-83　坐标标注　　　　　　　　图 8-84　选择"圆弧"对象

　　2. 命令选项解释

　　各命令选项的功能介绍如下：

　　（1）"指定引线端点"。此选项为默认选项，选择此命令选项，使用点坐标和引线端点的坐标差可确定它是 X 坐标标注还是 Y 坐标标注。如果 Y 坐标的坐标差较大，标注就测量 X 坐标，否则就测量 Y 坐标。

　　（2）"X 基准（X）"。选择此命令选项，测量 X 坐标并确定引线和标注文字的方向。

　　（3）"Y 基准（Y）"。选择此命令选项，测量 Y 坐标并确定引线和标注文字的方向。

　　（4）"多行文字（M）"。选择此命令选项，弹出编辑器，向其中输入要标注的文字后，再确定引线端点。

　　（5）"文字（T）"。选择此命令选项，在命令行自定义标注文字。

　　（6）"角度（A）"。选择此命令选项，修改标注文字的角度。

十、圆心标注

　　1. 圆心标记方法

　　圆心标记是创建圆和圆弧的圆心标记或中心线。在 Auto CAD 2007 中，执行圆心标记命令的方法有以下 3 种：

　　（1）单击"标注"工具条中的"圆心标记"按钮。

　　（2）选择菜单"标注（N）"｜"圆心标注（M）"。

　　（3）在命令行中输入 Dimcenter。

　　单击"圆心标记"按钮，命令行提示如下：

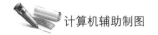

命令：_dimcenter

选择圆弧或圆：（选择要标记的圆弧或圆）

2. 圆心标记样式

圆心标记的样式有 3 种。可以通过"新建标注样式"对话框中的"直线和箭头"选项卡中的"圆心标记"选项组对其类型和大小进行设置。

十一、角度标注

角度标注用于测量两条直线或三个点之间的角度。要测量圆的两条半径之间的角度，可以选择此圆，然后指定角度端点。对于其他对象，需要选择对象然后指定标注位置。用户还可以通过指定角度顶点和端点标注角度。创建标注时，可以在指定尺寸线位置之前修改文字内容和对齐方式。

1. 命令激活方式

执行角度标注命令的方法有以下 3 种：

（1）单击"标注"工具栏中的"角度标注"按钮△。

（2）选择菜单："标注（N）"│"角度标注（A）"命令。

（3）在命令行中输入 Dimangular。

单击"角度标注"按钮△，命令行提示如下：

命令：DIMANGULAR

选择圆弧、圆、直线或<指定顶点>：（选择要标注的对象）

2. 命令执行结果

选择的对象不同，命令行提示也不同。

（1）"圆弧"。选择该选项将使用选定圆弧上的点作为三点角度标注的定义点。圆弧的圆心是角度的顶点。圆弧端点成为尺寸界线的原点。在尺寸界线之间绘制一条圆弧作为尺寸线，尺寸界线从角度端点绘制到尺寸线交点，效果如图 8-84 所示，命令行提示如下：

命令：_dimangular

选择圆弧、圆、直线或<指定顶点>：（选择圆弧）

指定标注弧线位置或［多行文字（M）/文字（T）/角度（A）］：（移动光标指定尺寸线的位置）

标注文字＝104d（系统显示测量数据）

（2）"圆"。选择该选项将选择点（1）作为第一条尺寸界线的原点。圆的圆心是角度的顶点。第二个角度顶点是第二条尺寸界线的原点，且无须位于圆上，效果如图 8-85 所示，命令行提示如下：

命令：DIMANGULAR

选择圆弧、圆、直线或<指定顶点>：（选择圆上一点 A）

指定角的第二个端点：（在圆上指定另一个测量端点 B）

指定标注弧线位置或 ［多行文字 （M）/文字 （T）/角度 （A）］：（移动光标指定尺寸线的位置）

标注文字＝129d （系统显示测量数据）

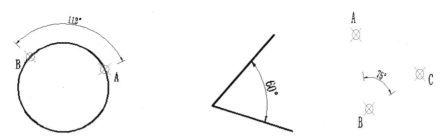

图 8-85 选择“圆”对象   图 8-86 选择“直线”对象   图 8-87 选择“指定三点”对象

（3）“直线”。选择该选项将用两条直线定义角度。程序通过将每条直线作为角度的矢量，将直线的交点作为角度顶点来确定角度。尺寸线跨越这两条直线之间的角度。如果尺寸线与被标注的直线不相交，将根据需要添加尺寸界线，以延长一条或两条直线，圆弧总是小于 180 度，效果如图 8-86 所示，命令行提示如下：

命令：DIMANGULAR

选择圆弧、圆、直线或<指定顶点>：（选择角的一条边）

选择第二条直线：（选择角的另一条边）

指定标注弧线位置或 ［多行文字 （M）/文字 （T）/角度 （A）］：（移动光标指定尺寸线的位置）

标注文字＝60d （系统显示测量数据）

（4）“指定三点”。创建基于指定三点的标注。角度顶点可以同时为一个角度端点。如果需要尺寸界线，那么角度端点可用作尺寸界线的起点。在尺寸界线之间绘制一条圆弧作为尺寸线，尺寸界线从角度端点绘制到尺寸线交点，效果如图 8-87 所示，命令行提示如下：

选择圆弧、圆、直线或<指定顶点>：（按 Enter 键）

指定角的顶点：（捕捉测量角顶点 B）

指定角的第一个端点：（捕捉测量角的一个端点 C）

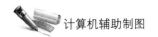

指定角的第二个端点：（捕捉测量角的另一个端点 A）

指定标注弧线位置或［多行文字（M）/文字（T）/角度（A）］：（移动光标指定尺寸线的位置）

标注文字＝75d（系统显示测量数据）

3. 命令选项解释

（1）"标注弧线位置"。为默认选项，用于指定尺寸线的位置并确定绘制尺寸界线的方向。指定位置之后，Dimangular 命令将结束。

（2）"多行文字（M）"。选择该选项后将显示在位文字编辑器，可用它来编辑标注文字。要添加前缀或后缀，请在生成的测量值前后输入前缀或后缀。用控制代码和Unicode 字符串来输入特殊字符或符号。要编辑或替换生成的测量值，请删除文字，输入新文字，然后单击"确定"。如果标注样式中未打开换算单位，可以通过输入方括号（［］）来显示它们。当前标注样式决定生成的测量值的外观。

（3）"文字（T）"。选择该选项将在命令行自定义标注文字。生成的标注测量值显示在尖括号中。输入标注文字，或按 ENTER 键接后生成的测量值。要包括生成的测量值，请用尖括号（<＞）表示生成的测量值。如果标注样式中未打开换算单位，可以通过输入方括号（［］）来显示换算单位。

标注文字特性在"新建标注样式"、"修改标注样式"和"替代标注样式"对话框的"文字"选项卡上进行设置。

（4）"角度（A）"。选择该项可以修改标注文字的角度。

4. 注意事项

（1）可以相对于现有角度标注创建基线和连续角度标注。基线和连续角度标注小于或等于 180 度。要获得大于 180 度的基线和连续角度标注，可以使用夹点编辑拉伸现有基线或连续标注的尺寸界线的位置。

（2）如果使用两条非平行直线指定角，尺寸线圆弧跨过两条直线间的角度。如果尺寸线圆弧不与一条或两条标注的直线相交，程序将绘制一条或两条尺寸界线与尺寸线圆弧相交。圆弧总是小于 180 度。

第四节　尺寸标注编辑

在绘图过程中创建标注时，经常需要对标注后的文字进行修改，旋转现有文字或用新文字替换，或者将文字移动到新位置或返回等，有时也可以将标注文字沿尺寸线移动到左、右或中心，以及尺寸界限之内或之外的任意位置。下面主要介绍用编辑标

注（Dimedit）命令和编辑标注文字（Dimtedit）命令对已标注对象的文字、位置和样式等内容进行修改，利用夹点方式对标注尺寸进行编辑。

Auto CAD 提供多种方法满足用户对从标注进行标注，编辑标注和编辑标注文字是两种最常用的对尺寸标注进行编辑的命令。

一、编辑标注（Dimedit）

编辑标注（Dimedit）命令用于编辑尺寸文字的角度和尺寸界线的倾斜角。

1. 命令激活方式

执行编辑标注命令的方法有以下 2 种：

（1）单击"标注"工具栏中的"编辑标注"按钮。

（2）在命令行中输入 dimedit。

执行命令后，命令行提示如下：

命令：_dimedit

输入标注编辑类型［默认（H）/新建（N）/旋转（R）/倾斜（O）］<默认>：（选择编辑方式）

2. 命令选项解释

各命令选项功能介绍如下：

（1）"默认（H）"。选择该命令选项，将旋转标注文字移回默认位置。

（2）"新建（N）"。选择此命令选项，打开编辑器，在该编辑器中可更改标注文字。

（3）"旋转（R）"。旋转标注文字。

（4）"倾斜（O）"。选择该命令选项，调整线性标注尺寸界线的倾斜角度。

3. 编辑实例

绘制一条长为 48.1 的水平直线，进行标注后，采用 Dimedit 命令进行编辑，编辑效果如图 8-88 所示：

（1）新建尺寸文字　　　（2）尺寸文字旋转 45°　　　（3）尺寸界线倾斜 45°

图 8-88　Dimedit 命令编辑效果

二、编辑标注文字（Dimtedit）

编辑标注文字（Dimtedit）命令用于修改标注文字的位置或是旋转标注文字。

1. 命令激活方式

执行编辑标注文字命令的方法有以下 2 种：

（1）单击"标注"工具栏中的"编辑标注文字"按钮 ⬕ 。

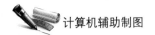

（2）在命令行中输入 dimetdit。

执行命令后，命令行提示如下：

命令：_dimtedit

选择标注：（选择要编辑的尺寸标注）

指定标注文字的新位置或［左（L）/右（R）/中心（C）/默认（H）/角度（A）］：（指定标注文字的新位置）

2. 命令选项解释

各命令选项功能介绍如下：

（1）"左（L）"。选择该命令选项，沿尺寸线的左边对正标注文字。本选项只适用于线性、直径和半径标注。

（2）"右（R）"。选择该命令选项，沿尺寸线的右边对正标注文字。本选项只适用于线性、直径和半径标注。

（3）"中心（C）"。选择该命令选项，将标注文字放在尺寸线的中间。

（4）"默认（H）"。选择该命令选项，将标注文字移回默认位置。

（5）"角度（A）"。选择该命令选项，可以修改标注文字的角度。

三、标注替代（Dimoverride）

标注替换是指临时修改尺寸标注的系统变量设置，并按该设置修改尺寸标注。

1. 命令激活方式

执行标注替代命令的方法有以下 2 种：

（1）选择"标注（N）"｜"替代（V）"按钮。

（2）在命令行中输入 dimoverride。

命令行提示如下：

命令：_dimoverride

输入要替代的标注变量名或［清除替代（C）］：（输入要修改的系统变量名）

2. 命令选项解释

输入要修改的系统变量名后，选择需要修改的对象，即可使修改后的系统变量生效。如果要取消对尺寸标注的修改，则可以选择"清除替代（C）"命令选项，将尺寸标注恢复到当前系统设置下的样式。

对尺寸标注做替换只是对指定的对象所做的修改，并不会影响原系统的变量设置。

3. 操作实例

在命令行上修改标注样式替代，可以在通过在提示下输入标注系统变量的名称创建标注的同时，替代当前标注样式。在本操作实例中，尺寸线颜色发生改变。改变将影响随后创建的标注，直到撤销替代或将其他标注样式置为当前。

命令：dimlinear

指定第一条尺寸界线原点或<选择对象>：dimclrd（输入要修改的系统变量名）

输入标注变量<byblock>的新值：5（输入变量参数）

指定第一条尺寸界线原点或<选择对象>：（指定第一条尺寸界线的原点或选择要标注的对象）

四、标注文字

更新标注是指对尺寸标注进行修改，使其采用当前的标注样式。

1. 命令激活方式

执行标注更新命令的方法有以下 2 种：

（1）单击"标注"工具栏中的"标注更新"按钮 。

（2）选择"标注（N)"|"更新（U)"按钮。

执行标注更新命令后，命令行提示如下：

命令：_-dimstyle

当前标注样式：Standard（系统提示）

输入标注样式选项［保存（S)/恢复（R)/状态（ST)/变量（V)/应用（A)/?］<恢复>：（选择更新选项）

2. 命令选项解释

各命令选项功能介绍如下：

（1）"保存（S)"：选择该命令选项，将标注系统变量的当前设置保存到标注样式。

（2）"恢复（R)"：选择该命令选项，将标注系统变量设置恢复为选定标注样式的设置。

（3）"状态（ST)"：选择该命令选项，显示所有标注系统变量的当前值。

（4）"变量（V)"：选择该命令选项，列出某个标注样式或选定标注的标注系统变量设置，但不修改当前设置。

（5）"应用（A)"：选择该命令选项，将当前尺寸标注系统变量设置应用到选定的标注对象，永久替代应用于这些对象的任何现有标注样式。

（6）"?"：选择该命令选项，列出当前图形中的命名标注样式。

五、夹点编辑

使用夹点编辑方式移动标注文字的位置时，用户可以先选择要编辑的尺寸标注。当激活文字中间夹点后，拖动鼠标可以将文字移动到目标位置。激活尺寸线夹点后，可以移动尺寸线的位置；激活尺寸界线的夹点后，可以移动尺寸界线的第一点或者第二点。夹点编辑效果如图 8-89、图 8-90 和图 8-91 所示。

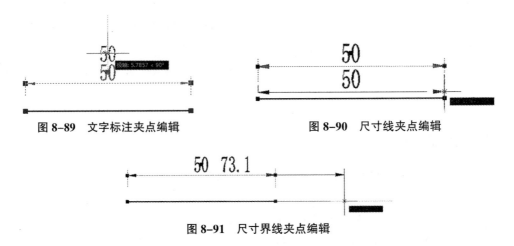

图 8-89　文字标注夹点编辑　　　　　　　　图 8-90　尺寸线夹点编辑

图 8-91　尺寸界线夹点编辑

如需要对文字内容进行更改，可以选择需要修改的标注，单击鼠标右键，在弹出的快捷菜单中选择"特性"命令，通过"特性"选项板来更改。

习题

1. 为如图 8-92 所示的楼梯平面详图创建尺寸标注，比例 1∶50。

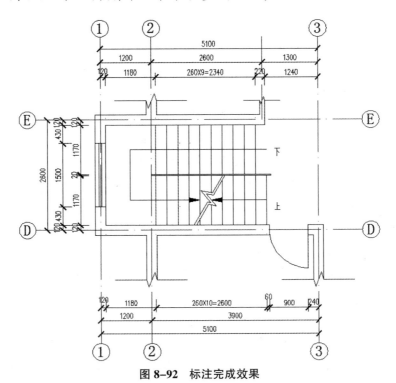

图 8-92　标注完成效果

2. 为如图 8-93 所示的建筑立面图创建尺寸标注，比例 1 : 100。

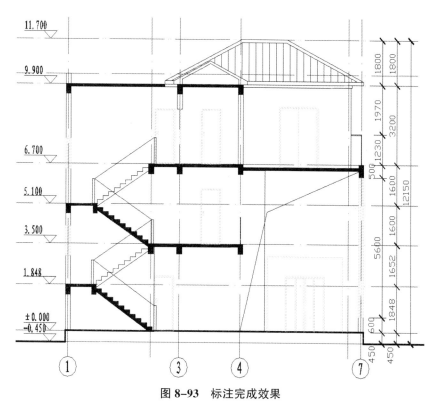

图 **8-93**　标注完成效果

3. 为如图 8-94 所示的卫生间大样图创建尺寸标注，比例 1 : 50。

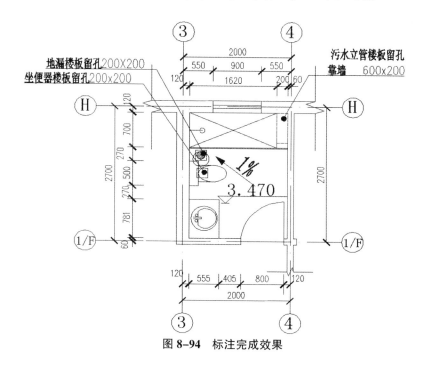

图 **8-94**　标注完成效果

第九章 面域与图案填充

☞ **教学目标**

通过本章的学习，应掌握面域的 3 种布尔运算，并能够设置孤岛和渐变色填充；面域的创建方法，从面域中提取质量数据的方法；如何设置和编辑图案填充。

☞ **教学重点和教学难点**

1. 掌握布尔运算的方法是本章教学重点内容
2. 掌握设置孤岛和渐变色填充的方法是教学难点
3. 面域的创建方法是本章教学重点内容
4. 从面域中提取质量数据是本章教学重点内容

☞ **本章知识点**

1. 创建面域
2. 面域的布尔运算
3. 从面域中提取数据
4. 设置图案填充
5. 设置孤岛和边界
6. 使用渐变色填充图形
7. 编辑图案填充
8. 分解图案

第一节　面域（**Region**）

在 Auto CAD 中，面域和图案填充也属于二维图形对象。其中，面域是具有边界的平面区域，它是一个面对象，内部可以包含孔；图案填充是一种使用指定线条图案来充满指定区域的图形对象，常常用于表达剖切面和不同类型物体对象的外观纹理。

一、创建面域

在 Auto CAD 中，可以将由某些对象围成的封闭区域转换为面域，这些封闭区域可以是圆、椭圆、封闭的二维多段线和封闭的样条曲线等对象，也可以是由圆弧、直线、二维多段线、椭圆弧、样条曲线等对象构成的封闭区域。

选择"绘图（D）"｜"面域（N）"命令（Region），或在"绘图"工具栏中单击"面域"按钮，然后选择一个或多个用于转换为面域的封闭图形，当按下 Enter 键后即可将它们转换为面域。因为圆、多边形等封闭图形属于线框模型，而面域属于实体模型，因此它们在选中时表现的形式也不相同。选择"绘图（D）"｜"边界（B）…"命令（Boundary），也可以使用打开的"边界创建"对话框来定义面域。此时，在"对象类型"下拉列表框中选择"面域"选项，单击"确定"按钮后创建的图形将是一个面域，而不是边界。

二、面域的布尔运算

布尔运算的对象只包括实体和共面的面域，对于普通的线条图形对象无法使用布尔运算。使用"修改（M）"｜"实体编辑（N）"子菜单中的相关命令，可以对面域进行布尔运算。布尔运算包括以下三种运算方式：

1. 并集

创建面域的并集，此时需要连续选择要进行并集操作的面域对象，直到按下 Enter 键，即可将选择的面域合并为一个图形并结束命令。

2. 差集

创建面域的差集，使用一个面域减去另一个面域。

3. 交集

创建多个面域的交集，即各个面域的公共部分，此时需要同时选择两个或两个以上面域对象，然后按下 Enter 键即可，布尔运算效果如图 9-1 所示。

| A 与 B 进行面域 | A 与 B 并集 | A 与 B 差集 | A 与 B 交集 |

图 9-1　布尔运算效果

三、从面域中提取数据

从表面上看，面域和一般的封闭线框没有区别，就像是一张没有厚度的纸。实际上，面域是二维实体模型，它不但包含边的信息，还有边界内的信息。可以利用这些信息计算工程属性，如面积、质心、惯性等。

在 Auto CAD 中，选择"工具（T）"｜"查询（Q）"｜"面域/质量特性（M）"命令（MASSPROP），然后选择面域对象，按 Enter 键，系统将自动切换到"Auto CAD 文本窗口"，显示面域对象的数据特性，如图 9-2 所示。

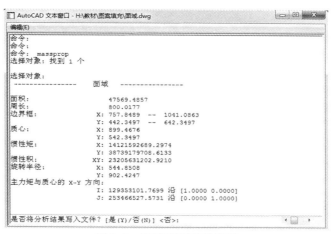

图 9-2　面域/质量特性查询

第二节　图案填充（Hatch）

图案填充是用某种图案来填充一制定的区域，以表达不同的信息和效果。图案填充时，需要制定填充的区域、填充的图案和填充的方式，还可以用实体颜色去填充区域。

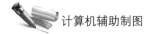
一、创建图案填充

1. 命令激活方式

可采用以下任意一种方式激活该命令：

（1）下拉菜单："绘图（D）"｜"图案填充（H）"。

（2）工具栏按钮："绘图"工具栏之 按钮。

（3）命令行：hatch 或 h。

启动图案填充命令后，会弹出如图 9-3 所示的"图案填充和渐变色"对话框，打开"图案填充"选项卡。

图 9-3　"图案填充和渐变色"对话框

图 9-4　采用用户定义图案填充设置

2. 命令解释

"图案填充"选项卡中包含 6 个方面的内容：类型和图案、角度和比例、图案填充原点、边界、选项和继承特性。下面分别介绍这几个内容：

（1）类型和图案。"类型和图案"选项组用于控制填充的类型和图案的选择色。

■ 下拉列表框。

主要用于选择图案的类型，其中包括"预定义""用户定义"和"自定义"3 种类型。"预定义"类型是指 Auto CAD 存储在产品附带的 acad.pat 或 acadiso.pat 文件中预先定义的图案。"用户定义"类型填充图案由基于图形中的当前线型的线条组成，如图 9-4 所示的"样例"栏所示。

■ "图案"下拉列表框。

主要控制对填充图案的选择，下拉列表将显示填充图案的名称，并且最近使用过的 6 个用户预定义图案会出现在列表顶部。单击 ⊞ 按钮，弹出"填充图案选项板"对话框，如图 9-5 所示，通过该对话框用户可以查看填充图案并做出选择。

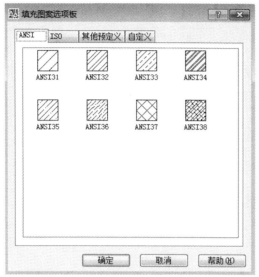

图 9-5 "填充图案选项板"对话框

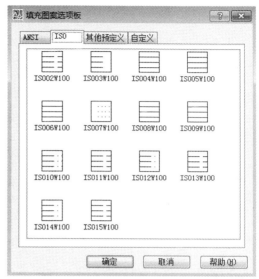

图 9-6 "填充图案选项板"对话框

■"样例"列表框。

用于显示选定图案的预览。

■"自定义图案"下拉列表框。

列出可用的自定义图案，6 个最近使用的自定义图案将出现在列表顶部。

ANSI（American National Standards Institute）是美国国家标准协会的缩写，代表美国国家标准协会标准，各填充图案释义如表 9-1 所示。

表 9-1 "ANSI"缩写填充图案释义

代码	含义
ANSI31	铁、砖和石
ANSI32	钢
ANSI33	青铜、黄铜和紫铜
ANSI34	塑料和橡胶
ANSI35	耐火砖和耐火材料
ANSI36	大理石、板岩和玻璃
ANSI37	铅、锌、镁和声/热/电绝缘体
ANSI38	铝

ISO（International Organization for Standards）是国际标准化组织的缩写，代表了国际标准化组织的标准，如图 9-6 所示，各填充图案释义如表 9-2 所示。

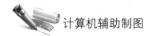

表 9-2 "ISO" 缩写填充图案释义

代码	含义	代码	含义
ACAD_ISO02W100	划线	ACAD_ISO09W100	长划、双短划线
ACAD_ISO03W100	划、空格线	ACAD_ISO10W100	划、点线
ACAD_ISO04W100	长划、点线	ACAD_ISO11W100	双划、点线
ACAD_ISO05W100	长划、双点线	ACAD_ISO12W100	划、双点线
ACAD_ISO06W100	长划、三点线	ACAD_ISO12W100	双划、双点线
ACAD_ISO07W100	点线	ACAD_ISO14W100	划、三点线
ACAD_ISO08W100	长划、短划线	ACAD_ISO15W100	双划、三点线

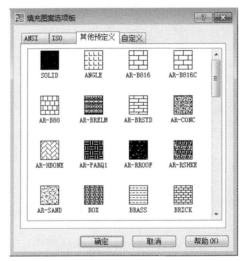

图 9-7 "填充图案选项板" 对话框

"其他预定义" 如图 9-7 所示，主要填充图案释义如表 9-3 所示。

表 9-3 "其他预定义" 图案释义

缩写	释义	缩写	释义	缩写	释义
SOLID	实体填充	ANGLE	角钢	DOTS	一系列点
AR-RSHKE	屋顶树木摇晃的图案	AR-SAND	随机的点图案	EARTH	地面
AR-B816	8×16 块砖顺砌	BOX	方钢	ESCHER	Escher 图案
AR-B816C	8×16 块砖顺砌，用灰泥接缝	BRASS	黄铜制品	FLEX	软性材料
AR-B88	8×8 块砖顺砌	BRICK	砖石类型的表面	GRASS	草地
AR-BRELM	标准砖块英式堆砌，用灰泥接缝	BRSTONE	砖和石	GRATE	格栅区域
AR-BRSTD	标准砖块顺砌	CLAY	黏土材料	GRAVEL	沙砾图案
AR-CONC	随机的点和石头图案	CORK	软木材料	HEX	六边形
AR-HBONE	标准的砖块成人字形图案 @ 45 度角	CROSS	一系列十字形	HONEY	蜂巢图案
AR-PARQ1	2×12 镶木地板：12×12 的图案	DASH	划线	HOUND	犬牙交错图案
AR-RROOF	屋顶木瓦图案	DOLMIT	地壳岩层	INSUL	绝缘材料

（2）角度和比例。"角度和比例"选项组包含"角度""比例""间距"和"ISO 笔宽"4 部分内容。主要控制填充的疏密程度和倾斜程度。

■ "角度"下拉列表框。

可以在下拉列表中选择所需角度，或者直接输入角度值。选择不同的角度值，其效果如图 9-8 所示。

■ "双向"复选框。

主要控制当填充图案选择"用户定义"时采用的当前线型的线标布置是单向还是双向。

■ "比例"下拉列表框。

可以在下拉列表中选择所需角度，或者直接输入比例值。选择不同的比例值，其效果如图 9-8 所示。

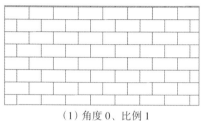
（1）角度 0、比例 1

（2）角度 45°、比例 2

图 9-8　角度和比例的控制效果

■ "间距"文本框。

主要是针对用户选择色"用户定义"填充图案类型时采用的当前线型的线条的间距。输入不同的间距值将得到不同的效果，如图 9-9 所示。

（1）角度 0、双向、间距 2

（2）角度 45°、双向、间距 5

图 9-9　"用户定义"角度、间距和双向的控制效果

■ "ISO 笔宽"下拉列表框。

主要针对用户选择色"预定义"填充图案类型，同时选择了 ISO 预定义图案时，可以通过改变笔宽值来改变填充效果，如图 9-10 所示。

（3）边界。"图案填充"选项卡中的"边界"选项组主要用于指定图案填充的边界。可以通过指定对象封闭区域中点或者封闭区域对象的方法确定填充边界。"边界"选项组包含"添加：拾取点""添加：选择对象""删除边界""重新创建边界"和"查看选择集"5 项。下面分别介绍各选项的使用方法。

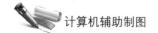

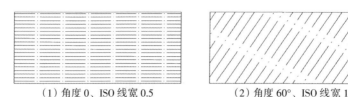

（1）角度 0、ISO 线宽 0.5　　　　　　（2）角度 60°、ISO 线宽 1

图 9-10　"ISO 笔宽"的控制效果

■ "添加：拾取点"按钮 。

该按钮根据围绕指定点构成封闭区域的现有对象确定边界。单击该按钮，对话框将暂时关闭，系统提示用户拾取一个点。命令行提示如下：

命令：HATCH

拾取内部点或 ［选择对象 （S）/删除边界 （B）］：正在选择所有对象…

正在选择所有可见对象…

正在分析所选数据…

正在分析内部孤岛…

拾取内部点或 ［选择对象 （S）/删除边界 （B）］：

拾取内部点时，可以随时在绘图区域右击显示包含多个选项的快捷菜单，如图 9-11 所示，该快捷菜单定义了部分对封闭区域操作的命令。下面详细介绍与孤岛检测相关的 3 个命令。

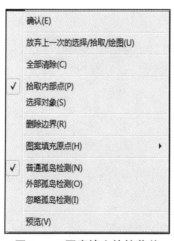

图 9-11　图案填充快捷菜单

最外层边界内封闭区域对象将被检测为孤岛。Hatch 命令使用此选项检测对象的方式取决于用户选择的孤岛检测方法。

其一，"普通孤岛检测"填充模式从最外层向内部填充，对第一个内部岛形区域进行填充，间隔一个图形区域，转向下一个检测到的区域进行填充，如此反复交替进行。

其二，"外部孤岛检测"填充模式从最外层的边界向内部填充，只对第一个检测到的区域进行填充，填充后就终止该操作。

其三，"忽略孤岛检测"填充模式从最外层边界开始，不再进行内部边界检测，对整个区域进行填充，忽略其中存在的孤岛。

系统默认的检测模式是"普通孤岛监测"，3 种不同填充模式效果的对比如图 9-12 所示。

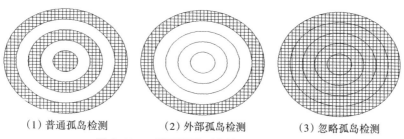

　　（1）普通孤岛检测　　　　　（2）外部孤岛检测　　　　　（3）忽略孤岛检测

图 9-12　3 种不同的孤岛检测模式的效果

■ "添加：选择对象"按钮 。

该按钮根据构成封闭区域的选定对象确定边界。单击该按钮，对话框将暂时关闭，系统提示用户选择对象，命令行提示如下：

命令：HATCH

选择对象或 ［拾取内部点（K）/删除边界（B）］：找到 1 个

选择对象或 ［拾取内部点（K）/删除边界（B）］：找到 1 个，总计 2 个

选择对象或 ［拾取内部点（K）/删除边界（B）］：

值得注意的是，如果填充线遇到对象（例如文本、属性）或实体填充对象，并且该对象被选为边界集的一部分（文字也选择作为边界），则 Hatch 将填充该对象的四周，如图 9-13 所示。

　（1）文字对象不属于边界集　　（2）文字对象包含在对象集中

图 9-13　文字是否在边界集中的效果

■ "删除边界"按钮 。

从边界定义中删除以前添加的任何边界对象。例如，删除图 9-14（1）中心的最小圆的边界，删除边界后的效果如图 9-14（2）所示。

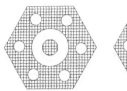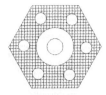

（1）删除小圆边界前填充效果　（2）删除小圆边界后填充效果

图9-14　删除边界前后的效果比较

■ "重新创建边界"按钮 ⟨图标⟩。

围绕选定的图案或填充对象创建多段线或面域，并使其与图案填充对象相关联（可选）。

■ "查看选择集"按钮 ⟨图标⟩。

单击该按钮，将暂时关闭对话框，并使用当前的图案填充或填充设置显示当前定义的边界。

对于未封闭的图形，可以通过"添加：选择对象"选择边界，完成填充。但"添加：拾取点"方式不能选择这种边界。

（4）图案填充原点。"图案填充原点"选项组如图9-15所示。在默认情况下，填充图案始终相互对齐，但是有时可能需要移动图案填充的起点（称为原点）。例如，如果用砖形图案填充建筑立面图，可能希望在填充区域的左下角以完整的砖块开始进行填充，如图9-16所示填充效果。在这种情况下，需要在"图案填充原点"选择组中冲洗设置图案填充原点。选中"指定的原点"单选按钮后，可以通过单击 ⟨图标⟩ 按钮，用鼠标拾取新原点，或者选中"默认为边界范围"复选框，并在下拉菜单中选择所需点作为填充原点。另外还可以选中"存储为默认原点"复选框，保存当前选择为默认原点。

图9-15　"图案填充原点"选项组

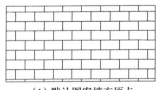

（1）默认图案填充原点　　　　（2）指定新的填充图案原点

图9-16　删除边界前后的效果比较

"图案填充"选项卡中的"选项"选项组主要包括3方面的内容，即"关联"和

"创建独立的图案填充"复选框，及"绘图次序"下拉列表。

■　"关联"复选框。

该复选框用于控制填充图案与边界"关联"或"非关联"。关联图案填充随边界的更改自动更新，而非关联的图案填充则不会随边界的更改而自动更新。

如图 9-17 所示的矩形填充效果。在默认情况下，使用 Hatch 创建的图案填充区域是关联的。

（1）填充的对象　　　（2）图案填充与边界有关联　　　（3）图案填充与边界无关联

图 9-17　删除边界前后的效果比较

■　"创建独立的图案填充"复选框。

当选择多个封闭的边界进行填充时，该复选框用于设置当指定了多个独立的闭合边界时，是创建单个图案填充对象，还是创建多个图案填充对象。

■　"绘图次序"下拉列表框。

主要为图案填充指定绘图次序。图案填充可以放在所有其他对象之后、所有其他对象之前、图案填充边界之后或图案填充边界之前。

（5）继承特性。"继承特性"按钮 是指使用选定对象的图案填充或填充特性对指定的边界进行图案填充。单击该按钮，然后选择源图案填充，再选择目标对象，这样可以节省选择填充图案类型、角度、比例、原点位置等参数设置的时间，直接使用源图案填充参数，提高绘图效率。

二、创建渐变色填充（Gradient）

渐变色填充是在一种颜色的不同灰度之间或两种颜色之间过渡使用，可以利用该填充方式加强方案图的表现效果。打开"图案填充和渐变色"对话框中的"渐变色"选项卡，或者单击"绘图"工具栏上的"渐变色…"按钮 ，或在命令行中输入 gradient 启动命令，可以得到如图 9-18 所示的对话框。

"单色"和"双色"单选按钮用来选择填充颜色是单色还是双色。在颜色文本框中可以选择颜色，单击 按钮会弹出如图 9-19 所示的"选择颜色"对话框，在其中可以选择所需颜色。选项卡中有 9 种渐变的方式可供选择。"居中"复选框控制颜色渐变居中，"角度"下拉列表框控制颜色渐变的方向，其余选项的功能和操作与图案填充的相同。

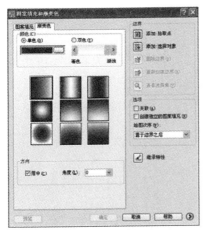

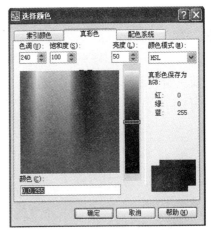

图 9-18 "渐变色"选项卡   图 9-19 "选择颜色"对话框

三、编辑填充图案（Hatchedit）

创建了图案填充后，还可以对其进行编辑。

1. 编辑图案填充

编辑图案填充的方法有以下三种：

（1）选择"修改（M）"｜"对象（O）"｜"图案填充（H）…"命令。

（2）单击"修改Ⅱ"工具栏中的"编辑图案填充"按钮。

（3）在命令行中输入 Hatchedit。

单击"修改Ⅱ"工具栏中的"编辑图案填充"按钮，选择要编辑的对象后，将会弹出如图 9-20 所示的"填充图案编辑"对话框，该对话框与"图案填充和渐变色"对话框类似。只是在编辑的状态下才能使用"删除边界"和"重新创建边界"的功能，下面介绍一下"重新创建边界"的操作。

2. "重新创建边界"步骤

如图 9-21 所示，填充图案边界被删除，可以通过 Auto CAD 的"重新创建边界"功能重新绘制出边界。并可以设定其关联性，具体步骤如下：

（1）单击"修改Ⅱ"工具栏中的"编辑图案填充"按钮，选择要编辑的对象。

（2）单击"重新创建边界"按钮，选择以"多段线方式"重新创建边界，命令行提示如下：

命令：_hatchedit

选择图案填充对象：

输入边界对象的类型［面域（R）/多段线（P）］＜多段线＞：P

要关联图案填充与新边界吗？［是（Y）/否（N）］＜Y＞：Y

确认默认选项＜Y＞或输入 Y，选择新边界与图案填充关联，如图 9-21 所示，边界与图案填充关联。

图 9-20 "图案填充编辑"对话框

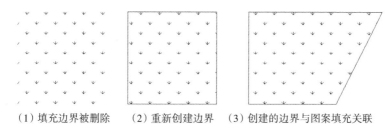

（1）填充边界被删除　　（2）重新创建边界　　（3）创建的边界与图案填充关联

图 9-21 "重新创建边界"的效果

习题

1. 完成图 9-22 的绘制和填充效果

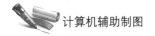

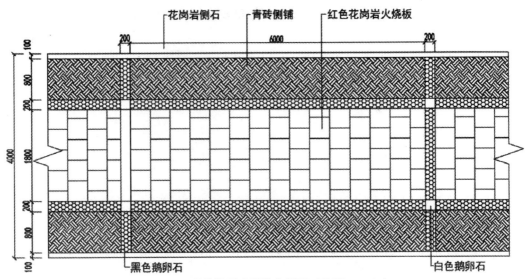

图9-22　林荫竹园路铺装大样图（比例 1∶100）

2. 完成图9-23的绘制和图案填充效果

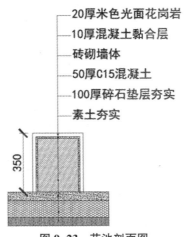

20厚米色光面花岗岩
10厚混凝土黏合层
砖砌墙体
50厚C15混凝土
100厚碎石垫层夯实
素土夯实

图9-23　花池剖面图

3. 创建如图9-24所示图形和图案填充效果

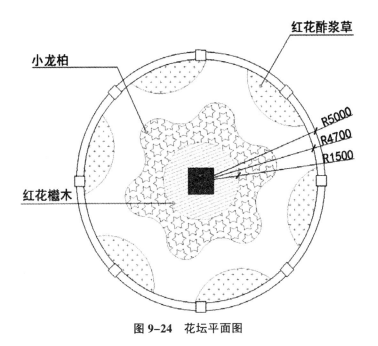

图 9-24 花坛平面图

第十章 图纸输出、打印与发布图形

教学目标

通过本章的学习，读者应掌握图形输入、输出和模型空间与图形空间之间切换的方法，并能够打印 Auto CAD 图纸。

教学重点和教学难点

1. 使用布局向导创建布局是本章教学重点
2. 掌握图形打印输出的方法是本章重点和教学难点
3. 将图形发布到 Web 页的方法是本章教学重点

本章知识点

1. 图形的输入与输出
2. 在模型空间与图形空间之间切换
3. 创建和管理布局
4. 使用浮动视口
5. 打印图形
6. 发布 DWF 文件
7. 将图形发布到 Web 页

Auto CAD 2007 提供了图形输入与输出接口，不仅可以将其他应用程序中处理好的数据传送给 Auto CAD，以显示其图形，还可以将在 Auto CAD 中绘制好的图形打印出来，或者把它们的信息传送给其他应用程序。

此外，为适应互联网络的快速发展，使用户能够快速有效地共享设计信息，Auto CAD 2007 强化了其 Internet 功能，使其与互联网相关的操作更加方便、高效，可以创

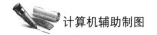

建 Web 格式的文件（DWF）以及发布 Auto CAD 图形文件到 Web 页。

第一节　图形的输入与输出

一、导入图形

Auto CAD 2007 除了可以打开和保存 DWG 格式的图形文件外，还可以导入或导出其他格式的图形。

在 Auto CAD 2007 的"插入点"工具栏中，单击"输入"按钮将打开"输入文件"对话框。在其中的"文件类型"下拉列表框中可以看到，系统允许输入"图元文件"、ACIS 及 3D Studio 图形格式的文件。

在 Auto CAD 2007 的菜单命令中没有"输入"命令，但是可以使用"插入（I）"|"3D Studio(3)"命令、"插入(I)"|"ACIS 文件（A）"命令及"插入（I）"|"Windows 图元文件（W）"命令，分别输入上述 3 种格式的图形文件。

二、插入 OLE 对象

选择"插入（I）"|"OLE 对象（O）…"命令，打开"插入对象"对话框，可以插入对象链接或者嵌入对象，如图 10-1 所示。

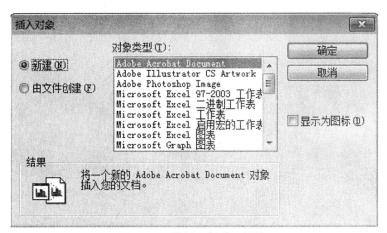

图 10-1 "插入对象"对话框

三、输出图形

选择"文件（F）"|"输出（E）…"命令，打开"输出数据"对话框。可以在"保

存于"下拉列表框中设置文件输出的路径，在"文件"文本框中输入文件名称，在"文件类型"下拉列表框中选择文件的输出类型，如图元文件、ACIS、平版印刷、封装PS、DXX 提取、位图、3D Studio 及块等。

设置了文件的输出路径、名称及文件类型后，单击对话框中的"保存"按钮，将切换到绘图窗口中，可以选择需要以指定格式保存的对象。

第二节　在模型空间与图形空间之间切换

模型空间是完成绘图和设计工作的工作空间。使用在模型空间中建立的模型可以完成二维或三维物体的造型，并且可以根据需求用多个二维或三维视图来表示物体，同时配有必要的尺寸标注和注释等来完成所需要的全部绘图工作。在模型空间中，用户可以创建多个不重叠的（平铺）视口以展示图形的不同视图。

第三节　创建和管理布局

在 Auto CAD 2007 中，可以创建多种布局，每个布局都代表一张单独的打印输出图纸。创建新布局后就可以在布局中创建浮动视口。视口中的各个视图可以使用不同的打印比例，并能够控制视口中图层的可见性。

一、使用布局向导创建布局

选择"工具（T）"|"向导（Z）"|"创建布局（C）…"命令，打开"创建布局"向导，可以指定打印设备、确定相应的图纸尺寸和图形的打印方向、选择布局中使用的标题栏或确定视口设置。

二、管理布局

右击"布局"标签，使用弹出的快捷菜单中的命令，可以删除、新建、重命名、移动或复制布局。

在默认情况下，单击某个布局选项卡时，系统将自动显示"页面设置"对话框，供设置页面布局。如果以后要修改页面布局，可从快捷菜单中选择"页面设置管理器"命令，通过修改布局的页面设置，将图形按不同比例打印到不同尺寸的图纸中。

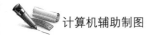

三、布局的页面设置

选择"文件（F）"|"页面设置管理器（G）…"命令，打开如图 10-2 所示"页面设置管理器"对话框。单击"新建"按钮，打开如图 10-3 所示"新建页面设置"对话框，可以在其中创建新的布局。

图 10-2 "页面设置管理器"对话框

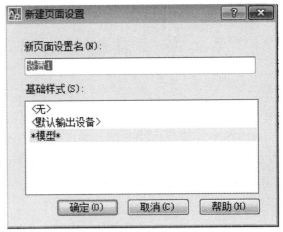

图 10-3 "新建页面设置"对话框

第四节 使用浮动视口

在构造布局图时，可以将浮动视口视为图纸空间的图形对象，并对其进行移动和调整。浮动视口可以相互重叠或分离。在图纸空间中无法编辑模型空间中的对象，如果要编辑模型，必须激活浮动视口，进入浮动模型空间。激活浮动视口的方法有多种，如可执行 MSPACE 命令、单击状态栏上的"图纸"按钮或双击浮动视口区域中的任意位置。

一、删除、新建和调整浮动视口

在布局图中，选择浮动视口边界，然后按 Delete 键即可删除浮动视口。删除浮动视口后，使用"视图（V）"|"视口（V）"|"新建视口（N）…"命令，可以创建新的浮动视口，此时需要指定创建浮动视口的数量和区域，如图 10-4 所示。

二、相对图纸空间比例缩放视图

如果布局图中使用了多个浮动视口时，就可以为这些视口中的视图建立相同的缩放比例。这时可选择要修改其缩放比例的浮动视口，在"特性"选项板的"标准比例"下拉列表框中选择某一比例，然后对其他的所有浮动视口执行同样的操作，就可以设置一个相同的比例值，如图 10-5 所示。

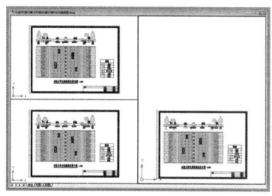

图 10-4　浮动视口

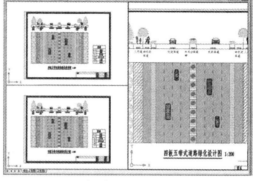

图 10-5　相对图纸空间比例缩放视图

第五节　打印图形

创建完图形之后，通常要打印到图纸上，也可以生成一份电子图纸，以便从互联网上进行访问。打印的图形可以包含图形的单一视图，或者更为复杂的视图排列。根据不同的需要，可以打印一个或多个视口，或设置选项以决定打印的内容和图像在图纸上的布置。

一、打印预览

在打印输出图形之前可以预览输出结果，以检查设置是否正确。例如，图形是否都在有效输出区域内等。选择"文件"｜"打印预览"命令（PREVIEW），或在"标准"工具栏中单击"打印预览" 📷 按钮，可以预览输出结果。

Auto CAD 将按照当前的页面设置、绘图设备设置及绘图样式表等在屏幕上绘制最终要输出的图纸，如图 10-6 所示。

二、图形输出

在 Auto CAD 2007 中，可以使用"打印"对话框打印图形。

1. 命令激活方式

当在绘图窗口中选择一个布局选项卡后，利用以下方式启动"打印"对话框：

（1）选择"文件（F）"｜"打印（P）…"命令打开"打印"对话框。

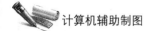
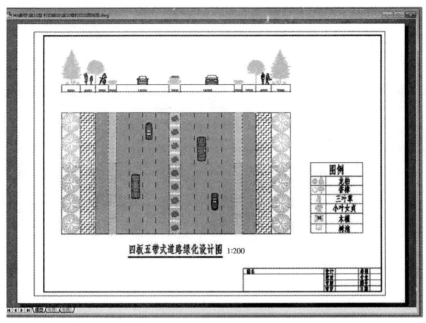

图 10-6　图纸打印预览

（2）在标准工具栏中单击🖫。

（3）从键盘中输入 PLOT。

（4）按快捷方式 Ctrl+P。

2. 图形打印步骤

（1）选择输出设备（打印机或绘图仪）。设置在"打印机/绘图仪"选项组参数，点击"名称（M）"下拉列表，选择打印输出设备"Canon LBP 2000"，如图 10-7 所示。

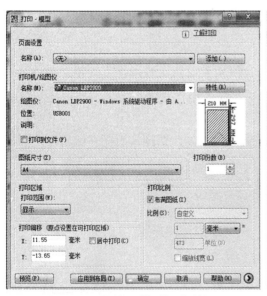

图 10-7　"打印—模型"对话框

图 10-8　设置图纸尺寸

（2）选择打印图纸尺寸。在图形尺寸下拉列表框中选择出图需要的尺寸，通常用尺寸为 A4 或 A3，如图 10-8 所示。

如果从布局打印，可以事先在"页面设置"对话框中指定图纸尺寸。但是，如果从"模型"选项卡打印，则需要在打印时指定图纸尺寸。在"打印"对话框中，选择要使用的图纸尺寸。列出的图纸尺寸取决于用户在"打印"或"页面设置"对话框中选定的打印机或绘图仪。可用绘图仪列表包括所有当前配置的 Windows 系统打印机和使用非系统驱动程序的绘图仪。

也可以设置默认页面大小，通过编辑与绘图仪关联的 PC3 文件，为大多数绘图仪创建新布局。对于 Windows 系统打印机，可以使用此技术为 Windows 和此程序指定不同的默认页面大小。

[注意] 如果 PAPERUPDATE 系统变量设置为 0，并且当选定的绘图仪不支持布局中现有的图纸尺寸时，将出现提示。如果 PAPERUPDATE 系统变量设置为 1，图纸尺寸将自动更新以反映选定绘图仪的默认图纸尺寸。

在打印中也可以使用自定义图纸尺寸，如果需要指定"打印"对话框和"页面设置"对话框中均未列出的图纸尺寸，可以使用绘图仪配置编辑器为非系统绘图仪添加自定义图纸尺寸。通常，不能将自定义图纸尺寸添加到 Windows 系统打印机，因为 Windows 系统打印机允许的图纸尺寸和可打印区域由制造商决定。但是，用户可以针对与 Windows 系统打印机关联的图纸尺寸来修改可打印区域。

（3）选择打印区域。打印图形时，必须指定图形的打印区域。"打印"对话框在"打印区域"下提供了以下选项，如图 10-9 所示。

1）"布局或界限"。该选项在打印布局时，将打印指定图纸尺寸的可打印区域内的所有内容，其原点从布局中的原点计算得出。打印"模型"选项卡时，将打印栅格界限所定义的整个绘图区域。如果当前视口不显示平面视图，该选项与"范围"选项效果相同。

2）"范围"。该选项可打印包含对象的图形部分当前空间。当前空间内的所有几何图形都将被打印。打印之前，可能会重新生成图形以重新计算范围。

3）"显示"。该选项可打印"模型"选项卡中当前视口中的视图或布局选项卡中的当前图纸空间视图。

4）"窗口"。该选项可打印指定的图形的任何部分。单击"窗口"按钮，使用定点设备指定打印区域的对角或输入坐标值。

5）根据"打印偏移（原点设置在可打印区域）"选项中的设置，指定打印区域相对于可打印区域左下角或图纸边界的偏移。"页面设置"对话框的"打印偏移"区域在括号中显示指定的"打印偏移"选项。

图纸的可打印区域由所选输出设备决定，在布局中以虚线表示。修改为其他输出设备时，可能会修改可打印区域。通过在"X 偏移"和"Y 偏移"框中输入正值或负

值，可以偏移图纸上的几何图形。图纸中的绘图仪单位为英寸或毫米。

6)"居中打印（C）"复选框。若勾选"居中打印（C）"复选框，系统自动计算 X 偏移和 Y 偏移值，在图纸上居中打印。此时"打印偏移（原点设置在可打印区域)"，选项不可用。

7)"X:"选项框。相对于"打印偏移"选项中的设置指定 X 方向上的打印原点。

8)"Y:"选项框。相对于"打印偏移"选项中的设置指定 Y 方向上的打印原点。

（4）设置打印比例。"打印比例"选项组控制图形单位与打印单位之间的相对尺寸。打印布局时，默认缩放比例设置为 1∶1。从"模型"选项卡打印时，默认设置为"布满图纸"。如果在"打印区域"中指定了"布局"选项，则无论在"比例"中指定了何种设置，都将以 1∶1 的比例打印布局，如图 10-10 所示。其中各选项含义如下：

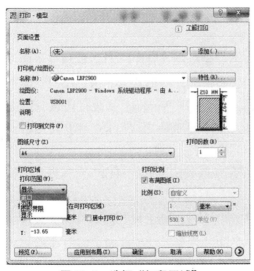

图 10-9　选择"打印区域"

图 10-10　设置"打印比例"

1)"布满图纸（I）"。该选项用于缩放打印图形以布满所选图纸尺寸，并在"比例""英寸="和"单位"框中显示自定义的缩放比例因子。

2)"比例（S）"。该选项用于定义打印的精确比例。"自定义"可定义用户定义的比例。可以通过输入与图形单位数等价的英寸（或毫米）数来创建自定义比例。可以使用 SCALELISTEDIT 修改比例列表。

3)"英寸=/毫米=/像素="。该选项用来指定与指定的单位数等价的英寸数、毫米数或像素数。

4)"英寸/毫米/像素"。在"打印"对话框中该选项用来指定要显示的单位是英寸还是毫米。

默认设置为根据图纸尺寸，并在每次选择新的图纸尺寸时更改。"像素"仅在选择了光栅输出时才可用。

5）"单位（U）"。该选项用来指定与指定的英寸数、毫米数或像素数等价的单位数。

6）"缩放线宽（L）"。该选项用来设置与打印比例成正比缩放线宽。线宽通常指定打印对象的线的宽度并按线宽尺寸打印，而不考虑打印比例。

（5）设置打印样式表（笔指定）（G）。"打印样式表（笔指定）（G）"用来设置、编辑打印样式表，或者创建新的打印样式表。主要选项含义如下：

其一，"名称（无标签）"。显示指定给当前"模型"选项卡或布局选项卡的打印样式表，并提供当前可用的打印样式表的列表。

其二，如果选择"新建"，将显示"添加打印样式表"向导，可用来创建新的打印样式表。显示的向导取决于当前图形是处于颜色相关模式还是处于命名模式。

其三，如果选择"编辑" ☑：点击该按钮将显示打印样式表编辑器，从中可以查看或修改当前指定的打印样式表中的打印样式。

（6）设置着色视口选项。"着色视口选项"用于指定着色和渲染视口的打印方式，并确定它们的分辨率级别和每英寸点数（DPI）。主要选项含义如下：

1）"着色打印（D）"。用于指定视图的打印方式。要为布局选项卡上的视口指定此设置，请选择该视口，然后在"工具"菜单中单击"特性"。

2）在"模型"选项卡上，可以从下列选项中选择"按显示"：按对象在屏幕上的显示方式打印。

3）"线框"选项在线框中打印对象，不考虑其在屏幕上的显示方式。"消隐"选项在打印对象时消除隐藏线，不考虑其在屏幕上的显示方式。"三维隐藏"选项在打印对象时应用三维隐藏视觉样式，不考虑其在屏幕上的显示方式。"三维线框"选项在打印对象时应用三维线框视觉样式，不考虑其在屏幕上的显示方式。"概念"选项在打印对象时应用概念视觉样式，不考虑其在屏幕上的显示方式。"真实"选项在打印对象时应用真实视觉样式，不考虑其在屏幕上的显示方式。"渲染"选项将按渲染的方式打印对象，不考虑其在屏幕上的显示方式。

4）"质量（Q）"：指定着色和渲染视口的打印分辨率。可从下列选项中选择："草稿"选项可将渲染和着色模型空间视图设置为线框打印；"预览"选项可将渲染模型和着色模型空间视图的打印分辨率设置为当前设备分辨率的 1/4，最大值为 150 DPI；"普通"选项可将渲染模型和着色模型空间视图的打印分辨率设置为当前设备分辨率的 1/2，最大值为 300 DPI；"演示"选项可将渲染模型和着色模型空间视图的打印分辨率设置为当前设备的分辨率，最大值为 600 DPI；"最大"选项可将渲染模型和着色模型空间视图的打印分辨率设置为当前设备的分辨率，无最大值；"自定义"选项可将渲染模型和着色模型空间视图的打印分辨率设置为"DPI"框中指定的分辨率设置，最大可为当前设备的分辨率。

5）"DPI"指定渲染和着色视图的每英寸点数，最大可为当前打印设备的最大分辨率。只有在"质量"框中选择了"自定义"后，此选项才可用。

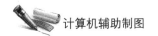

（7）设置打印选项。"打印选项"用于指定线宽、打印样式、着色打印和对象的打印次序等选项。主要选项含义如下：

1）"打印对象线宽"。指定是否打印为对象和图层指定的线宽。如果选定"按样式打印"，则该选项不可用。

2）"按样式打印（E）"。指定是否打印应用于对象和图层的打印样式。如果选择该选项，也将自动选择"打印对象线宽"。

3）"最后打印图纸空间"。首先打印模型空间几何图形。通常先打印图纸空间几何图形，然后再打印模型空间几何图形。

4）"隐藏图纸空间对象（J）"。指定 HIDE 操作是否应用于图纸空间视口中的对象。此选项仅在布局选项卡中可用。此设置的效果反映在打印预览中，而不反映在布局中。

（8）设置图形方向"图形方向"为支持纵向或横向的绘图仪指定图形在图纸上的打印方向。主要选项含义如下：

1）"纵向"

放置并打印图形，使图纸的短边位于图形页面的顶部。

2）"横向"

放置并打印图形，使图纸的长边位于图形页面的顶部。

3）"反向打印"

上下颠倒地放置并打印图形。

第六节　发布 DWF 文件

现在，国际上通常采用图形网络格式（Drawing Web Format，DWF）图形文件格式。DWF 文件可在任何装有网络浏览器和 Autodesk WHIP! 插件的计算机中打开、查看和输出。DWF 文件支持图形文件的实时移动和缩放，并支持控制图层、命名视图和嵌入链接显示效果。

DWF 文件是矢量压缩格式的文件，可提高图形文件打开和传输的速度，缩短下载时间。以矢量格式保存的 DWF 文件，完整地保留了打印输出属性和超链接信息，并且在进行局部放大时，基本能够保持图形的准确性。

一、输出 DWF 文件

要输出 DWF 文件，必须先创建 DWF 文件，在这之前还应创建 ePlot 配置文件。使用配置文件 ePlot.pc 3 可创建带有白色背景和纸张边界的 DWF 文件。

通过 Auto CAD 的 ePlot 功能，可将电子图形文件发布到 Internet 上，所创建的文件以 Web 图形格式（DWF）保存。用户可在安装了 Internet 浏览器和 Autodesk WHIP! 4.0 插件的任何计算机中打开、查看和打印 DWF 文件。DWF 文件支持实时平移和缩放，可控制图层、命名视图和嵌入超链接的显示。

在使用 ePlot 功能时，系统先按建议的名称创建一个虚拟电子出图。通过 ePlot 可指定多种设置，如指定画笔、旋转和图纸尺寸等，所有这些设置都会影响 DWF 文件的打印外观。

二、在外部浏览器中浏览 DWF 文件

如果在计算机系统中安装了 4.0 或以上版本的 WHIP! 插件和浏览器，则可在 Internet Explorer 或 Netscape Communicator 浏览器中查看 DWF 文件。如果 DWF 文件包含图层和命名视图，还可在浏览器中控制其显示特征，如图 10–11 所示。

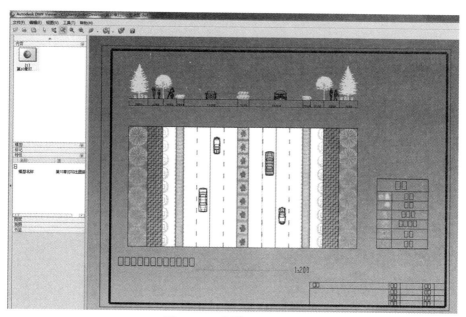

图 10–11　浏览 DWF 文件

三、将图形发布到 Web 页

在 Auto CAD 2007 中，选择"文件"|"网上发布"命令，即使不熟悉 HTML 代码，也可以方便、迅速地创建格式化 Web 页，该 Web 页包含有 Auto CAD 图形的 DWF、PNG 或 JPEG 等格式图像。一旦创建了 Web 页，就可以将其发布到 Internet。

习题

1. 根据本章内容将第三章学生宿舍立面图打印在 A4 图纸上，采用横装订。

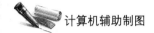
2. 选择"文件 (F)"|"输出 (E) …"命令，打开"输出数据"对话框，在"文件类型"下拉列表框中的文件输出类型，如图元文件、ACIS、平板印刷、封装 PS、DXX 提取、位图、3D Studio 及块等格式，请通过网络或查找书籍等形式，叙述各种输出类型的适用场合，不同输出类型有哪些区别？

第十一章　建筑平面图

☞ 教学目标

通过本章的学习，应掌握样板图的绘制方法，掌握绘制建筑平面图的方法与步骤。

☞ 教学重点和教学难点

1. 掌握样板图的绘制方法是本章教学重点
2. 掌握建筑平面图绘制方法是本章教学重点和教学难点

☞ 本章知识点

1. 样板图的绘制方法
2. 建筑平面图绘制方法

由于 Auto CAD 具有定位便捷、准确，图形创建和修改方便，尺寸标注快捷等优点，很多设计单位都会采用 Auto CAD 来绘制建筑平面图。在城市规划设计领域，常见的建筑平面图是户型平面图或楼层平面图。本章以某住宅建筑标准层平面图的绘制为例，介绍如何高效地绘制建筑平面图。

第一节　概　述

在绘制户型平面图或楼层平面图时，应首先明确图纸所要表达的内容，然后根据图纸内容确定各类图形要素的绘制顺序，决定哪些图形要素必须从头绘制，哪些要素可以从其他文件引入而无须绘制。

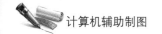

一般来讲，建筑平面图包括以下流程：

第一，设置绘图环境。应首先确定长度度量采用的单位类型，是英制还是公制。若采用公制单位，一个绘图单位对应于现实世界的1mm、1cm还是1m。据此进一步确定图形界限。为方便操作，可事先设置常用的捕捉方式，并添加必要的图层。

第二，绘制轴线。轴线是一种辅助绘图的图形要素，借助于轴线，用户可以较为便捷地进行定位其他的图形要素。在绘制建筑平面图时，若事先绘制好轴线，能明显提高工作效率。当然，在最终成果图上，轴线所在的图层将处于冻结或关闭的状态。

第三，绘制墙体。墙体绘制采用多线进行比较便利。应设置绘制墙体所需要的多线样式，沿着墙体所在轴线位置，绘制多线，然后将多线进行角点结合、T形打开、十字合并等操作。

第四，创建门窗洞口。根据窗洞和门洞距离轴线之间的关系，利用偏移和修剪命令，生成窗洞和门洞。

第五，创建门窗。对于方窗，可使用多线命令进行绘制；对于八角窗等特殊形状的窗户，可以结合对象追踪和对象捕捉，综合使用相关的编辑命令进行操作。门是户型图或楼层平面图中使用频率较高的部件，为保持图形的一致、操作的便捷性和减小图形文件的大小，通常事先定义块，并通过插入块的方法来绘制门。在绘制时配合镜像、旋转、缩放等工具，使其达到图上效果。

第六，绘制卫浴、家具等。一般可使用图库，通过块插入的方式将相应的 *.dwg 文件所包含的图形引入到当前图形文件中。在插入块时可以配合镜像、旋转、缩放等工具，使其达到图上效果。

第七，尺寸标注。在户型平面图和楼层平面图中，为美观和整齐，通常使用连续尺寸标注。在进行尺寸标注之前，要根据图样在出图时的比例关系，设置好尺寸标注样式及其相关参数。

第八，说明文字。为了让非专业人士也能很好地阅读平面图，应当为户型图标注各房间的使用功能。同样，应根据国家相关标准设置标注字体的样式和字体大小，然后进行标注。

第二节 创建 A2 样板图

本节将创建 A2 样板图，为绘制建筑平面图的绘制做好绘图环境准备。具体操作流程如下：

第一，绘制图幅线。采用"矩形"命令，一个角点在世界坐标原点（0，0），另一个角点在（59400，42000），效果如图 11-1 所示，命令行提示如下：

命令：_rectang

指定第一个角点或［倒角（C）/标高（E）/圆角（F）/厚度（T）/宽度（W）］：0，0

指定另一个角点或［面积（A）/尺寸（D）/旋转（R）］：59400，42000

命令：'_.zoom _e

第二，绘制图框线。此处采用线宽组的粗线 b 设置为 0.7mm，则中粗线 b/2 为 0.35mm，细线 b/4 为 0.18mm。将图幅线分解，使用"偏移"命令，将图幅线分别向内进行偏移生成图框线，图框线线宽设置为 0.7mm，将多余线条进行"修剪"；"线宽"按钮设置成"开"状态。点击下拉菜单"视图（V）"｜"显示（L）"｜"UCS 图标（U）"｜"开（O）"，去掉"开（O）"勾选，关闭 UCS 坐标轴显示。效果如图 11-2 所示。

图 11-1　绘制图幅线

图 11-2　绘制图框线

第三，绘制标题栏。利用"矩形"命令，创建标题栏框线，采用分解外框线，利用偏移命令生成内框线，经"修剪"后完成标题栏制作。将标题栏外框线线宽设置成 0.35mm，内框线设置成 0.18mm，效果如图 11-3 所示。

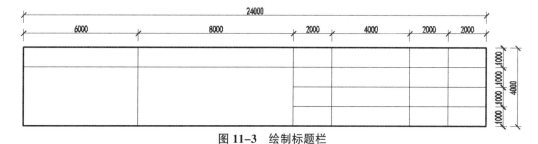

图 11-3　绘制标题栏

第四，创建文字样式。为样板图创建 3.5 号、5 号和 7 号字高的三种字体样式，要求：采用仿宋字体，宽度比例 0.7，样式名称分别以 wz350、wz500 和 wz700 进行命名。点击"格式（O）"｜"文字样式（S）…"打开"文字样式"对话框，点击"新建（N）…"按钮，弹出如图 11-4 所示"新建文字样式"对话框，在"样式名"文本框中输入"wz350"，单击"确定"按钮，返回到"文字样式"对话框中。在"字体"选项组中，在"字体名（F）"下拉列表中选择"仿宋"，"高度（T）"文本框中输入 350；在"效果"选项组中，在"宽度比例（W）"文本框中输入 0.7，点击"应用（A）"按钮。

利用同样方法创建样板图所需要的文字样式 wz500 和 wz700，"高度（T）"文本框中分别输入 500 和 700，其他设置参数相同。如图 11-5 所示。

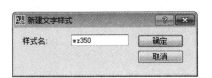

图 11-4 "新建文字样式"对话框

图 11-5 "文字样式"对话框

第五，创建辅助线。为了使标题栏中的文字效果美观，位置整齐，采用单行文字创建标题栏文字，利用辅助线确定文字所在矩形框的中心，通过固定捕捉模式捕捉到矩形框中心位置，将单行文字正中心对齐矩形框的中心，以达到正中对齐的效果。采用"直线"命令，捕捉矩形角点，绘制辅助线，效果如图 11-6 所示。

第六，设置捕捉模式。在"对象捕捉"按钮右击菜单中，点击"设置（S）…"，在弹出的如图 11-7 所示的"草图设置"对话框中，在"对象捕捉模式"选项组中，勾选"中点（M）"，点击"确定"按钮。

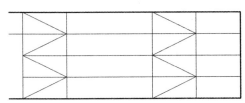

图 11-6 创建辅助线

图 11-7 "草图设置"对话框

第七，绘制标题栏文字。采用 wz500 文字样式，利用"单行文字"命令，输入标题栏中的文字，将文字正中心与辅助线中心位置对齐。效果如图 11-8 所示。

在文本框中输入文字，如图 11-9 所示。将鼠标放在两个文字中间，在文字中间空两格，按 Enter 键结束文字输入，完成效果如图 11-10 所示。

图 11-8　文字对齐位置　　　　　图 11-9　输入单行文字　　　　图 11-10　单行文字调整

采用同样方法创建其他文字。在创建其他文字的时候，也可以复制其中一个创建好的文本文字，然后双击该文字，修改文字内容，来提高绘图效率。标题栏绘制效果，如图 11-11 所示。

设计公司	工程名称	设　计		类　别	
公司图标	图名	校　对		专　业	
		审　核		图　号	
		审　定		日　期	

图 11-11　标题栏完成效果

第八，创建会签栏。采用矩形绘制会签栏外框，利用绘制标题栏类似的方法创建会签栏，会签栏文字采用 wz350，会签栏矩形外框长 20000，宽 2000，具体尺寸如图 11-12 所示。

图 11-12　会签栏效果图

第九，旋转会签栏并移动至图框线左上角。将第八步骤绘制好的会签栏进行逆时针旋转 90°，并将其移动到图框线左上角，至此样板图就绘制完成了。效果如图 11-13 所示。

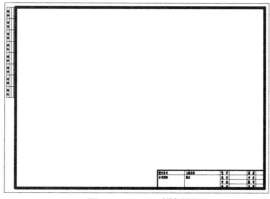

图 11-13　A2 样板图

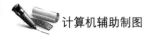

第三节　绘制建筑平面图

下面以绘制某别墅平面图为例，讲解绘制建筑平面图的方法，绘制效果如图 11-14 所示。

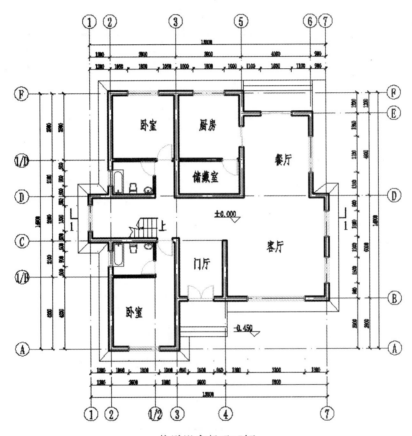

某别墅底层平面图 1∶100

图 11-14　别墅底层平面图绘制效果

一、创建底层平面图

1. 创建图层

在绘制建筑平面图之前，首先要对绘图中需要的图层进行设置，打开图层特性管理器，点击新建图层按钮，创建绘图过程中需要的各种图层，具体参数如图 11-15 所示。

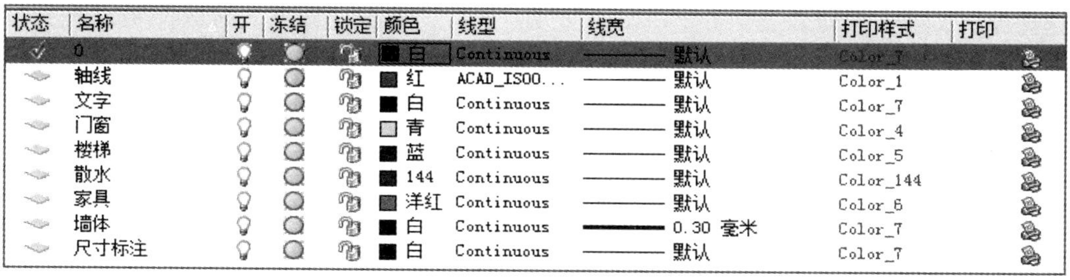

状态	名称	开	冻结	锁定	颜色	线型	线宽	打印样式	打印
✓	0				■白	Continuous	默认	Color_7	
	轴线				■红	ACAD_ISO0…	默认	Color_1	
	文字				■白	Continuous	默认	Color_7	
	门窗				□青	Continuous	默认	Color_4	
	楼梯				■蓝	Continuous	默认	Color_5	
	散水				■144	Continuous	默认	Color_144	
	家具				■洋红	Continuous	默认	Color_6	
	墙体				■白	Continuous	0.30 毫米	Color_7	
	尺寸标注				■白	Continuous	默认	Color_7	

图 11–15　图层参数

2. 创建轴线

利用直线命令，根据尺寸绘制定位轴线网格，操作步骤如下：

（1）创建水平方向轴线，将轴线图层置为当前图层，在绘图框内拾取一点作为起点，绘制一条长 21000 的水平直线，如图 11–16 所示。

图 11–16　水平直线效果

由于线型比例参数小，因此长点划线效果没有显示出来。选择直线，弹出右键快捷菜单，点击"特性（S）"，弹出如图 11–17 所示的"特性"选项面板，在"基本"卷展览中，设置"线型比例"为 100，关闭"特性"选项面板。

这时直线的线型效果可以正常显示出来，如图 11–18 所示。

图 11–17　"特性"选项面板

图 11–18　调整线性比例效果

（2）根据图上水平轴线之间的距离，利用偏移命令，生成其他水平轴线。启动"偏移"命令，拾取水平轴线作为偏移对象，依次向下执行偏移命令，偏移距离分别是 1200、2700、2100、2600、2100、1300 和 2900，效果如图 11–19 所示。

（3）创建竖直方向轴线。在水平轴线左端附近拾取任意点作为直线起点，绘制一条长 21000 的竖直直线。同样由于线型比例参数小，因此长点划线效果没有显示出来。

选择直线，弹出右键快捷菜单，点击"特性（S）"，弹出"特性"选项面板，在"基本"卷展览中，设置"线型比例"为100，关闭"特性"选项面板，竖直轴线效果如图11-20所示。

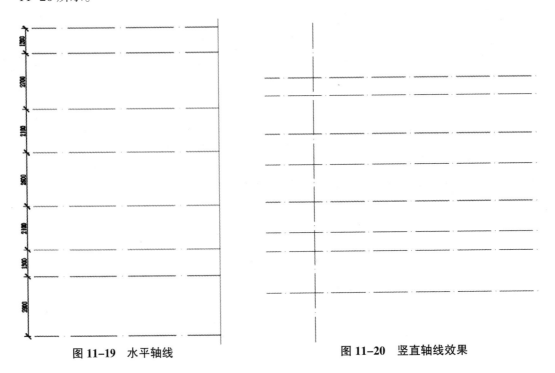

图 11-19　水平轴线　　　　　图 11-20　竖直轴线效果

（4）根据图上竖直轴线之间的距离，利用偏移命令，生成其他竖直方向轴线。启动"偏移"命令，拾取竖直方向轴线作为偏移对象，依次向左执行偏移命令，偏移距离分别是1200、2600、1300、2800、1000、4000和900，命令行提示如下，效果如图11-21所示。

（5）创建水平轴号。利用创建带有属性定义的图块办法，插入横向轴号和纵向轴号。绘制半径R=400的圆，如图11-22所示。

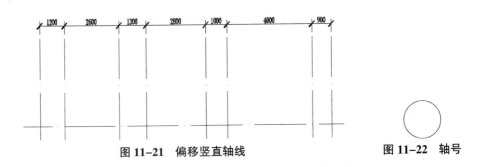

图 11-21　偏移竖直轴线　　　　　图 11-22　轴号

选择"绘图（D）"｜"块（K）"｜"定义属性（D）…"，弹出如图11-23所示的"属性定义"对话框，在"属性"选项组中，将"标记（T）"文本框输入"横向轴号"；

"提示（M）"文本框中输入"请输入轴号："；"值（L）"文本框中输入默认值"1"。在"文字选项"选项组中，设置"对正（J）"下拉列表为"正中"；"文字样式（S）"下拉列表选择"wz500"样式，单击"确定"按钮。

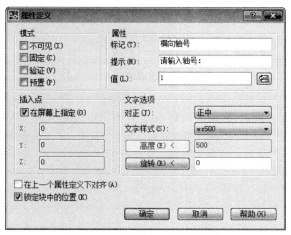

图 11-23　"属性定义"对话框

单击"确定"按钮后，在绘图界面插入标签位置，捕捉圆心作为插入点，如图11-24所示。点击圆心作为"属性定义"属性插入点，插入效果如图11-25所示。

图 11-24　捕捉圆心作为插入点

图 11-25　属性标签

单击"绘图"工具栏创建块按钮 ，弹出"块定义"对话框，在"名称（A）"文本框中输入"横向轴号"，在"基点"选项组中，点击"拾取点（K）"按钮，将临时退出"块定义"对话框，返回绘图界面，拾取块插入时的基点，捕捉圆心，利用极轴追踪的办法，选择圆所在90°切点方向作为插入点，如图11-26所示。

图 11-26　捕捉块插入点

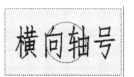

图 11-27　选择创建块的对象

在"对象"选项组中，点击"选择对象（T）"拾取按钮，将临时退出"块定义"对话框，返回绘图界面，选择轴号图形和属性定义两部分作为对象，如图11-27所示。单击空格或按Enter键确定选择，返回"块定义"对话框。"设置"选项组中，"块单位（U）"下拉列表选择"毫米"，单击"确定"按钮。"块定义"对话框设置如图11-28所示。

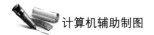

单击"确定"按钮后，弹出如图 11-29 所示"编辑属性"对话框，单击"确定"按钮。

图 11-28 "块定义"对话框设置

图 11-29 "编辑属性"对话框

横向轴号创建完毕，如图 11-30 所示。

图 11-30 横向轴号

将横向轴号依次插入到轴线一端，然后可以通过复制的办法，选择横向轴号的 270°切点方向作为复制基点，复制出另一端的横向轴号，效果如图 11-32 所示。

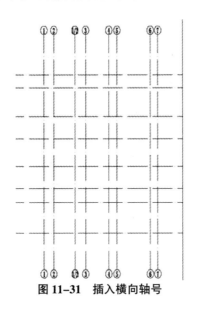

图 11-31 插入横向轴号

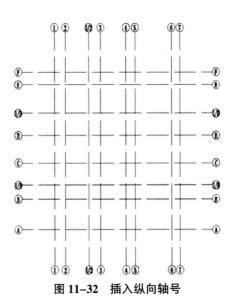

图 11-32 插入纵向轴号

（6）创建纵向方向轴号。利用与创建横向轴号同样办法创建纵向轴号，插入点在0°切点方向，"值（L）"为"A"，其他操作同横向轴号创建方法相同，效果如图11-32所示。

（7）修剪轴线。使用"修剪"命令，对竖向和水平轴线进行修剪，修剪效果如图11-33所示。

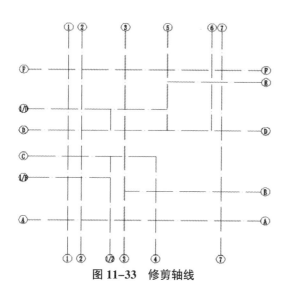

图 11-33　修剪轴线

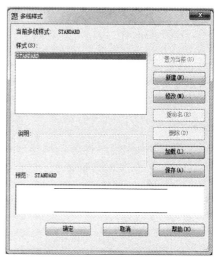

图 11-34　多线样式对话框

3. 创建墙体

（1）使用"多线"命令绘制墙体，在绘制多线之前首先要对多线样式进行设置。执行"格式（O）"｜"多线样式（M）"命令，打开如图11-34所示的"多线样式"对话框。单击"新建（N）…"按钮，新建多线样式。由于本例中使用的墙体有两种，分别为240厚和120厚，所以新建两种多线样式，分别命名为w240和w120，参数设置如图11-35和图11-36所示。

图 11-35　w240 多线参数设置

图 11-36　w120 多线参数设置

（2）绘制墙体。切换到"墙体"图层，执行"多线"命令，为了便于后续对"多

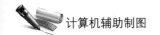

线"进行修改，在绘制"多线"时，"多线"方向发生改变不要连续绘制，要重新绘制一条新的"多线"。命令行提示如下，绘制效果如图 11-37 所示。

当前设置：对正＝上，比例＝20.00，样式＝W240

指定起点或［对正（J）/比例（S）/样式（ST）］：j

输入对正类型［上（T）/无（Z）/下（B）］＜上＞：z

当前设置：对正＝无，比例＝20.00，样式＝W240

指定起点或［对正(J)/比例（S）/样式（ST）］：s

输入多线比例＜20.00＞：1

当前设置：对正＝无，比例＝1.00，样式＝W240

指定起点或［对正(J)/比例（S）/样式（ST）］：（捕捉 F 轴线和 2 号轴线角点为多线起点）

指定下一点：（依次捕捉横向轴线和竖向轴线的交点为下一点）

指定下一点或［放弃（U）］：

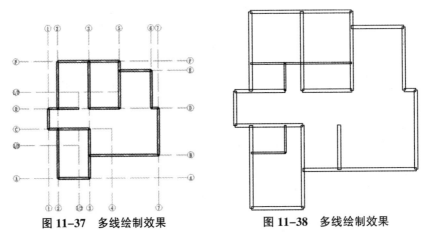

图 11-37　多线绘制效果　　　　图 11-38　多线绘制效果

（3）继续执行"多线"命令，绘制其他墙体，当绘制 120 厚墙体时，只需将多线样式设置为 w120 即可，其他设置与步骤（2）相同，关闭"轴线"图层后的显示效果如图 11-38 所示。

（4）编辑墙体。执行"修改（M）"|"对象（O）"|"多线（M）"命令，弹出如图 11-39 所示的"多行编辑工具"对话框，点击"角点结合"图形，命令行提示如下：

命令：_mledit

选择第一条多线：（选择如图 11-40 所示的多线作为第一条多线）

选择第二条多线：（选择如图 11-41 所示的多线作为第二条多线）

选择第一条多线或［放弃（U）］：Enter（按 Enter 键结束命令，修剪效果如图 11-42 所示）

图 11-39　"多行编辑工具"对话框

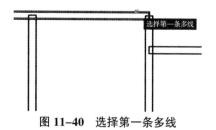

图 11-40　选择第一条多线

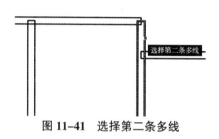

图 11-41　选择第二条多线

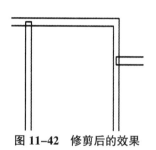

图 11-42　修剪后的效果

使用"角点结合"命令，对其他拐角处的多线进行修改，修改效果如图 11-43 所示。

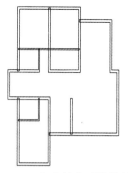

图 11-43　角点结合后墙体效果

继续执行"修改（M）"|"对象（O）"|"多线（M）"命令，弹出如图 11-39 所示的"多行编辑工具"对话框，点击"T 形打开"图形，命令行提示如下：

命令：_mledit

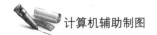

选择第一条多线：（选择如图 11-44 所示的多线作为第一条多线）

选择第二条多线：（选择如图 11-45 所示的多线作为第二条多线）

选择第一条多线或 ［放弃（U）］：Enter（按 Enter 键结束命令，修剪效果如图 11-46 所示）

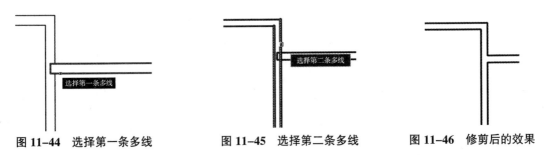

图 11-44　选择第一条多线　　　图 11-45　选择第二条多线　　　图 11-46　修剪后的效果

使用"T 形结合"命令，对其他多线进行修改，修改效果如图 11-47 所示。

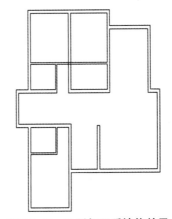

图 11-47　T 形打开后墙体效果

继续执行"修改（M）"｜"对象（O）"｜"多线（M）"命令，弹出如图 11-39 所示的"多行编辑工具"对话框，点击"十字打开"图形，命令行提示如下：

命令：_mledit

选择第一条多线：（选择如图 11-48 所示的多线作为第一条多线）

选择第二条多线：（选择如图 11-49 所示的多线作为第二条多线）

选择第一条多线或 ［放弃（U）］：Enter（按 Enter 键结束命令，修剪效果如图 11-50 所示）

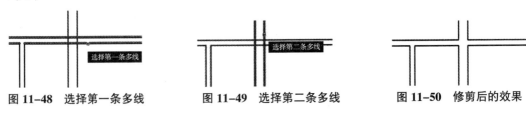

图 11-48　选择第一条多线　　　图 11-49　选择第二条多线　　　图 11-50　修剪后的效果

墙体多线修改完毕，修改效果如图 11–51 所示。

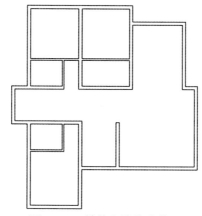

图 11–51　墙体多线修改效果

4. 创建门窗洞口

依据门或窗与墙体轴线之间的距离，"偏移"左右两条轴线作为辅助线，以偏移后得到的两条辅助线作为剪切边，利用"修剪"的方法，剪切辅助线之间的多线，删除两条辅助线，创建出门窗洞口。

（1）创建窗洞口。打开轴线图层，执行"偏移"命令，命令行提示如下：

命令：OFFSET

当前设置：删除源＝否图层＝源　　OFFSETGAPTYPE＝0

指定偏移距离或［通过（T)/删除（E)/图层（L)］<900.0000>：1050（输入偏移距离）

选择要偏移的对象，或［退出（E)/放弃（U)］<退出>：（拾取 2 号轴线）

指定要偏移的那一侧上的点，或［退出（E)/多个（M)/放弃（U)］<退出>：（将 2号轴线向右偏移）

选择要偏移的对象，或［退出（E)/放弃（U)］<退出>：（拾取 3 号轴线）

指定要偏移的那一侧上的点，或［退出（E)/多个（M)/放弃（U)］<退出>：（将 3号轴线向左偏移）

选择要偏移的对象，或［退出（E)/放弃（U)］<退出>：Enter（按 Enter 键结束命令，效果如图 11–52 所示）

命令：TRIM

当前设置：投影＝UCS，边＝延伸

选择剪切边…

选择对象或<全部选择>：指定对角点：找到 2 个（选择偏移后的两条轴线作为剪

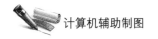

切边）

选择对象：Enter（确认剪切边）

选择要修剪的对象，或按住 Shift 键选择要延伸的对象，或［栏选（F）/窗交（C）/投影（P）/边（E）/删除（R）/放弃（U）］：（拾取如图 11-53 所示的多线对象）

选择要修剪的对象，或按住 Shift 键选择要延伸的对象，或［栏选（F）/窗交（C）/投影（P）/边（E）/删除（R）/放弃（U）］：Enter（按 Enter 键结束命令，效果如图 11-54 所示）

命令：_erase

选择对象：指定对角点：找到 2 个（选择偏移的两条辅助线）

选择对象：Enter（按 Enter 键确认）

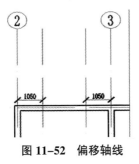
图 11-52　偏移轴线

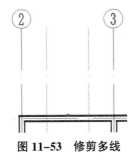
图 11-53　修剪多线

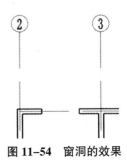
图 11-54　窗洞的效果

（2）创建门洞口。执行"偏移"命令，选择 3 号轴线，向左偏移 240 后，再向左偏移 900，偏移尺寸和效果如图 11-55 所示。执行"修剪"命令，以偏移得到的两条辅助线作为剪切边，选择如图 11-56 所示的多线作为修剪对象，创建的门洞效果如图 11-57 所示。

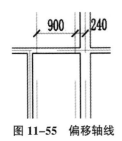
图 11-55　偏移轴线

图 11-56　修剪多线

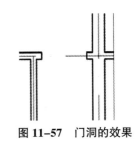
图 11-57　门洞的效果

（3）使用与步骤（1）和步骤（2）同样的方法创建其他门、窗洞口，洞口的尺寸和创建效果如图 11-58 所示。

5. 创建并插入门窗图块

（1）创建窗图块。利用"矩形"绘制平面窗，尺寸如图 11-59 所示，将其分解，拾取顶部水平直线分别向下偏移 80，将偏移得到的直线再次向下偏移 80，创建出平面窗图形。

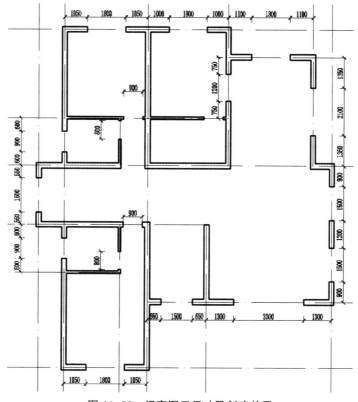

图 11-58　门窗洞口尺寸及创建效果

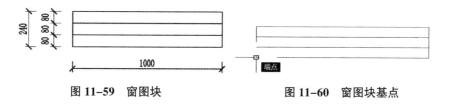

图 11-59　窗图块　　　　　　　　　图 11-60　窗图块基点

　　将平面窗创建成图块。选择"绘图（D）"|"块（K）"|"创建（M）…"命令，弹出"块定义"对话框，在名称（A）文本框中输入"平面窗"，点击基点拾取点（K）按钮，选择如图 11-60 所示的端点作为基点，点击选择对象（T）按钮，选择窗对象图元作为图块对象，按 Enter 键返回"块定义"对话框，在预览框中可以看到平面窗图形的预览效果，点击确定按钮，完成"平面窗"图块的创建。

　　（2）创建门图块。采用同样方法创建门图块，绘制门图形尺寸如图 11-61 所示，选择"绘图（D）"|"块（K）"|"创建（M）…"命令，弹出"块定义"对话框，在名称（A）文本框中输入"平面门"，点击基点拾取点（K）按钮，选择如图 11-62 所示的端点作为基点，点击选择对象（T）按钮，选择门对象图元作为图块对象，按 Enter 键返回"块定义"对话框，在预览框中可以看到平面门图形的预览效果，点击确定按钮，

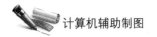
完成"平面门"图块的创建。

图 11-61　门图块

图 11-62　门图块基点

（3）插入水平方向窗图块。插入已编辑好的"平面窗"图块，利用插入图块的方法插入窗图块。切换到"门窗"图层，选择"插入（I）"｜"块（B）…"命令，弹出"插入"对话框，如图 11-63 所示，在"名称（N）"下拉列表中选择"平面窗"图块；在"插入点"选项组中勾选"在屏幕上指定（S）"复选框；在"缩放比例"选项组中勾选"在屏幕上指定（E）"复选框；不勾选"同一比例（U）"复选框；其余采用默认参数，单击"确定"按钮，命令行提示"指定插入点"，按如图 11-64 所示捕捉插入点，命令行提示如下：

图 11-63　"插入"对话框

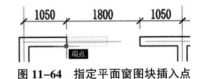

图 11-64　指定平面窗图块插入点

命令：_insert
指定插入点或［基点（B）/比例（S）/X/Y/Z/旋转（R）］：
输入 X 比例因子，指定对角点，或［角点（C）/XYZ（XYZ）］<1>：1.8
输入 Y 比例因子或<使用 X 比例因子>：1

使用相同方法插入其他水平方向的窗，尺寸和效果如图 11-65 所示。

（4）插入竖直方向窗图块。继续插入"平面窗"图块，选择"插入（I）"｜"块（B）…"命令，在"插入"对话框中，如图 11-66 所示。

在"名称（N）"下拉列表中选择"平面窗"图块；在"插入点"选项组中勾选"在屏幕上指定（S）"复选框；在"缩放比例"选项组中勾选"在屏幕上指定（E）"复选框；不勾选"同一比例（U）"复选框；在"旋转"选项组中不勾选"在屏幕上指定角度（C）"复选框，在"角度（A）"文本框中输入"90"，单击"确定"按钮。执行"插入块"命令，命令行提示"指定插入点"，按如图 11-67 所示捕捉插入点，命令行提示如下：

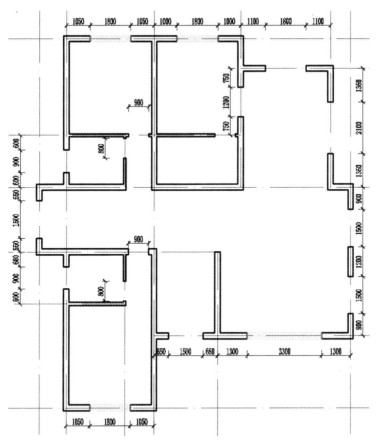

图 11-65 水平方向窗图块插入效果

图 11-66 "插入"对话框

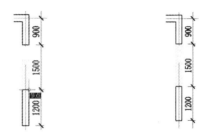

图 11-67 竖直方向窗图块插入点　图 11-68 竖直方向窗图块插入效果

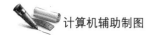
命令：INSERT

指定插入点或［基点（B)/比例（S)/X/Y/Z/旋转（R)］：（插入点如图 11-65 所示）

输入 X 比例因子，指定对角点，或［角点（C)/XYZ（XYZ)］<1>：1.5

输入 Y 比例因子或<使用 X 比例因子>：1（效果如图 11-68 所示）

使用相同方法插入其他竖直方向的窗，尺寸和效果如图 11-69 所示。

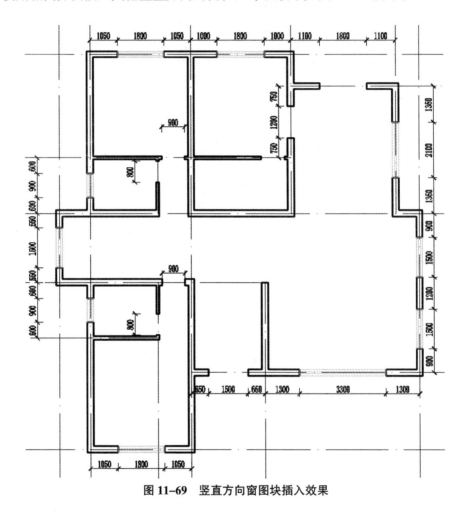

图 11-69　竖直方向窗图块插入效果

（5）插入门图块。插入已编辑好的"平面门"图块，利用上述方法插入门图块。切换到"门窗"图层，选择"插入（I)"｜"块（B)…"命令，弹出"插入"对话框，如图 11-70 所示，在"名称（N)"下拉列表中选择"平面门"图块；在"插入点"选项组中勾选"在屏幕上指定（S)"复选框；在"缩放比例"选项组中勾选"在屏幕上指定（E)"复选框；勾选"同一比例（U)"复选框；在"旋转"选项组中，角度（A)文本框中输入"180"，其余采用默认参数，单击"确定"按钮，命令行提示"指定插入点"，按如图 11-71 所示捕捉插入点，命令行提示如下：

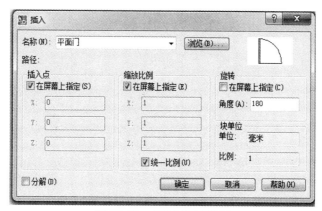

图 11-70 "插入"对话框

命令：_insert

指定插入点或 ［基点 (B)/比例 (S)/旋转 (R)］：(插入点如图 11-71 所示)

指定比例因子<1>：0.9 (插入效果如图 11-72 所示)

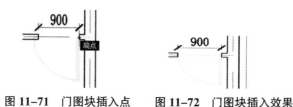

图 11-71 门图块插入点　　图 11-72 门图块插入效果

采用相同办法插入其他门图块，在插入时有时候需要利用"镜像"命令来完成翻转效果，入户门先插入左侧单扇门，插入比例为 0.7，插入点如图 11-73 所示；通过镜像复制右侧单扇门，效果如图 11-74 所示。

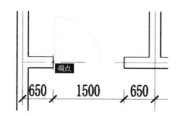

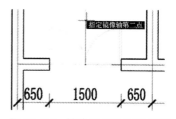

图 11-73 入户门左侧单扇门图块插入点　　　　图 11-74 镜像复制右侧单扇门

其他门图块插入效果如图 11-75 所示。

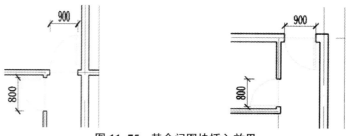

图 11-75 其余门图块插入效果

317

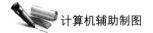

6. 插入推拉门

推拉门由三部分组成，由左右对称的长 600、宽 50 的单扇门和中间长 800、宽 50 的单扇门组成，采用多线绘制完成，方法如下：

（1）利用"多线"命令插入推拉门，在绘制多线之前首先要对多线样式进行设置。执行"格式（O）"|"多线样式（<u>M</u>）"命令，打开"多线样式"对话框。单击"新建（N）…"按钮，新建名为 w50 多线样式，参数设置如图 11-76 所示。

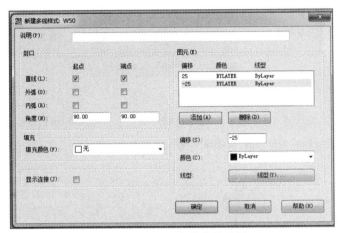

图 11-76　w50 多线参数设置

（2）执行"多线"命令，绘制左侧推拉门，命令行提示如下：

命令：MLINE

当前设置：对正 = 无，比例 = 1.00，样式 = W240

指定起点或 ［对正(J)/比例（S）/样式（ST）］：st

输入多线样式名或 ［?］：w50

当前设置：对正 = 无，比例 = 1.00，样式 = W50

指定起点或 ［对正(J)/比例（S）/样式（ST）］：（指定如图 11-77 所示的中点为多线起点）

指定下一点：@600<0（输入多线第二点坐标）

指定下一点或 ［放弃（U）］：Enter（按 Enter 键结束命令，效果如图 11-78 所示）

图 11-77　捕捉门洞边线的中点作为多线起点

图 11-78　左侧推拉门绘制效果

（3）使用与步骤（2）同样的方法，绘制右侧推拉门，效果如图 11-79 所示。

图 11-79　右侧推拉门绘制效果

（4）继续执行"多线"命令，以步骤（2）绘制的多线端点为起点，绘制长度 800 的多线，绘制的效果如图 11-81 所示，命令行提示如下：

命令：MLINE

当前设置：对正＝下，比例＝1.00，样式＝W50

指定起点或［对正（J)/比例（S)/样式（ST)］：_from 基点：（拾取如图 11-80 所示的端点作为基点）

<偏移>：@-100，0（输入偏移相对坐标）

指定下一点：@800，0（指定多线第二点坐标）

指定下一点或［放弃（U)］：Enter（按 Enter 键结束命令，效果如图 11-81 所示）

图 11-80　捕捉多线端点作为多线起点

图 11-81　推拉门绘制效果

（5）绘制厨房推拉门。本案例中厨房门也是采用的推拉门，厨房推拉门由两扇长 600、宽 50 的推拉门组成，采用 w50 多线沿门洞轴线中点进行绘制，通过改变 w50 多线的对正方式，最后完成上下推拉门绘制，命令行提示如下：

当前设置：对正＝下，比例＝1.00，样式＝W50

指定起点或［对正(J)/比例（S)/样式（ST)］：j

输入对正类型［上（T)/无（Z)/下（B)］<下>：t

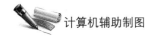

当前设置：对正＝上，比例＝1.00，样式＝W50

指定起点或［对正(J)/比例（S)/样式（ST)］：（指定如图 11-82 所示的门洞边线中点作为多线起点）

指定下一点：@0<600（输入多线第二点相对坐标）

指定下一点或［放弃（U)］：Enter（按 Enter 键结束命令，效果如图 11-83 所示）

命令：MLINE

当前设置：对正＝上，比例＝1.00，样式＝W50

指定起点或［对正(J)/比例（S)/样式（ST)］：j

输入对正类型［上（T)/无（Z)/下（B)］<上>：b

当前设置：对正＝下，比例＝1.00，样式＝W50

指定起点或［对正(J)/比例（S)/样式（ST)］：（指定如图 11-84 所示的多线右下角点作为多线起点）

指定下一点：@0<600（输入多线第二点相对坐标）

指定下一点或［放弃（U)］：Enter（按 Enter 键结束命令，效果如图 11-85 所示）

图 11-82　捕捉门洞边线中点作为多线起点

图 11-83　上推拉门绘制效果

图 11-84　多线右下角点作为多线起点

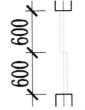

图 11-85　推拉门绘制效果

7. 创建楼梯

楼梯位于 C 轴线和 D 轴线之间，楼梯平台距离 1 号轴线距离为 1300，利用偏移 1 号轴线和 D 轴线得到的直线作为辅助线，利用偏移辅助线的交点作为绘制楼梯投影线的起点，楼梯投影线端点与两侧墙体相交，采用阵列方式复制出其余楼梯投影线，再绘制楼梯扶手，折断线和楼梯方向线，从而完成楼梯绘制。具体步骤如下：

（1）创建辅助线。切换到"楼梯"图层，执行"偏移"命令，选择 D 轴线向下偏移 1300，将 1 号轴线向右偏移 1300，为了能更清晰显示偏移后的辅助线，将其线型调整为 Continuous，颜色设置为绿色，偏移效果如图 11-86 所示。

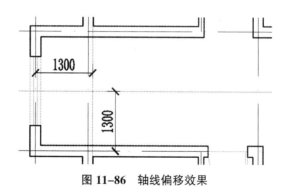

图 11-86 轴线偏移效果

（2）绘制楼梯投影线。执行"直线"命令，捕捉如图 11-87 所示的交点作为直线起点，向下绘制长度为 1180 的竖直直线，效果如图 11-88 所示。

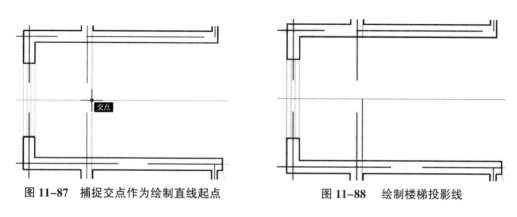

图 11-87 捕捉交点作为绘制直线起点　　　　　**图 11-88 绘制楼梯投影线**

（3）阵列直线。执行"阵列"命令，参数设置如图 11-89 所示，阵列效果如图 11-90 所示。

图 11-89 "阵列"对话框参数设置

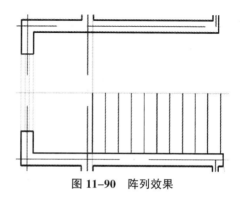

图 11-90 阵列效果

（4）绘制楼梯扶手。执行"多线"命令，以 D 轴线向下偏移得到的辅助线与 2 号轴线的交点为起点，采用 w50 多线样式，绘制长度为 2800 的水平多线作为楼梯扶手

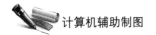

线，效果如图 11-91 所示。

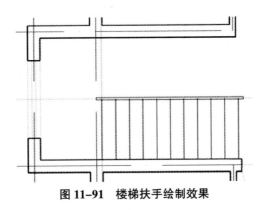

图 11-91　楼梯扶手绘制效果

（5）绘制折断线。采用"直线"命令绘制折断线，启动"直线"命令，折断线各点相对坐标如图 11-92 所示，命令行提示如下：

命令：_line 指定第一点：（在绘图区指定任意一点作为 A 点）

指定下一点或 ［放弃 (U)］：@1500，0（输入 B 点坐标）

指定下一点或 ［放弃 (U)］：@100，300（输入 C 点坐标）

指定下一点或 ［闭合 (C) /放弃 (U)］：@200，-600（输入 D 点坐标）

指定下一点或 ［闭合 (C) /放弃 (U)］：@100，300（输入 E 点坐标）

指定下一点或 ［闭合 (C) /放弃 (U)］：@1500，0（输入 F 点坐标）

指定下一点或 ［闭合 (C) /放弃 (U)］：Enter（按 Enter 键结束直线命令）

折断线绘制效果如图 11-93 所示。

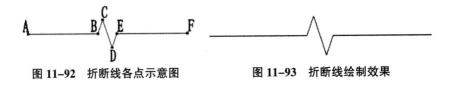

图 11-92　折断线各点示意图　　　　　图 11-93　折断线绘制效果

（6）移动折断线。启动"移动"命令，选择"折断线"图形，选择 CD 段中点作为基点，将折断线移动至第 6 条楼梯的中点，命令行提示如下：

命令：_move

选择对象：指定对角点：找到 5 个（选择折断线图形）

选择对象：Enter（按 Enter 键确认选择对象）

指定基点或 ［位移 (D)］ <位移>：（选择 CD 段中点作为基点）

指定第二个点或<使用第一个点作为位移>：（指定第 6 条楼梯的中点为第二个点，折断线移动效果如图 11-94 所示）

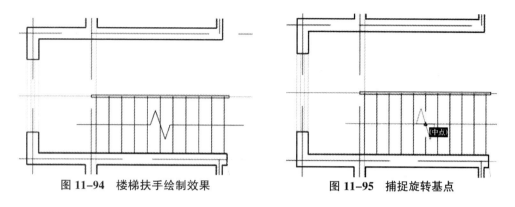

图 11-94　楼梯扶手绘制效果　　　　　　　　图 11-95　捕捉旋转基点

（7）旋转折断线。将折断线图形旋转 60°，基点选择在 CD 段中点，效果如图 11-96 所示。

（8）修剪楼梯。执行"修剪"命令，以折断线为修剪边界，修剪楼梯投影线和折断线，修剪的效果如图 11-97 所示。

图 11-96　折断线旋转效果

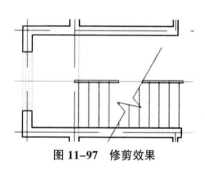

图 11-97　修剪效果

（9）使用与步骤（8）同样的方法修剪折断线并删除多余的楼梯线，效果如图 11-98 所示。

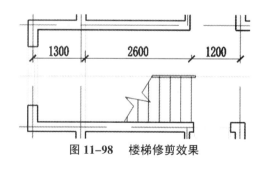

图 11-98　楼梯修剪效果

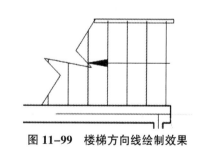

图 11-99　楼梯方向线绘制效果

（10）绘制楼梯方向线。使用"多段线"命令绘制楼梯方向线，启动"多段线"命令，命令行提示如下：

命令：PLINE

指定起点：50（捕捉第 1 条楼梯线的中点利用极轴追踪向右 50 处作为多段线起点）

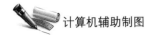

当前线宽为 0.0000

指定下一个点或 ［圆弧（A）/半宽（H）/长度（L）/放弃（U）/宽度（W）］：(捕捉第 4 条楼梯线的中点)

指定下一点或 ［圆弧（A）/闭合（C）/半宽（H）/长度（L）/放弃（U）/宽度（W）］：w

指定起点宽度<0.0000>：100（输入起点宽度100）

指定端点宽度<100.0000>：0（输入端点宽度0）

指定下一点或 ［圆弧（A）/闭合（C）/半宽（H）/长度（L）/放弃（U）/宽度（W）］：260（输入多段线长度为 260）

指定下一点或 ［圆弧（A）/闭合（C）/半宽（H）/长度（L）/放弃（U）/宽度（W）］：Enter（按 Enter 键完成多段线绘制，效果如图 11-99 所示）

8. 插入卫生洁具

（1）切换到"家具"图层，执行"插入(I)"|"块（B）…"命令，插入卫生洁具图块。执行"偏移"命令，偏移辅助线，构造卫生间洁具的插入点，偏移距离和插入效果如图 11-100 所示。

（2）使用与步骤（1）同样的方法插入另一个卫生间的洁具，定位点偏移距离和插入效果如图 11-101 所示。

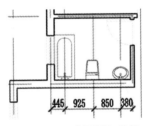

图 11-100　洁具插入效果

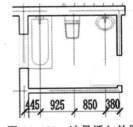

图 11-101　洁具插入效果

删除偏移辅助线，卫生洁具创建完毕。

9. 创建室外台阶和散水

（1）创建室外台阶。切换到"散水"图层，执行"矩形"命令，绘制室外台阶，命令行提示如下：

命令：_rectang

指定第一个角点或 ［倒角（C）/标高（E）/圆角（F）/厚度（T）/宽度（W）］：(捕捉如图 11-102 所示的外墙角点作为矩形起点)

指定另一个角点或 ［面积（A）/尺寸（D）/旋转（R）］：@2800，-2100（输入矩形另一交点的相对坐标，绘制效果如图 11-103 所示）

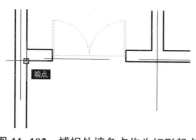

图 11-102　捕捉外墙角点作为矩形起点

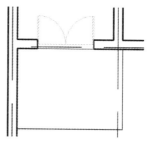

图 11-103　矩形绘制效果

执行"分解"命令，将矩形分解，再使用"偏移"命令，选择矩形下边线作为偏移对象，依次向上偏移 300，偏移效果如图 11-104 所示，入户门口室外台阶绘制完成。

使用同样方法绘制另一个入口台阶，绘制的矩形大小为 4000×1800，绘制的效果如图 11-105 所示。

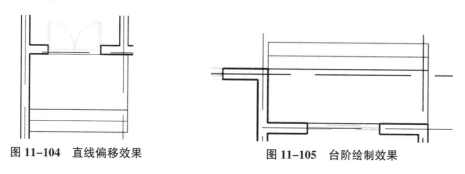

图 11-104　直线偏移效果　　　　　　图 11-105　台阶绘制效果

（2）绘制散水。散水距离外墙 600，采用偏移外部横纵轴线方法创建辅助线，连接辅助线交点绘制散水。因此，应将外轴线向外侧偏移 720，使用"偏移"命令，将所有外墙的轴线均向外侧偏移 720，偏移效果如图 11-106 所示，并沿着辅助线交点绘制直线，效果如图 11-107 所示。

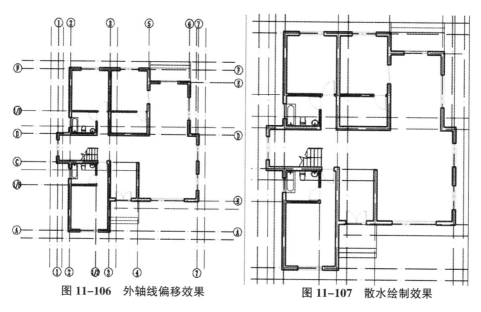

图 11-106　外轴线偏移效果　　　　　　图 11-107　散水绘制效果

325

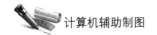

执行"直线"命令，在墙角部位绘制斜线，表示散水的排水方向，删除偏移生成的辅助线，完成散水绘制，绘制的效果如图 11-108 所示。

（3）绘制剖切符号。执行"多段线"命令，绘制剖切符号，使用"多段线"命令绘制，多段线线宽设置 50，剖切符号横向长度为 400，剖切符号竖向长度为 600，效果如图 11-109 所示。

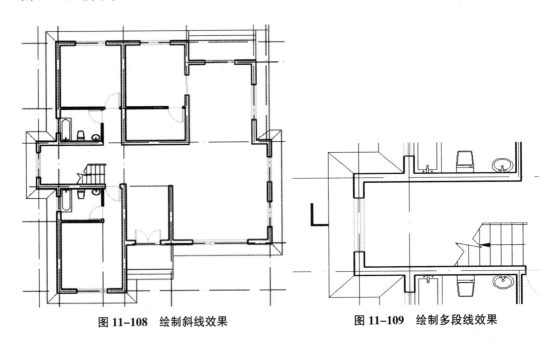

图 11-108　绘制斜线效果　　　　　　　　图 11-109　绘制多段线效果

使用同样的方法绘制另一个剖切符号，效果如图 11-110 所示。

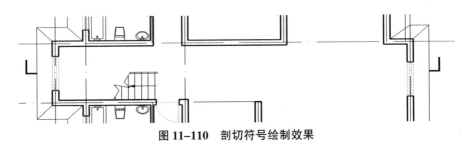

图 11-110　剖切符号绘制效果

10. 创建文字

切换到"文字"图层，执行"绘图（D）"｜"文字（X）"｜"单行文字（S）"命令，创建平面图中所需的文字，采用样板图中设置的文字样式 wz500 作为平面图中的文字样式创建说明文字，效果如图 11-112 所示。

图 11-111　绘图区内动态光标

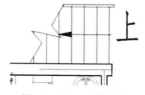

图 11-112　文字效果

使用同样方法创建其他的文字说明，效果如图 11-113 所示。

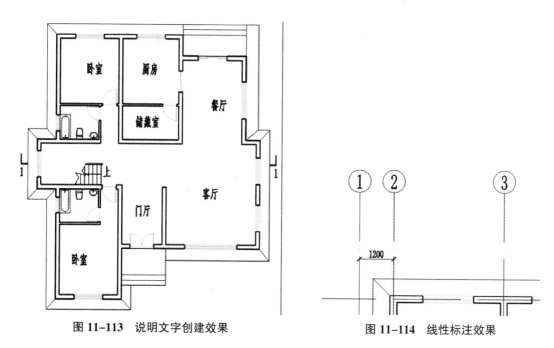

图 11-113　说明文字创建效果

图 11-114　线性标注效果

11. 创建尺寸标注

（1）第一道尺寸标注。切换到"尺寸标注"图层，采用本书第八章第二节中创建的 S1-100 标注样式对平面图进行尺寸标注，执行"标注（N）"｜"线性标注（L）"命令和"连续（C）"命令，完成标注创建。

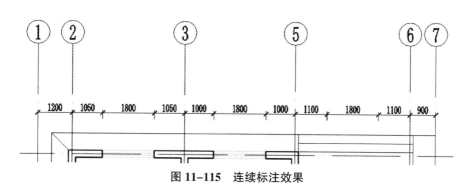

图 11-115　连续标注效果

（2）第二道尺寸标注。继续执行"线性命令"和"连续标注"命令，创建第二道尺寸标注，选择相邻两条轴线作为尺寸标注的尺寸界线的原点，标注出轴线之间的尺寸，效果如图 11-116 所示。

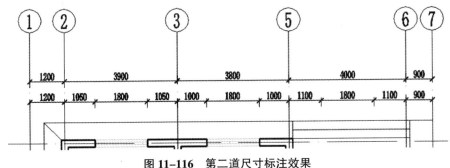

图 11-116 第二道尺寸标注效果

（3）第三道尺寸标注。标注最外侧的尺寸，选择 1 号轴线和 7 号轴线作为尺寸标注的尺寸界线的原点，标注出总体尺寸，效果如图 11-117 所示。

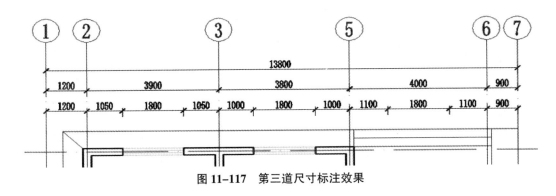

图 11-117 第三道尺寸标注效果

采用与步骤（1）、步骤（2）和步骤（3）相同的办法标注其他方向的尺寸标注，标注效果如图 11-118 所示。

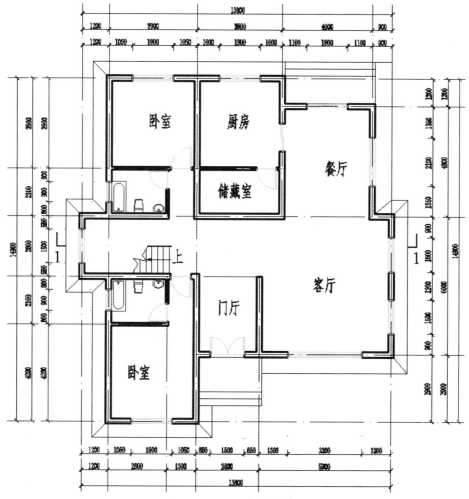

图 11-118 尺寸标注效果

12. 插入标高

选择"插入(I)"|"块（B）…"命令，插入"标高"图块，如图 11-119 所示。插入点为室内的任意一点，创建室内标高，标高值为±0.000，效果如图 11-120 所示。使用同样的方法，创建室外标高，标高值为-0.450，效果如图 11-121 所示。

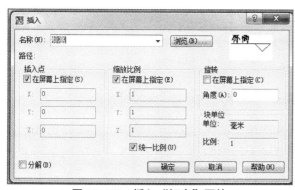

图 11-119 插入"标高"图块

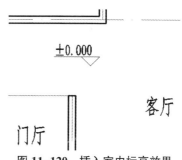

图 11-120 插入室内标高效果

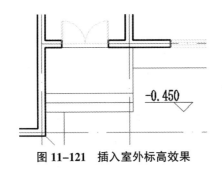

图 11-121　插入室外标高效果

图 11-122　捕捉插入点

13. 创建图名和图名线

（1）创建图名。选择"绘图（D）"｜"文字（X）"｜"单行文字（S）"命令，采用 wz700 文字样式，创建图名。采用 wz350 文字样式创建比例，捕捉 wz700 创建的图名文字插入点，如图 11-122 所示，追踪水平向右 6000 的位置，创建比例文字"1∶100"，效果如图 11-123 所示。

某别墅底层平面图 1:100

图 11-123　图名和比例尺创建效果

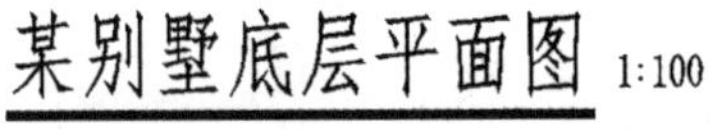

某别墅底层平面图 1:100

图 11-124　图名和图名线创建效果

（2）绘制图名线。使用"多段线"命令，线宽设置为 100，绘制下划线，长度和图名长度一致，命令行提示如下：

命令：_pline
指定起点：300（捕捉插入点向下 300 处作为多段线起点）
当前线宽为 0.0000
指定下一个点或 ［圆弧（A）/半宽（H）/长度（L）/放弃（U）/宽度（W）］：w
指定起点宽度<0.0000>：100
指定端点宽度<100.0000>：100
指定下一个点或 ［圆弧（A）/半宽（H）/长度（L）/放弃（U）/宽度（W）］：6000（输入图名线长度）
指定下一点或 ［圆弧（A）/闭合（C）/半宽（H）/长度（L）/放弃（U）/宽度（W）］：Enter（按 Enter 键完成多段线绘制，效果如图 11-124 所示）

至此，别墅底层平面图绘制完成，效果如图 11-14 所示。

二、二层平面图绘制

在绘制完底层平面图之后，可以在底层平面图的基础上绘制二层平面图和屋顶平面图。本节介绍如何在底层平面图的基础上绘制二层平面图。通过本节的学习了解在使用已有图形绘制图形时，哪些图形需要保留，哪些图形需要修改，哪些图形需要删除。由于目前很多的建筑都是多层建筑结构，平面图通常由底层平面图、标准层平面图和屋顶平面图组成。通常情况，先绘制底层平面图，其他平面图在它的基础上进行绘制。

别墅的二层平面图效果如图 11-125 所示，绘图比例同样为 1：100。

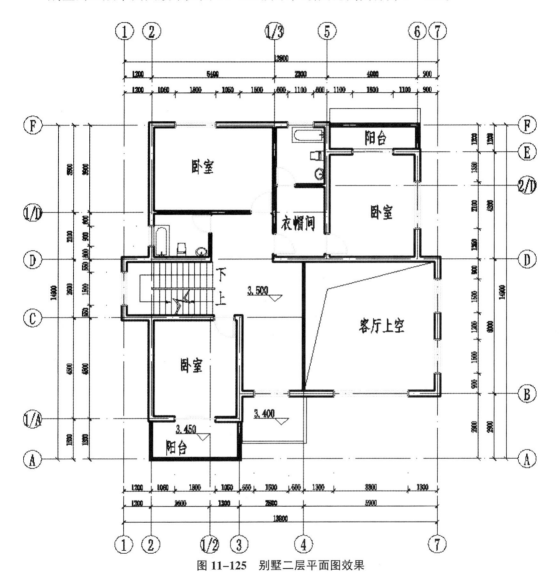

图 11-125　别墅二层平面图效果

1. 复制底层平面图

将底层平面图复制，选择底层平面图的所有图形，在绘图区指定一点进行复制。分析二层平面与底层平面不同之处，删除散水、与底层不同部分的墙体和门窗，效果如图 11-126 所示。

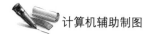
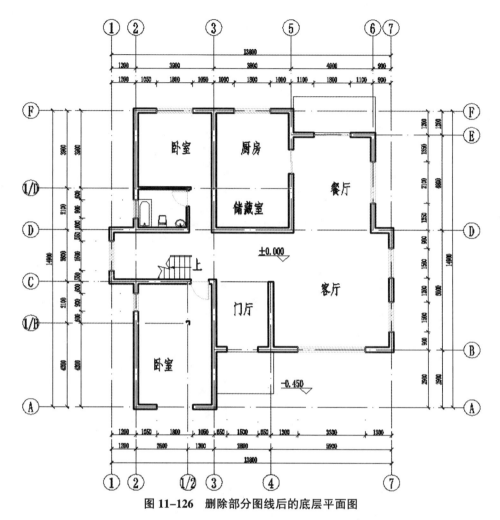

图 11-126 删除部分图线后的底层平面图

2. 修改文字

双击需要修改的文字，使文字处于可编辑状态，如图 11-127 所示，修改需要改变的文字，如图 11-128 所示。文字修改效果如图 11-129 所示。

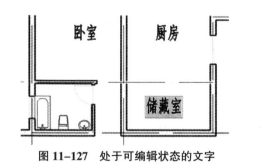

图 11-127 处于可编辑状态的文字

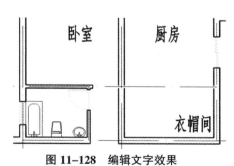

图 11-128 编辑文字效果

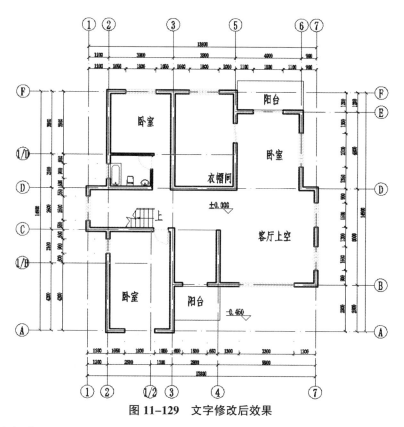

图 11-129 文字修改后效果

3. 修改轴线

执行"偏移"命令，增补轴线，将 3 号轴线向右偏移 1500，A 轴线向上偏移 1800，1/D 轴线向上偏移 1200，偏移后的效果如图 11-130 所示。

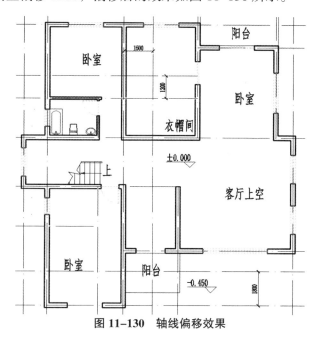

图 11-130 轴线偏移效果

4. 修改墙体

切换至"墙体"图层，采用与绘制底层平面图同样的方法，绘制和修剪多线，并补充修剪二层平面图的墙体，效果如图 11-131 所示。

5. 创建门窗洞口

采用与底层平面图同样的方法创建门窗洞口，根据门或窗与墙体轴线之间的距离，"偏移"左右两条轴线作为辅助线，以偏移后得到的两条辅助线作为剪切边，利用"修剪"的方法，剪切辅助线之间的多线，删除两条辅助线，创建出门窗洞口，效果如图 11-132 所示。

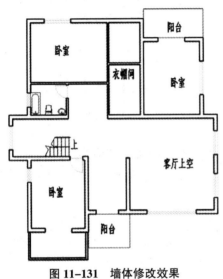

图 11-131 墙体修改效果

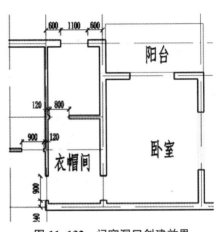

图 11-132 门窗洞口创建效果

6. 插入门窗图块

切换至"门窗"图层，插入门窗图块，插入已编辑好的"平面窗"和"平面门"图块，插入效果如图 11-133 所示。

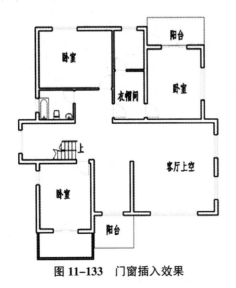

图 11-133 门窗插入效果

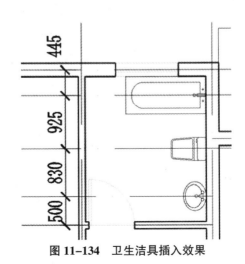

图 11-134 卫生洁具插入效果

7. 插入卫生间洁具

执行"偏移"命令，偏移轴线作为辅助线，构造卫生间洁具的插入点，偏移距离和插入效果如图 11-134 所示。

8. 修改尺寸标注

修改二层平面图中的轴线和轴号，增补新添加的轴号。删除要修改的尺寸标注，使用"线性标注"命令添加尺寸标注，效果如图 11-135 所示。

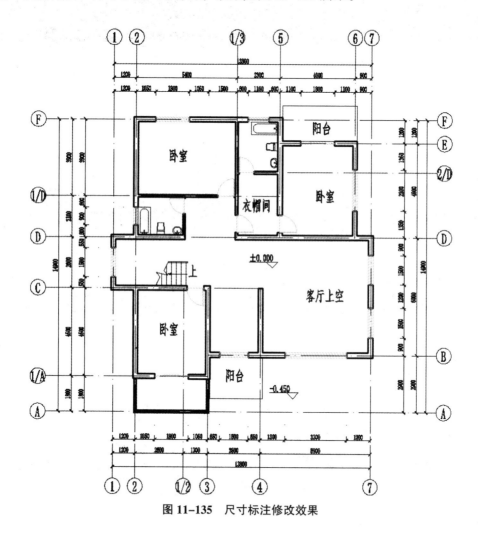

图 11-135 尺寸标注修改效果

9. 修改隔断墙

选中 4 号轴线上的墙线，右击鼠标，在弹出的快捷菜单中选择"特性"选项，在弹出的"特性"选项卡中将多线比例调整为 0.2，并将多线延伸至 D 轴线所在的墙线上，效果如图 11-136 所示。

10. 创建客厅挑空线

执行"直线"命令，绘制客厅上空挑空辅助线，效果如图 11-137 所示。

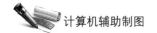

图 11-136 多线修改效果

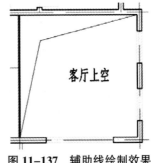

图 11-137 辅助线绘制效果

11. 修改楼梯

（1）拉伸楼梯扶手。利用夹点编辑，选择扶手左侧端点，将其拉伸至 2 号轴线，效果如图 11-138 所示。

（2）偏移折断线。使用"偏移"命令，将折断线向左偏移 50，并对折断线进行延伸和修剪，效果如图 11-139 所示。

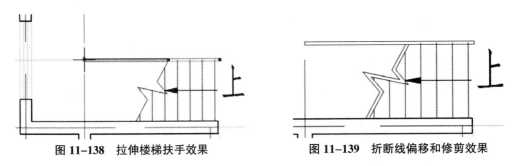

图 11-138 拉伸楼梯扶手效果

图 11-139 折断线偏移和修剪效果

（3）创建楼梯投影线。执行"复制"命令，绘制另一侧楼梯线，命令行提示如下：

命令：_line 指定第一点：（选择第一条楼梯投影线与楼梯扶手的延伸交点）

指定下一点或 ［放弃（U）］：1155（输入直线长度）

指定下一点或 ［放弃（U）］：Enter（按 Enter 键结束命令，效果如图 11-140 所示）

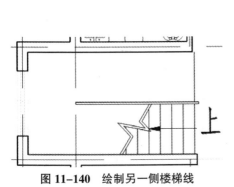

图 11-140 绘制另一侧楼梯线

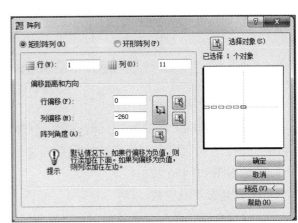

图 11-141 "阵列"参数设置

（4）阵列楼梯投影线。执行"阵列"命令，以步骤（3）绘制的楼梯线为阵列对象，"阵列"选项参数设置如图 11-141 所示，阵列后的效果如图 11-142 所示。

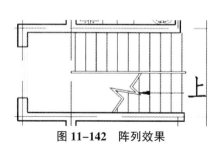

图 11-142　阵列效果

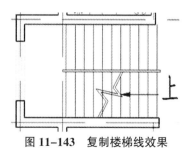

图 11-143　复制楼梯线效果

（5）复制楼梯投影线。选择步骤（4）绘制的楼梯线中的第 6、7、8、9、10、11 条楼梯线作为复制对象，执行"复制"命令，竖直向下复制到另一楼梯段作为楼梯投影线，复制的效果如图 11-143 所示。

（6）修剪楼梯投影线。以步骤（2）偏移得到的折断线为剪切边，以步骤（5）复制得到的楼梯线为修剪对象，执行"修剪"命令，修剪效果如图 11-144 所示。

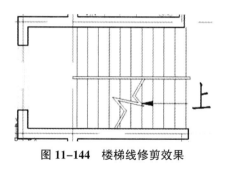

图 11-144　楼梯线修剪效果

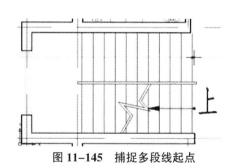

图 11-145　捕捉多段线起点

（7）绘制楼梯方向线。执行"多段线"命令，绘制楼梯方向线，捕捉如图 11-145 所示位置作为多段线起点，绘制效果如图 11-146 所示。

（8）添加文字。执行"复制"命令，选择"上"字为复制对象，以其插入点为基点，将"上"字向上复制至合适位置，再将"上"字改为"下"字，效果如图 11-147 所示。

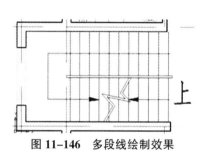

图 11-146　多段线绘制效果

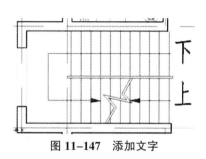

图 11-147　添加文字

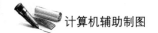

12. 绘制阳台

（1）执行"多线"命令，绘制阳台，命令行提示如下：

命令：MLINE

当前设置：对正＝下，比例＝1.00，样式＝W120

指定起点或［对正(J)/比例（S）/样式（ST）］：j

输入对正类型［上（T）/无（Z）/下（B）］＜下＞：z

当前设置：对正＝无，比例＝1.00，样式＝W120

指定起点或［对正(J)/比例（S）/样式（ST）］：（捕捉 E 轴线与 6 号轴线所在的外墙的交点作为起点）

指定下一点：（捕捉 F 轴线与 6 号轴线的交点作为下一点）

指定下一点或［放弃（U）］：（捕捉 F 轴线与 5 号轴线所在的外墙的交点作为下一点）

指定下一点或［闭合（C)/放弃（U）］：Enter（按 Enter 键完成绘制，绘制效果如图 11-148 所示）

（2）使用与步骤（1）同样的方法绘制另一个阳台线，效果如图 11-149 所示。

图 11-148　绘制多线效果

图 11-149　阳台线绘制效果

13. 绘制雨篷

（1）执行"偏移"命令，选择如图 11-150 所示的底层平面图的入口台阶的边线为偏移对象，向内偏移 120，偏移效果如图 11-151 所示。

图 11-150　选择偏移对象

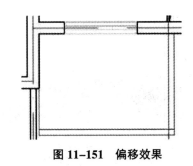

图 11-151　偏移效果

（2）执行"修剪"命令，以步骤（1）偏移得到的直线互为剪切边，修剪直线，修剪的效果如图 11-152 所示。

14. 插入标高

插入二层平面图中的标高，室内标高值为 3.500，阳台标高值为 3.450，雨篷标高值为 3.400，效果如图 11–153 所示。

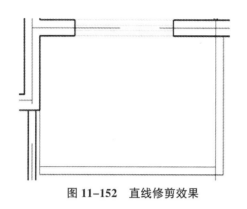

图 11–152 直线修剪效果 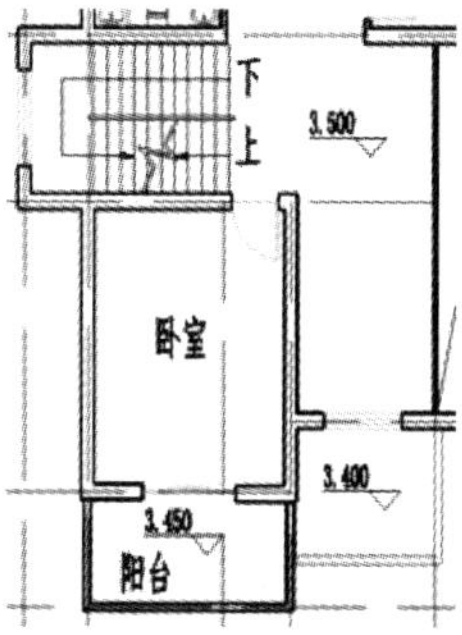　　　　图 11–153 插入标高效果

15. 修改图名

修改图名，效果如图 11–154 所示。

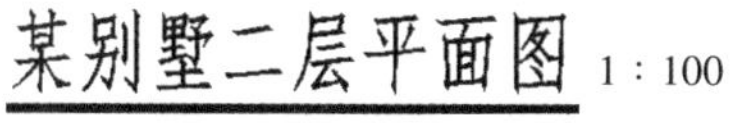

某别墅二层平面图 1：100

图 11–154 图名修改效果

至此，别墅二层平面图绘制完毕，效果如图 11–125 所示。

三、绘制屋顶平面图

屋顶平面图的绘制仅仅使用了二层平面图的轴线来定位，而其他的图形则对屋顶平面图的绘制没有帮助，屋顶平面图的效果如图 11–155 所示。

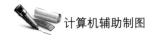
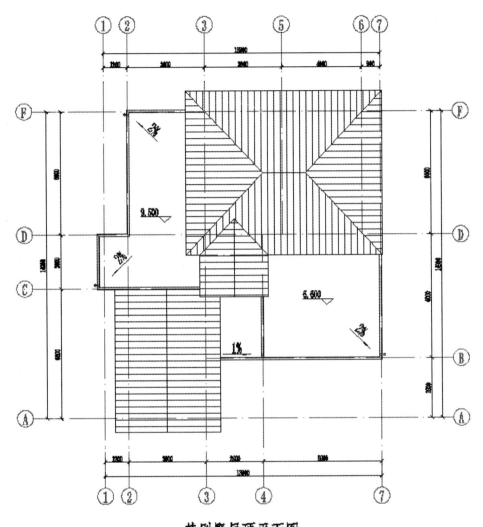

某别墅屋顶平面图 1 : 100

图 11-155　屋顶平面图效果

1. 复制二层平面图

将二层平面图复制一份，仅保留轴线和部分尺寸标注，其他图形均删除，并将图名改为"屋顶平面图"，效果如图 11-156 所示。

2. 增补轴线

（1）在"图层特性管理器"对话框中添加"屋面"图层，并将其设置为当前图层。使用"偏移"命令，将 D 轴线向下偏移 990、轴线 F 向上偏移 990、轴线 3 向左偏移 990、轴线 6 向右偏移 990，偏移效果如图 11-157 所示。

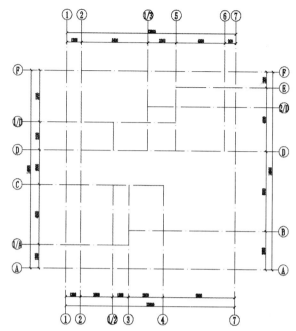

图 11-156 二层平面图保留轴线和部分尺寸标注效果

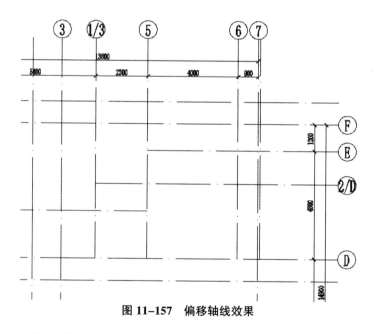

图 11-157 偏移轴线效果

（2）执行"圆角"命令，修剪辅助线，命令行提示如下：

命令：_fillet

当前设置：模式＝修剪，半径＝0.0000

选择第一个对象或［放弃（U）/多段线（P）/半径（R）/修剪（T）/多个（M）］：（选择 F 轴线向上偏移得到的辅助线为第一个对象）

选择第二个对象，或按住 Shift 键选择要应用角点的对象：（选择 3 号轴线向左偏移得到的辅助线为第二个对象，修剪的效果如图 11-158 所示）

使用与步骤（2）同样的方法，修剪其他辅助线，效果如图 11-159 所示。

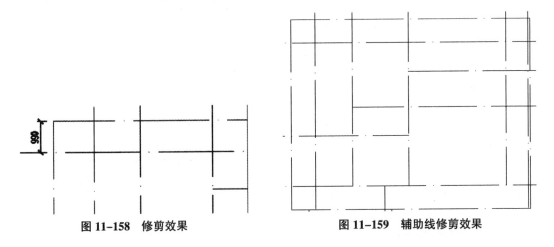

图 11-158　修剪效果　　　　　　　　　　图 11-159　辅助线修剪效果

（3）执行"偏移"命令，将 C 轴线向下偏移 410、3 号轴线向左偏移 290、4 号轴线向右偏移 290，偏移效果如图 11-160 所示。

（4）使用与步骤（2）同样的方法修剪辅助线，修剪效果如图 11-161 所示。

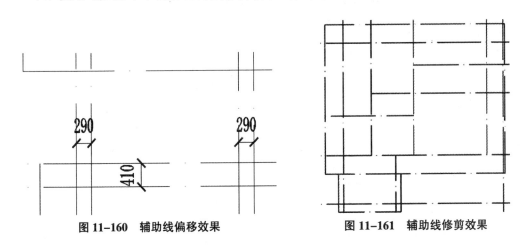

图 11-160　辅助线偏移效果　　　　　　　图 11-161　辅助线修剪效果

3. 绘制屋面边界线

执行"多段线"命令，绘制屋面边界线，捕捉辅助线交点为起点，依次捕捉辅助交点为下一点，完成屋顶边界线绘制，效果如图 11-162 所示。

4. 绘制屋脊线

（1）使用"多段线"命令，以 6 号轴线向右偏移得到的辅助线的中点为起点，以 3 号轴线向左偏移得到的辅助线的中点为端点绘制屋脊线，效果如图 11-163 所示。

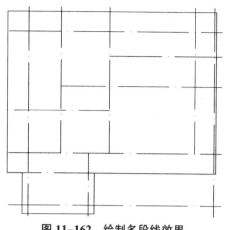

图 11-162　绘制多段线效果

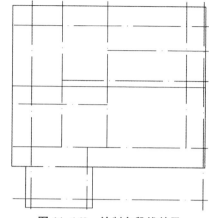

图 11-163　绘制多段线效果

（2）执行"偏移"命令，将轴线 3 向右偏移 2850，轴线 6 向左偏移 2850，偏移效果如图 11-164 所示。

（3）执行"多段线"命令，以辅助线与屋脊线交点为起点，线宽设置为 0，分别以屋面边界线的四个角点为端点绘制斜向屋脊线，删除辅助线后的效果如图 11-165 所示。

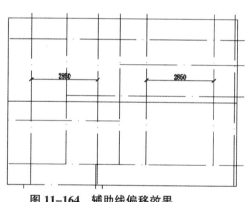

图 11-164　辅助线偏移效果

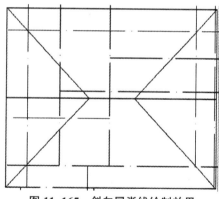

图 11-165　斜向屋脊线绘制效果

（4）执行"修剪"命令，以斜向屋脊线为剪切边修剪水平屋脊线，修剪后的效果如图 11-166 所示。

（5）使用"偏移"命令，命令行提示如下：

命令：OFFSET

当前设置：删除源＝否图层＝源　OFFSETGAPTYPE＝0

指定偏移距离或［通过（T）/删除（E）/图层（L）］<2850.0000>：t（选择偏移方式为指定偏移对象通过点）

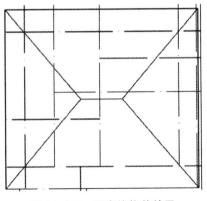

图 11-166　屋脊线修剪效果

选择要偏移的对象，或［退出（E）/放弃（U）］＜退出＞：（选择如图 11-167 所示的多段线）

指定通过点或［退出（E）/多个（M）/放弃（U）］＜退出＞：（选择如图 11-168 所示的端点）

选择要偏移的对象，或［退出（E）/放弃（U）］＜退出＞：Enter（按 Enter 键完成偏移，效果如图 11-169 所示）

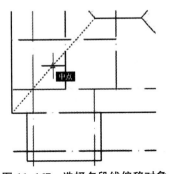

图 11-167　选择多段线偏移对象

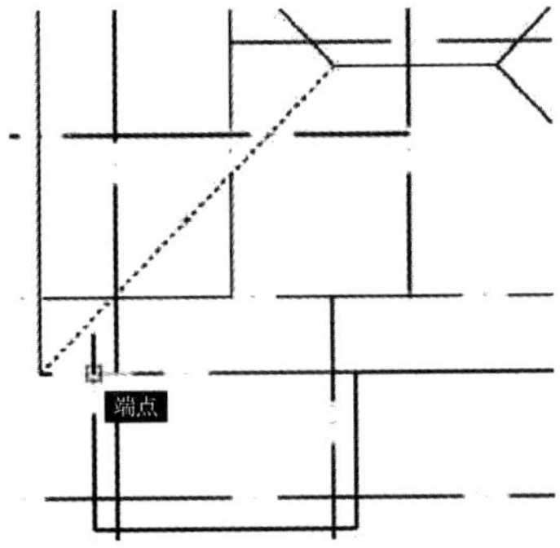

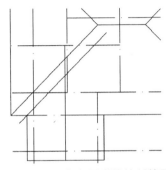

图 11-168　选择通过点

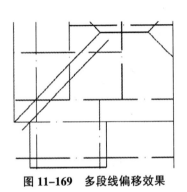

图 11-169　多段线偏移效果

图 11-170　竖向屋脊线绘制效果

（6）直线"多段线"命令，以 C 轴线偏移得到的辅助线中点为起点，线宽设置为 0，绘制竖直方向的屋脊线，效果如图 11-170 所示。

（7）使用"镜像"命令，以步骤（5）偏移得到的多段线为镜像对象，以步骤（6）绘制的多段线为镜像线，镜像效果如图 11-171 所示。

（8）关闭"轴线"图层，执行"修剪"命令，修剪屋脊线，修剪的效果如图 11-172 所示。

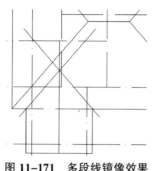

图 11-171　多段线镜像效果

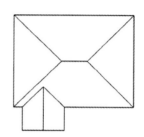

图 11-172　屋脊线修剪效果

（9）执行"图案填充"命令，弹出"图案填充和渐变色"对话框，按如图 11-173 所示的参数设置填充图案。填充效果如图 11-174 所示。

（10）继续执行"图案填充"命令，弹出"图案填充和渐变色"对话框，将角度设置为 90°，其余设置与图 11-173 的设置相同，添加拾取点进行图案填充，效果如图 11-175 所示。

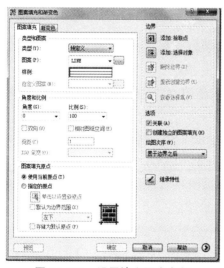

图 11-173　设置填充图案参数

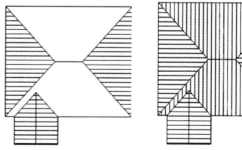

图 11-174　多段线镜像效果　　图 11-175　屋脊线修剪效果

（11）打开"轴线"图层，执行"偏移"命令，将轴线 2 向左偏移 690，轴线 3 向

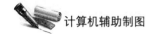
右偏移 690，轴线 A 向下偏移 690，效果如图 11-176 所示。

（12）执行"圆角"命令，修剪辅助线，效果如图 11-177 所示。

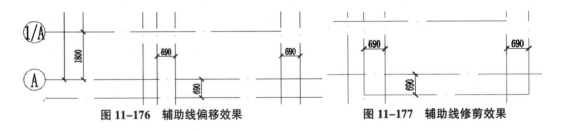

图 11-176　辅助线偏移效果　　　　　　　图 11-177　辅助线修剪效果

（13）继续绘制屋面边界线，使用"多段线"命令，线宽设置为 0，沿着修建好的辅助线绘制多段线，效果如图 11-178 所示。

（14）绘制屋脊线，执行"多段线"命令，线宽设置为 0，以 A 轴线向下偏移得到的辅助线的中点为起点，竖直向上绘制多段线，与 C 轴线所在的女儿墙垂直相交，效果如图 11-179 所示。

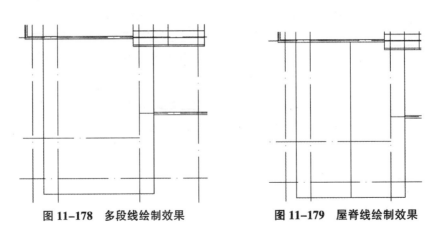

图 11-178　多段线绘制效果　　　　　　　图 11-179　屋脊线绘制效果

（15）关闭"轴线"图层，使用与步骤（9）同样的方法，进行填充，效果如图 11-180 所示。

5. 绘制女儿墙

（1）打开"轴线"图层，执行"偏移"命令，将轴线 1 向左偏移 300，并以 C 和 D 轴线为剪切边，对偏移后的辅助线进行修剪，效果如图 11-181 所示。

（2）执行"多线"命令，绘制女儿墙，命令行提示如下：

命令：MLINE

当前设置：对正=无，比例=1.00，样式=W120

指定起点或 ［对正(J)/比例 (S)/样式 (ST)］：（捕捉 3 号轴线向左偏移的辅助线与 F 轴线的交点为起点）

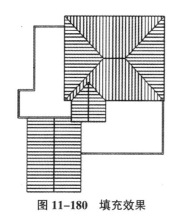

图 11-180 填充效果

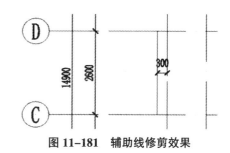

图 11-181 辅助线修剪效果

指定下一点：（捕捉 2 号轴线与 F 轴线的交点为起点）

指定下一点或［放弃（U）］：（捕捉 2 号轴线与 D 轴线的交点为起点）

指定下一点或［闭合（C）/放弃（U）］：（捕捉 1 号轴线向左偏移的辅助线与 D 轴线的交点为起点）

指定下一点或［闭合（C）/放弃（U）］：（捕捉 1 号轴线向左偏移的辅助线与 C 轴线的交点为起点）

指定下一点或［闭合（C）/放弃（U）］：（捕捉 3 号轴线向左偏移的辅助线与 C 轴线的交点为起点）

指定下一点或［闭合（C）/放弃（U）］：Enter（按 Enter 键完成绘制，效果如图 11-182 所示）

（3）使用与步骤（2）同样的方法，绘制其他女儿墙，关闭"轴线"图层，绘制的效果如图 11-183 所示。

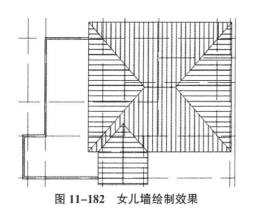

图 11-182 女儿墙绘制效果

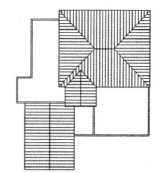

图 11-183 其他女儿墙绘制效果

6. 绘制排水管和排水方向线

（1）执行"圆"命令，绘制半径为 50 的圆作为排水管，圆心距离各个转角上下各 100，命令行提示如下：

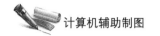

命令：CIRCLE

指定圆的圆心或［三点（3P）/两点（2P）/相切、相切、半径（T）］：_from（使用相对点法确定圆心）

基点：（捕捉如图 11-184 所示的端点）

<偏移>：@100，100（输入相对偏移距离，确定圆心）

指定圆的半径或［直径（D）］：50（输入圆半径，按 Enter 键完成绘制，效果如图 11-185 所示）

（2）执行"移动"命令，将排水管水平向左移动 320，效果如图 11-186 所示。

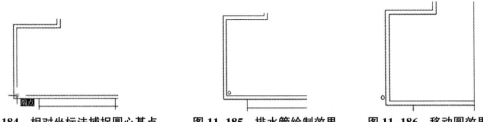

图 11-184　相对坐标法捕捉圆心基点　　　图 11-185　排水管绘制效果　　　图 11-186　移动圆效果

（3）执行"直线"命令，捕捉圆心为直线起点，绘制效果如图 11-187 所示。

（4）执行"偏移"命令，将步骤（3）绘制的直线向上偏移 40，向下偏移 40，效果如图 11-188 所示。

（5）执行"修剪"命令，修剪步骤（4）偏移的直线，并删除中间的直线，得到穿过女儿墙的预留洞，效果如图 11-189 所示。

图 11-187　直线绘制效果　　　图 11-188　偏移直线效果　　　图 11-189　预留洞效果

（6）采用步骤（1）、步骤（2）、步骤（3）、步骤（4）和步骤（5）同样的方法绘制其他落水管和女儿墙预留洞口，效果如图 11-190 所示。

7. 绘制排水方向线和排水坡度

（1）绘制排水方向线，执行"多段线"命令，命令行提示如下：

命令：PLINE

指定起点：（在绘图区内拾取任意一点作为起点）

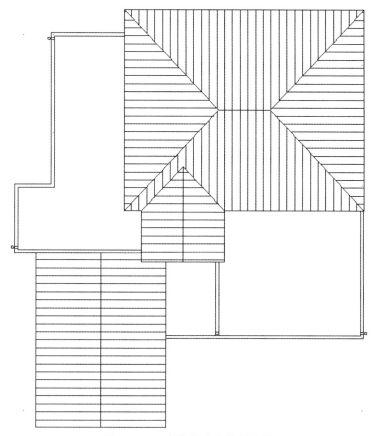

图 11-190　其他落水管绘制效果

当前线宽为 0.0000

指定下一个点或［圆弧（A）/半宽（H）/长度（L）/放弃（U）/宽度（W）］：1000（给定多段线的方向，输入多段线长度 1000）

指定下一点或［圆弧（A）/闭合（C）/半宽（H）/长度（L）/放弃（U）/宽度（W）］：w（设置多段线宽度）

指定起点宽度<0.0000>：50（起点宽度为 50）

指定端点宽度<50.0000>：0（端点宽度为 0）

指定下一点或［圆弧（A）/闭合（C）/半宽（H）/长度（L）/放弃（U）/宽度（W）］：400（输入多段线长度为 400）

指定下一点或［圆弧（A）/闭合（C）/半宽（H）/长度（L）/放弃（U）/宽度（W）］：Enter（按 Enter 键完成绘制，效果如图 11-191 所示）

（2）添加排水坡度文字，选择"绘图（D）"｜"文字（X）"｜"单行文字（S）"命令，采用 wz500 文字样式，将文字的旋转角度设置为与箭头方向平行，效果如图 11-192 所示。

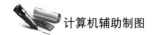

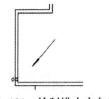

图 11-191　绘制排水方向线

图 11-192　添加排水坡度

（3）采用与步骤（1）和步骤（2）相同的方法，绘制其他排水方向线和排水坡度文字，效果如图 11-193 所示。

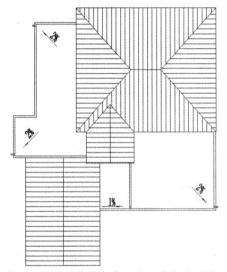

图 11-193　其他排水方向线和坡度绘制效果

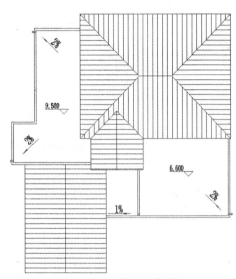

图 11-194　插入标高效果

8. 创建平台标高

选择 "插入（I）" | "块（B）…" 命令，插入标高图块，标高值分别为 9.500 和 6.600，插入点为室外平台上的任意一点，创建平台标高，效果如图 11-194 所示。至此，别墅屋顶平面图绘制完成，效果如图 11-155 所示。

☞ 习题

1. 绘制图 11-195 别墅一层平面图。

2. 绘制图 11-196 别墅二层平面图。

3. 绘制图 11-197 别墅屋顶平面图。

4. 绘制图 11-198 别墅 1-9 轴立面图。

5. 绘制图 11-199 别墅 A-G 轴立面图。

6. 绘制图 11-200 别墅 9-1 轴立面图。

7. 绘制图 11-201 别墅 1-1 剖面图。

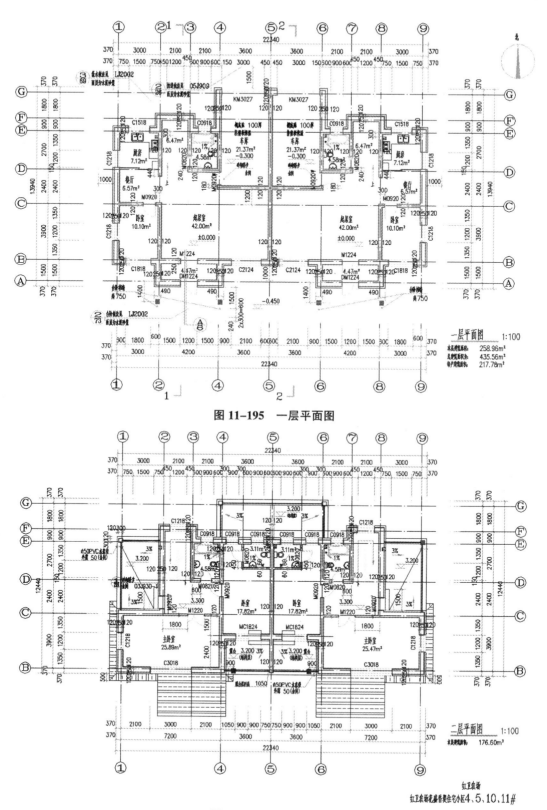

图 11-195　一层平面图

图 11-196　二层平面图

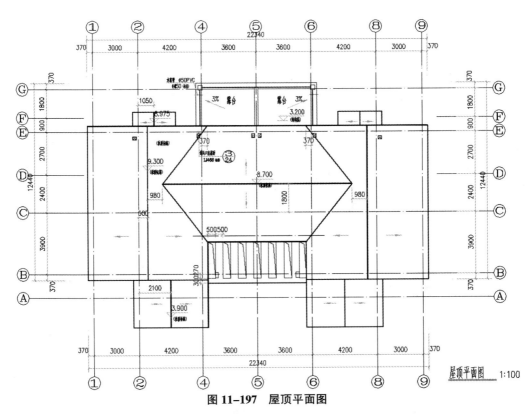

图 11-197　屋顶平面图

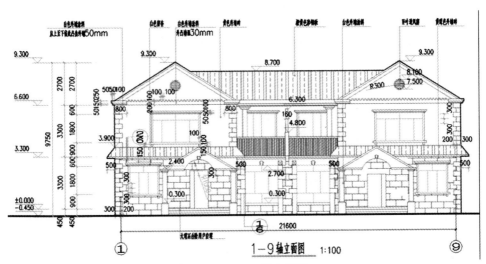

图 11-198　1-9 轴立面图

图 11-199 A-G 轴立面图

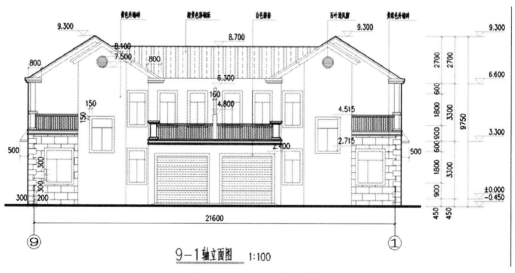

图 11-200 9-1 轴立面图

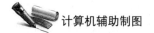

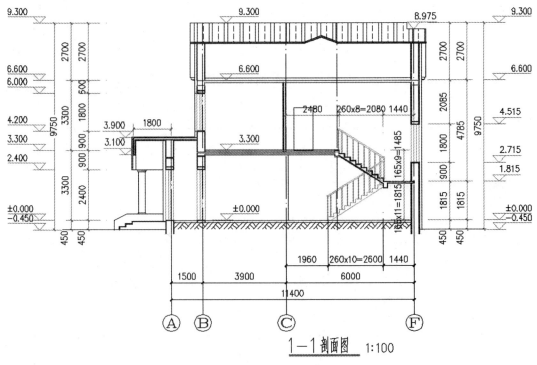

$\underline{1-1\ 剖面图}$　1:100

图 11-201　1-1 剖面图

第十二章　Auto CAD 与规划地形图的准备

👉 教学目标

通过本章的学习，应掌握地形图的基本知识，掌握利用 Auto CAD 处理地形图的方法以及高程分析图、坡度分析图的绘制方法。

👉 教学重点和教学难点

1. 了解地形图的基本知识是本章教学重点
2. 掌握 Auto CAD 处理地形图的方法是本章教学重点和教学难点
3. 掌握高程分析图的绘制方法是本章教学重点和教学难点
4. 掌握坡度分析图的绘制方法是本章教学重点和教学难点

👉 本章知识点

1. 比例尺、比例尺精度
2. 地形图图名、地形图图幅
3. 地图矢量化
4. 高程分析、坡度分析

对于从事城市与建筑规划设计人员来说，经常要在地形图上进行规划设计。一直以来，Auto CAD 作为通用平台软件，对地形图的处理有时存在难点及疑问。本章针对规划设计中地形图的常见处理方法，进行简要介绍，形成基础地形分析图。

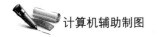

第一节　地形图的基本知识

地球表面极为复杂，有高山、平原，有河流、湖泊，还有各种人工建造的物体。在大比例尺地形图测绘工作中，习惯上把它们分为地物和地貌两大类。有明显轮廓的、自然形成的物体或人工建筑物，如江河、湖泊、房屋、道路等统称为地物。地面高低起伏的自然形态，如高山、丘陵、平原、洼地等，统称为地貌。地物和地貌总称为地形。

将地面上各种地物、地貌垂直投影到水平面上，然后按照规定的比例尺测绘到图纸上，这种表示地物平面位置和地貌高低起伏变化情况的图，称为地形图。地形图是城乡建设和各项建筑工程进行规划、设计、施工时必不可少的基本资料。

地物和地貌常用各种专用的符号和注记表示在图纸上。为将使用的符号和注记统一起来，国家测绘局制定并颁发了各种比例尺的地形图图式，供测图和读图时使用。

一、地形图的比例尺

1. 比例尺

地形图上任一线段 l 的长度与地面上相应线段的水平距离 L 之比，称为地形图的比例尺。

比例尺常用分子为 1，分母为整数的分数式来表示。例如，图上长度为 1，相应的实地水平距离为 L，则比例尺为：

$$\frac{l}{L} = \frac{1}{L/l} = \frac{1}{M}$$

M 为比例尺分母。显然，M 越小，比例尺越大。反之，M 越大，比例尺就越小。

城乡建设和建筑工程中所使用的大比例尺地形图，通常指 1∶10000、1∶5000、1∶2000、1∶1000 和 1∶500 比例尺地形图。其中，1∶5000 以上的图纸通常是实地绘制而成，1∶10000 的图纸可利用实测资料缩绘成图。

2. 比例尺精度

通常人眼能分辨出的图上最小距离是 0.1mm，小于 0.1mm 的线段，实际上难以画到图上。因此，地形图上 0.1mm 所代表的实地水平距离，称为比例尺精度。比例尺精度以 ε 表示，即 ε=0.1mm×M。

常用的几种大比例尺的比例尺精度，如表 12-1 所示。根据比例尺精度，可以确定测图是测量距离的精度。例如，测绘 1∶2000 比例尺的地形图时。距离测量的精度只需达到 0.2m 即可，再提高精度在地形图上也很难表示出来。不同的测图比例尺，有不同的比例尺精度。比例尺越大，所表示的地理信息越详细，精度也越高，但测图所需人力、费用和时间也随之增加。因此，在规划设计中，应从实际需要出发，恰当选择测图比例尺。

表 12-1　比例尺精度

比例尺	1：500	1：1000	1：2000	1：5000
比例尺精度（mm）	0.05	0.10	0.20	0.50

二、地形图的图名、图号和图廓

图幅的名称即图名，均以所在图幅内主要的地名命名，图 12-1 的图名为"大王庄"。图号是该图幅相应分幅办法的编号，标注于图幅上方正中处。图廓是地形图的边界线，有内、外图廓之分，如图 12-1 所示，内图廓线就是坐标格网线，外图廓为图幅最外边界线，以较粗的实线描绘，两图廓线之间的短线用来标记坐标值，以 km 为单位。图中左下角的 3420.0 表示本图的起始纵坐标为 3420km，中间横线上 34 两字省去不写，521.0 表示本图的起始横坐标为 521km。

接图表说明本幅图与相邻图幅的联系，供索取和拼接相邻图幅用时，通常把相邻图幅的图号（或图名）标注在邻接图表中。中间绘有斜线的是本图幅，其余方格注以相邻图的图名（或编号），如图 12-1 所示。

大比例尺地形图大多采用正方形分幅法，它是按统一的直角坐标格网线划分的。图幅的大小如表 12-2 和图 12-2 所示。

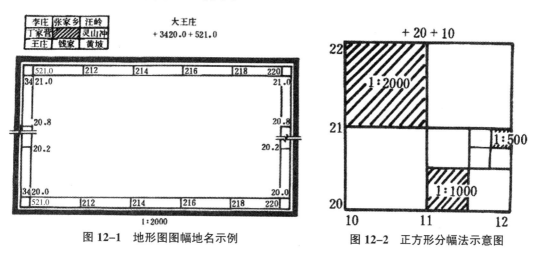

图 12-1　地形图图幅地名示例　　　图 12-2　正方形分幅法示意图

表 12-2　地形图图幅大小一览表

比例尺	图幅大小（cm²）	图廓相应的实地长度（m）	实地面积（km²）
1：5000	40×40	2000	4
1：2000	50×50	1000	1
1：1000	50×50	500	0.25
1：500	50×50	250	0.0625

大比例尺地形图的编号（即图号）一般采用图幅西南角坐标公里数编号法。如图 12-1 所示，该地形图的西南角坐标为 X=3420.0km，Y=521.0km，所以其编号为+3420.0 +521.0。编号时，1：500 地形图取至 0.01km，如+21.25 + 10.25；在 1：1000 和 1：2000 地形图取至 0.1km。

地形图的分幅方法基本上有两种：一种是按经纬线分幅的梯形分幅法（用于国家基本图的分幅）；另一种是按坐标网格划分的矩形分幅法（用于城市或工程建设大比例尺地形图的分幅）。梯形分幅法又可分为旧分幅、编号与新分幅与编号两种。

（1）旧分幅与编号。

1）国际 1：100 万比例尺地形图的分幅与编号。全球 1：100 万的地形图实行统一的分幅与编号，将整个地球表面在 180°子午线由西向东起算，经差每隔 6°划分纵行。全球共 60 纵行，用 1~60 表示。从赤道起，分别向南、向北按纬度差 4°划分横行，以 A、B、C、D···V 表示。任一幅 1：100 万地形图的大小就是由纬差 4°的两纬线和经差 6°的两子午线所围成的梯形面积，其编号由所在横列字母和纵行数字组成。如 J-50，国际 1：100 万的分幅与编号是其余各种比例尺图梯形分幅的基础。

2）1：50 万、1：20 万、1：10 万图的分幅与编号。直接在 1：100 万图的基础上，按规定的相应纬差和经差划分。每幅 1：100 万图划分 4 幅 1：50 万图，以 A、B、C、D 表示，如 J-50-A。

3）1：5 万、1：2.5 万、1：1 万图的分幅与编号。直接在 1：10 万图的基础上进行。每幅 1：10 万图可划分 4 幅 1：5 万图，将 1：5 万图四等分，得到 1：2.5 万图。表示方法如表 12-3 所示。

表 12-3　地形图图幅图号一览表

比例尺	图幅内分幅数	某处所在地图号
1：100 万	1	J-50
1：50 万	4	J-50-A
1：20 万	36	J-50-（13）
1：10 万	144	J-50-62
1：5 万	4	J-50-62-A
1：2.5 万	4	J-50-62-A-1
1：1 万	64	J-50-62-（9）
1：5 千	4	J-50-62-（9）-C

（2）新的分幅与编号。新的分幅与编号直接在 1：100 万图的基础上，按规定的经差和纬差划分图幅。1：100 万地形图的编号与旧编号方法相同，只是去掉文字与数字间的短线，如北京所在 1：100 万地形图的编号为 J50。1：50 万~1：5 千地形图的编号均以 1：100 万地形图编号为基础，采用行列编号方法。即将 1：100 万地形图的经

差和纬差划分成若干行和列，横行从上到下，纵行从左到右，按顺序分别用三位阿拉伯数字表示，不足三位者前面补零，取行号在前、列号在后标记（如 1：50 万地形图的编号为 J50B002002）。地形图新旧分幅图号对照表如 12-4 所示。

表 12-4　地形图新旧分幅图号对照

比例尺	新分幅图号	旧分幅图号
1：50 万	K51B002002	K-51-D
1：25 万	K51C004004	K-51-（35）
1：10 万	K51D011010	K-51-130
1：5 万	K51E021019	K-51-130-A
1：2.5 万	K51F042037	K-51-130-A-3
1：1 万	K51G083074	K-51-130-（18）
1：5 千	K51H166148	K-51-130-（18）-d

第二节　Auto CAD 中的地形图处理

在城市规划与设计的 CAD 制图过程中，通常使用综上所说的大比例尺地形图。目前委托方所提供的计算机文档形式的地形图有 2 种基本格式，一种是矢量化的数字地形图，这种地形图上的地形地物是独立的实体，可以对地形地物等进行编辑；另一种是栅格地形图，即通常所说的图片，这种格式地形图中的地形地物实体是不能进行编辑操作的。

规划设计项目委托方提供矢量化的地形图是最标准、最理想的情况。但有时并没有向我们提供这种格式的文档，只有纸质地图，而我们又需要在 CAD 中对地形图进行分析，这里就涉及地形图的矢量化问题。

地图矢量化是重要的地理数据获取方式之一。所谓地图矢量化，就是把栅格数据转换成矢量数据的处理过程。当纸质地图经过计算机、图像系统转化为点阵数字图像，经图像处理和曲线矢量化，或者直接进行手工描绘数字矢量化后，生成可以为地理信息系统显示、修改、标注、漫游、计算、管理和打印的矢量地图数据文件。这种与纸质地图相对应的计算机数据文件称为矢量化电子地图。

基于矢量化的电子地图，当放大或缩小显示地图时，地图信息不会发生失真，并且用户可以很方便地在地图上编辑各个地物、将地物归类、求解各地物之间的空间关系，有利于地图的浏览、输出。矢量图形在规划设计、工业制图、土地资源管理、房地产开发管理等行业都有广泛的应用。

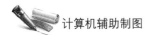

Auto CAD 的图形是基于矢量化的图形格式，可以通过下列 2 种方法将栅格数据矢量化。

1. 屏幕矢量化

将纸质地形图通过扫描，保存为 JPG 格式，然后使用 CAD 的插入光栅图像功能，将 JPG 图纸导入软件中，然后用多段线等工具描绘地形图，最后得到一张 .dwg 格式的地形图，这种方法叫"屏幕数字化"。其优点是修改方便、快捷；缺点是工作量大，图像纠正难度大，精度低。

2. 使用矢量化软件

目前，市场上可以用量进行矢量化的软件很多，比如 CASS、COREL TRACE、COREDRAW、MAPINFO、SUPERMAP GIS 等软件，都可以用量进行地形图的矢量化处理。

CASS9.2 光栅图像工具可以直接对光栅图进行图形的纠正，并利用屏幕菜单进行图形数字化。操作步骤如下：

首先，根据图形大小在"绘图输处理"菜单下插入一个图幅。

其次，通过"工具"菜单下的"光栅图像->插入图像"项插入一幅扫描好的栅格图，如图 12-3 所示；这时会弹出图像管理对话框，如图 12-4 所示；选择"附着（A）…"按钮，弹出选择图像文件对话框，如图 12-5 所示；选择要矢量化的光栅图，点击"打开（O）"按钮，进入图形管理对话框，如图 12-6 所示；选择好图形后，点击"确定"即可。命令行提示如下：

图 12-3　插入一幅栅格图

图 12-4　图像管理对话框

图 12-5　选择图形文件

图 12-6　选择图形

Specify insertion int <0，0>：（输入图像的插入点坐标或直接在屏幕上点取，系统默认为（0，0））

Base image size：Width：1.000000，Height：0.828415，Millimeters（命令行显示图像的大小，按 Enter 键确认）

Specify sca factor <1>：（图形缩放比例，按 Enter 键确认）

插入图形之后，用"工具"下拉菜单的"光栅图像->图形纠正"对图像进行纠正，命令区提示：择要纠正的图像时，选择扫描图像的最外框，这时会弹出图形纠正对话框，如图 12-7 所示。选择五点纠正方法"线性变换"，点击"图面"：一栏中"拾取"按钮，回到光栅图，局部放大后选择角点或已知点，此时自动返回纠正对话框，在"实际："一栏中点击"拾取"，再次返回光栅图，制点图上实际位置，返回图像纠正对话框后，点击"添加"，添加此坐标。完成一个控制点的输入后，依次拾取输入各点，最后进行纠正。此方法最少输入五个控制点，如图 12-8 所示。纠正之前可以查看误差大小，如图 12-9 所示。

图 12-7 图形纠正

图 12-8 五点纠正

图 12-9 误差消息框

五点纠正完毕后，进行四点纠正"affine"，以便提高纠正精度，同样依此局部放大后选择各角点或已知点，添加各点实际坐标值，最后进行纠正。此方法最少四个控制点。

经过两次纠正后，栅格图像应该能达到数字化所需的精度。值得注意的是，在纠

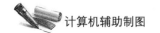

正过程中将会对栅格图像进行重写、覆盖，自动另存为纠正后的图形。

在"工具->光栅图像"中，还可以对图像进行图像赋予、图形剪切、图像调整、图像质量、图像透明度、图像框架的操作。用户可以根据具体要求，对图像进行纠正。

图像纠正完毕后，利用右侧的屏幕菜单，可以进行图形的矢量化工作。如图 12-10 所示，矢量化等高线。右侧的屏幕菜单是测绘专用交互绘图菜单。进入该菜单的交互编辑功能时，您必须先选定定点方式。定点方式包括"坐标定位""测点点号""电子平板""数字化仪"等方式。其中包括大量的图式符号，用户可以根据需要利用图式符号，进行矢量化工作。

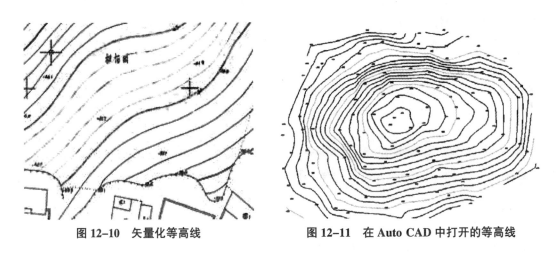

图 12-10　矢量化等高线　　　　图 12-11　在 Auto CAD 中打开的等高线

第三节　高程分析图的绘制

在规划设计中，为了比较形象直观地了解规划设计区域的地形地貌，尤其是对那些地形相对复杂的区域，通常要进行高程分析。在 Auto CAD 2007 中，没有专门绘制高程分析图的工具模块，因此，绘制过程较烦琐，在绘制过程中，应根据实际设计需要选择合适的精度，以节省人力、物力。由于 Auto CAD 软件在地形分析模块方面的局限，目前，在很多情况下，规划设计单位常采用 GIS 软件进行地形分析，如 CASS、ARCGIS、MAPGIS 等软件进行地形分析。

高程分析图的绘制步骤，可以分为以下几个阶段。

（1）等高线识读。打开地形图后，会看到复杂的地形及密密麻麻的等高线及高程数据，如图 12-11 所示。图中最大高程为 43.9m，最小高程为 24.368m。为了能够清晰形象地反映地形空间关系，需要对复杂的等高线进行识别判读。

（2）填充选择等高线区域，整理绘制好的等高线，保证其符合填充条件，然后使用

Hatch 命令进行填充渲染，如图 12-12 所示。

（3）采用同样的方法，填充全部等高线区域，效果如图 12-13 所示。

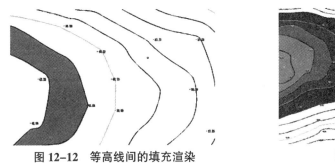

图 12-12　等高线间的填充渲染

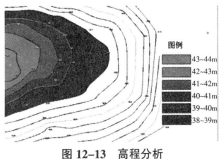

图 12-13　高程分析

第四节　坡度分析图的绘制

在规划设计中，对场地各部分的平缓陡斜状况进行分析了解，有助于规划设计的用地选择和总体构思。坡度分析图能形象直观地反映出场地各部分的坡度变化情况，可在整理好的等高线基础上进行绘制。

在 CAD 中绘制坡度分析图，首先要确定需反映的坡度的精细程度。选择区分坡度为 10%、20%、30%、40%不同坡度区间，并分成 10%以下坡度区、10%~20%坡度区、20%~30%坡度区、30%~40%坡度区、40%以上坡度区。

为了在 CAD 图中量算出两等高线区间内各部分的坡度值，我们可以先以规定的坡度值算出对应的水平距离，如对于两等高线高差为 1m 的高程图来说，10%的坡度对应的水平距离应为 10m，则在图上先画一个直径为 10m 的圆，在此基础上以 20%、30%、40%为准分别画出直径为 5m、3.33m、2.5m 的几个圆，如图 12-14 所示。

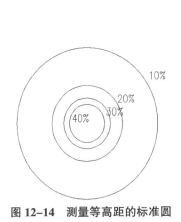

图 12-14　测量等高距的标准圆

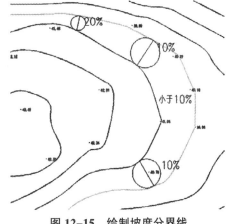

图 12-15　绘制坡度分界线

　　然后以绘制的圆为度量尺寸，移动复制圆至两等高线之间，从而确定出不同坡度值的区域边界。再以圆所在位置垂直于两等高线作直线，直线即为各坡度区的分界线，如图 12-15 所示。最后，以等高线和不同坡度区域的分界线为边界进行色块填充，如图 12-16 所示。按此方法，依次确定各等高线间坡度区域，并用相应颜色进行填充，完成坡度分析图。

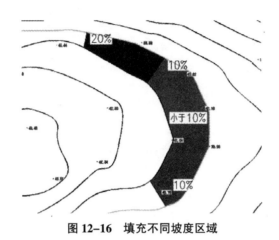

图 12-16　填充不同坡度区域

习题

　　1. 地形图上任一段 l 的长度与地面上相应线段实际的水平距离 L 之比，称为（　　）。

　　2. 通常人眼能分辨出的图上最小距离是 0.1mm，小于 0.1mm 的线段，实际上难以画到图上，因此，地形图上 0.1mm 所代表的，称为（　　）。

　　3. 什么叫地形图的矢量化？地形图矢量化的方法有哪些？

　　4. 简要叙述地形图高程分析的绘制过程。

　　5. 简要叙述地形图坡度分析的绘制过程。

第十三章 总图绘制

☞ **教学目标**

　　本章以绘制某小区建筑总平面图为例，介绍建筑总平面图绘制方法。

☞ **教学重点和教学难点**

　　1. 掌握总图包含的内容是本章教学重点
　　2. 熟悉总图的绘制过程是本章教学重点和教学难点

☞ **本章知识点**

　　1. 总图的绘制过程
　　2. 总平面图的内容

第一节　总图概述

　　总平面图的绘制是建筑图纸必不可少的一个重要环节。通常是通过在建设地域上空向地面一定范围投影得到总平面图。总平面图标明新建房屋所有有关范围内的总体布置，它反映了新建房屋、建筑物等的位置和朝向，室外场地、道路、绿化的布置，地形、地貌标高及其和原有环境的关系和临界状况。建筑总平面图是建筑物及其设施施工定位、土方施工以及绘制水、暖、电等管线总平面图和施工总平面图的依据。

一、总平面图的内容

　　建筑总平面图所要表达的内容如下：

其一，建筑地域的环境状况，如地理位置、建筑物占地界限及原有建筑物、各种管道等。

其二，应用图例以标明新建区、扩建区和改建区的总体布置，标明各个建筑物和构筑物图的位置，道路、广场、室外场地和绿化等的布置情况以及各个建筑物的层数等。在总平面图上，一般应该画出所采用的主要图例及其名称。此外，对于《总图制图标准》中所缺乏规定而需要自定的图例，必须在总平面图中绘制清楚，并注明名称。

其三，确定新建或者扩建工程的具体位置，一般根据原有的房屋或者道路来定位。

其四，当新建成片的建筑物和构筑物或者较大的公共建筑和厂房时，往往采用坐标来确定每一个建筑物及其道路转折点等的位置。在地形起伏较大的地区，还应画出地形等高线。

其五，注明新建房屋底层室内和室外平整地面的绝对标高。

其六，未来计划扩建的工程位置。

其七，画出风向频率玫瑰图形以及指北针图形，用来表示该地区的常年风向频率和建筑物、构筑物等的方向，有时也可以只画出单独的指北针。

其八，注写图名和比例尺。

二、总图的绘制步骤

绘制建筑总平面图时，坐标和尺寸定位是建筑总平面图绘制的关键。具体绘制的步骤如下：

第一步，设置绘图环境，其中包括图限、单位、图层、图形库、绘图状态、尺寸标注和文字标注等，或者选用符合要求的样板图形。

第二步，插入图框和图块。

第三步，创建总平面图中的图例。

第四步，根据尺寸绘制定位辅助线。

第五步，使用辅助线定位创建小区内的主要道路。

第六步，使用辅助线定位插入建筑物图块并添加坐标标注。

第七步，绘制停车场等辅助设施。

第八步，填充总平面图中的绿化。

第九步，标注文字、坐标及尺寸，绘制风玫瑰或指北针。

第十步，创建图名，填写图框标题栏，打印出图。

如图 13-1 所示为某一小区的建筑总平面图，绘制比例为 1：1000。小区总平面图是小区内的建筑物及其他设施施工的定位、土方施工以及绘制水、暖、电等管线总平面图和施工总平面图的依据。一般情况下，小区总平面图包括图例、道路、建筑物或构筑物、绿化、小区水景、文字说明、标注以及图名等内容。

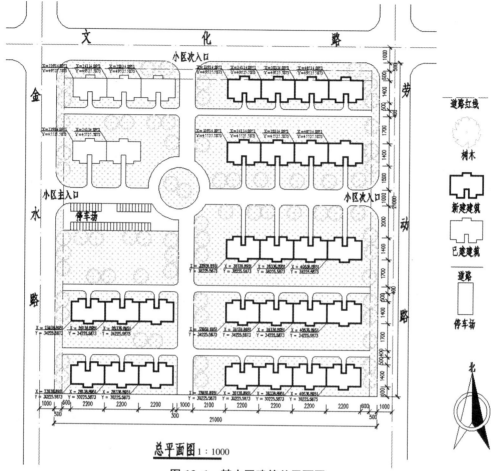

图 13-1 某小区建筑总平面图

第二节 绘制实例

绘制具体步骤如下：选择 A2 图幅，在开始绘制总平面图之前，要设置绘图环境（包括图层、标注样式、文字样式等）和图例。

一、创建 A2 图幅

（1）选择"格式（O）"丨"绘图界限（A）"命令，设置图幅界限，右上角点坐标为 59400，42000。

（2）执行"矩形"命令，以坐标原点为起点使用相对坐标输入矩形的相对坐标 @59400，42000，绘制 59400×42000 的矩形，接着单击"分解"按钮，将矩形分解。

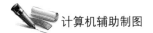
（3）执行"偏移"命令，将矩形的上边、下边和右边向内偏移 1000，效果如图13-2 所示。

（4）执行"偏移"命令，将矩形的左边向右偏移 2500，并修剪，效果如图 13-3 所示。

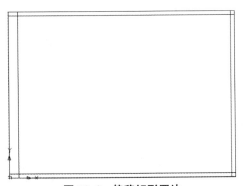

图 13-2　偏移矩形四边

图 13-3　修剪后

（5）在绘图区任意位置绘制 24000×4000 的矩形，执行"分解"命令将其分解。

（6）使用"偏移"命令，将矩形分解后的上边和左边分别向下和向右偏移，向下偏移距离为 1000，水平方向见尺寸标注，效果如图 13-4 所示。

（7）执行"修剪"命令，修剪后效果如图 13-5 所示。

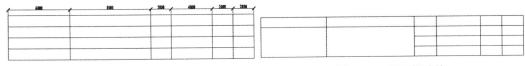

图 13-4　分解偏移　　　　　　　　　　　图 13-5　修剪偏移线

（8）选择"格式（O）"｜"文字样式（S）…"命令，弹出"文字样式"对话框，单击"新建（N）"按钮，弹出"新建文字样式"对话框，在"样式名"文本框中输入"wz700"，效果如图 13-6 所示。

（9）单击"确定"按钮，回到"文字样式"对话框，设置参数，效果如图 13-7 所示。同法，创建文字样式 wz350、wz500 和 wz1000。

图 13-6　创建文字样式 wz700

图 13-7　设置 wz1000 文字样式参数

（10）使用"直线"命令，绘制如图 13-8 所示的斜向直线辅助线，以便创建文字对象。

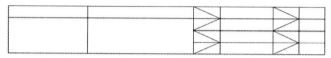

图 13-8　创建辅助直线

（11）选择"绘图（D）"|"文字（X）"|"单行文字（S）"命令，输入单行文字，命令行提示如下：

命令：'_dtext

当前文字样式：wz350　当前文字高度：350.0000

指定文字的起点或［对正(J)/样式（S）］：s（设置文字样式）

输入样式名或［?］<wz350>：wz500（选择文字样式 wz500）

当前文字样式：wz500　当前文字高度：500.0000

指定文字的起点或［对正(J)/样式（S）］：j（设置对正样式）

输入选项［对齐（A）/调整（F）/中心（C）/中间（M）/右（R）/左上（TL）/中上（TC）/右上（TR）/左中（ML）/正中（MC）/右中（MR）/左下（BL）/中下（BC）/右下（BR）］：mc（选择与文字正中心位置）

指定文字的中间点：（捕捉所在单元格的辅助直线的中点）

指定文字的旋转角度<0>：（按 Enter 键，弹出单行文字动态输入框）

（12）在动态输入框中输入文字，"设"和"计"中间插入两个空格，效果如图 13-9 所示。使用同样方法，创建其他文字，并删除辅助直线，效果如图 13-10 所示。

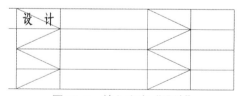

图 13-9　输入文字"设计"

设 计		类 别	
校 对		专 业	
审 核		图 号	
审 定		日 期	

图 13-10　用输入"设计"法添加其他文字

（13）继续执行"单行文字"命令，创建其他文字，文字样式为 wz500，文字位置可以不做到精细限制，效果如图 13-11 所示。

设计公司		工程名称		设 计		类 别	
公司图标		图名		校 对		专 业	
				审 核		图 号	
				审 定		日 期	

图 13-11　标题栏文字完成效果

（14）执行"移动"命令，选择绘制的标题栏的全部图形及文字，指定基点为标题栏的右下角点，插入点为图框的右下角点，移动到图框中的效果如图 13-12 所示。

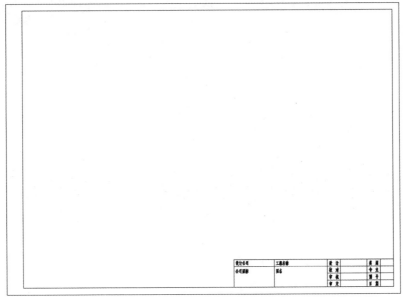

图 13-12　将标题栏移动到图框中

（15）绘制会签栏。执行"矩形"命令，绘制 20000×2000 的矩形，并将矩形分解。将分解后的矩形上边和左边依次向下和向右分别偏移 500 和 2500，效果如图 13-13 所示。采用上述同样方法输入会签栏中的文字，文字样式为 wz350，文字的插入点为斜向直线的中点，其中"建筑"、"结构"、"电气"、"暖通"文字中间为四个空格，"给排水"每个文字之间一个空格，效果如图 13-14 所示。

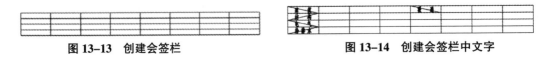

图 13-13　创建会签栏　　　　　　　　　　　图 13-14　创建会签栏中文字

（16）删除会签栏中斜向辅助直线，执行"旋转"命令，使会签栏全部图形及文字逆时针旋转 90°，效果如图 13-15 所示。再执行"移动"命令，选择旋转之后的会签栏图形及文字，基点为会签栏右上角点，插入点为图框的左上角点，效果如图 13-16 所示。A2 图幅创建完毕。

二、设置图层

1. 设置图层及设置标注样式

单击"图层特性管理器"按钮，打开"图层特性管理器"对话框，创建总平面图绘制过程中需要的各图层，如"新建建筑"图层、"已建建筑"图层、"标注"图层，为了便于区分，在绘图过程中根据需要通常将不同图层设置为不同的颜色，线型和线宽，具体设置如图 13–17 所示。其中"道路红线"图层线型为 ACAD_ISO002W100，其余都为 Continuous，"新建建筑"图层的线宽为 0.3mm，其余都设置为默认。

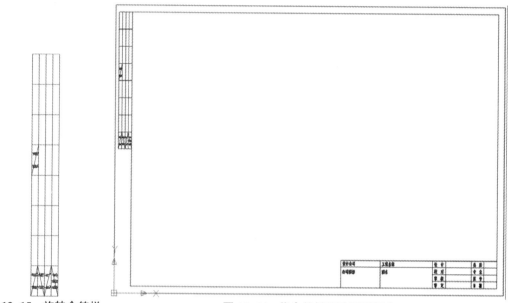

图 13–15　旋转会签栏　　　　　　　图 13–16　将会签栏移动到图框中

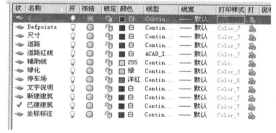

图 13–17　图层设置情况

图 13–18　设置标注文字的参数

2. 设置标注样式

（1）选择"格式（O）"｜"标注样式（D）…"命令，弹出"标注样式管理器"对话框。单击"新建（N）"按钮，弹出"创建新标注样式"对话框，输入新样式名为"B1–1000"。

（2）单击"继续"按钮，弹出"新建标注样式"对话框，在"直线"选项卡中设置"基线间距（A）"为"10"，"超出尺寸线（X）"距离为"2"，"起点偏移量（F）"为"2"，选中"固定长度的尺寸界线（O）"复选框，设置"长度"为"4"。

（3）打开"符号和箭头"选项卡，选择箭头为"建筑标记"，"箭头大小（I）"为"2.5"，设置"折弯角度"为"45"。

（4）打开"文字"选项卡，单击"文字样式"下拉列表框中的下三角按钮，弹出"文字样式"对话框，单击"新建（N）"按钮，创建"标注文字"文字样式，设置如图

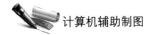
13-18 所示。

（5）单击"关闭"按钮，回到"文字"选项卡，在"文字样式（Y）"下拉列表中选择"标注样式"选项，设置"文字高度（T）"为"2.5"，"从尺寸线偏移（O）"尺寸为"1"，如图 13-19 所示。

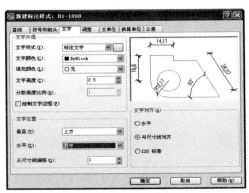

图 13-19　设置 B1-1000"文字"选项卡

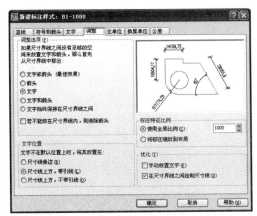

图 13-20　设置 B1-1000"调整"选项卡

（6）打开"调整"选项卡，在"标注特性比例"选项组中选中"使用全局比例（S）"单选按钮，然后输入"100"，这样就可以把标注的一些特征放大 100 倍。比如，原来的字高为 2.5，放大后为 250 高，按 1∶100 输出后，字体高度仍然为 2.5，其余设置如图 13-20 所示。

（7）打开"主单位"选项卡，设置线性标注的"单位格式（U）"为"小数"，"精度（P）"为"0"，测量单位的"比例因子（E）"为"10"，其他设置如图 13-21 所示。

（8）其余采用系统默认值。单击"确定"按钮，回到"标注样式管理器"对话框，B1-1000 标注样式创建完成。

图 13-21　设置 B1-1000"主单位"选项卡

道路红线

图 13-22　绘制直线　　图 13-23　线型和文字效果

三、创建图例

1. 创建图例及创建道路

（1）切换到"道路红线"图层，执行"直线"命令，打开"正交"按钮，在绘图区任意一点作为起始点，绘制长度为4000的直线，创建"道路红线"图例。

此时由于比例太小，看不出线型是虚线，如图13-22所示。选中该直线，单击右键，弹出快捷菜单，选择"特性"选项，弹出"特性"对话框，将道路红线的线型比例改为100。

切换到"文字说明"图层，选择利用"单行文字"命令，选择文字样式wz500作为图例中文字说明的文字样式，输入"道路红线"。线型更改与添加文字之后，效果如图13-23所示。

（2）切换到"绿化"图层，执行"多段线"命令，创建总平面图绿化中的"树木"图例。由于自然界中的树木形态各异，所以树木的尺寸没有严格的规定，一般徒手绘制。多段线宽度为0，在绘图区任选一点作为多段线起点，捕捉一些角点，绘制一个大致形状为圆形的不规则图形，绘制的效果如图13-24所示。

使用（1）中所述方法，创建"树木"图例的说明文字，效果如图13-25所示。

图13-24 "树木"图例

图13-25 文字效果

（3）切换到"已建建筑"图层，执行"多段线"命令，创建总平面图中的"已建建筑"图例。因为总平面的规划设计中建筑物的形状只是确定一个大致的尺寸，不做细部设计，所以通常采用同样的图形插入总平面图中，设置多段线宽度为0，在绘图区任选一点作为起点，绘制尺寸及效果如图13-26所示。

使用（1）中所述方法，创建"已建建筑"图例的说明文字，效果如图13-27所示。

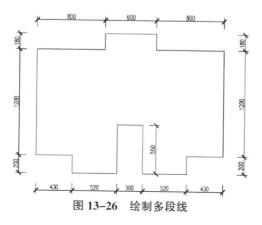

图13-26 绘制多段线

图13-27 文字效果

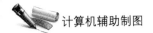
（4）切换到"新建建筑"图层，使用与（3）相同的方法创建"新建建筑"的图例。为了绘图方便，"新建建筑"尺寸和"已建建筑"图例的尺寸相同。只是线宽不同，"新建建筑"为粗线，打开"线宽"按钮，显示效果如图 13-28 所示。

（5）切换到"道路"图层，使用"直线"命令，在绘图区内任选一点作为起点绘制长度为 3000 的水平直线，再使用上述方法创建图例说明文字，效果如图 13-29 所示。

图 13-28　"新建建筑"图例　　　　图 13-29　"道路"图例

（6）切换到"停车场"图层，使用"矩形"命令，在绘图区任选一点作为起点绘制 1000×2000 的矩形，在使用上述方法创建图例说明文字，效果如图 13-30 所示。至此，总平面图中的图例创建完毕，效果如图 13-31 所示。

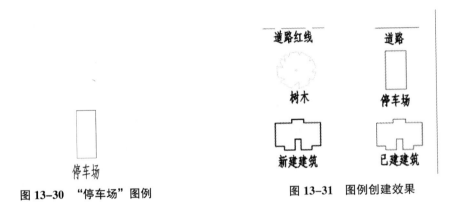

图 13-30　"停车场"图例　　　　图 13-31　图例创建效果

2. 创建道路

利用创建网格绘制主要道路，利用"构造线"命令创建网格，并使用"直线""圆角""修剪"等命令绘制平面图中的各条主要道路。

（1）切换到"辅助线"图层，执行"构造线"命令，分别绘制水平和竖直的构造线，再使用"偏移"命令，分别将水平和竖直构造线向右和向下偏移，偏移距离为 5000，偏移效果如图 13-32 所示。为了方便叙述，竖向网格线从左到右分别命名为 V1~V6，水平网格线从上到下分别命名为 H1~H6。

（2）执行"矩形"命令，绘制如图 13-33 所示的矩形框，以矩形框为剪切边，修剪多余构造线，删除构造线后的效果如图 13-34 所示。

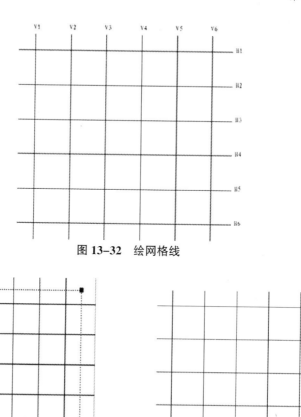

图 13-32 绘网格线

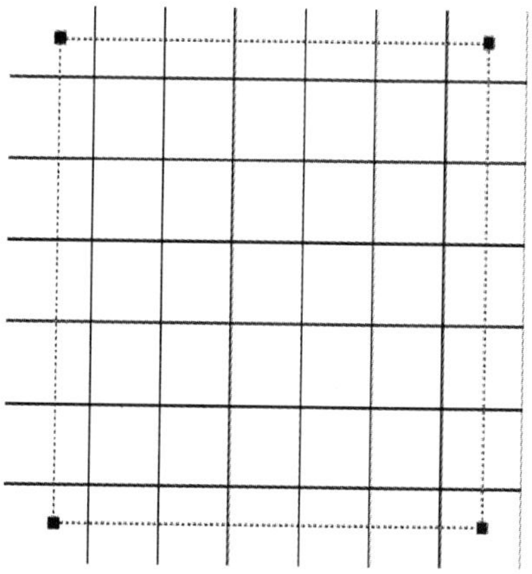

图 13-33 绘制矩形框

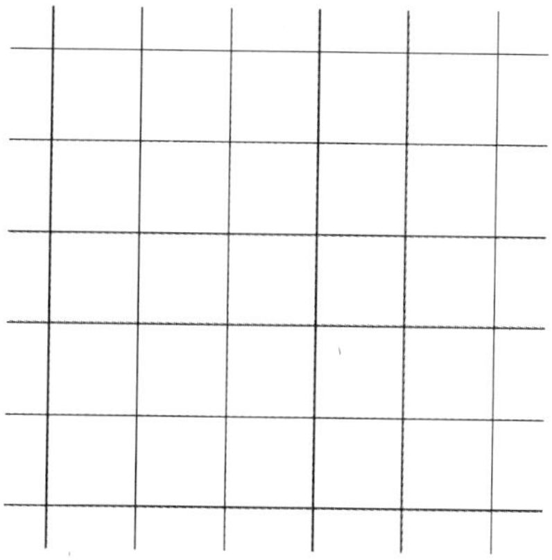

图 13-34 修剪辅助线

（3）切换到"道路"图层，绘制小区粗略边界。执行"矩形"命令，以 H5 和 V2 的交点为左下角点，以 H2 和 V5 交点为右上角点，并将矩形向外偏移 3000，删除原矩形后效果如图 13-35 所示。

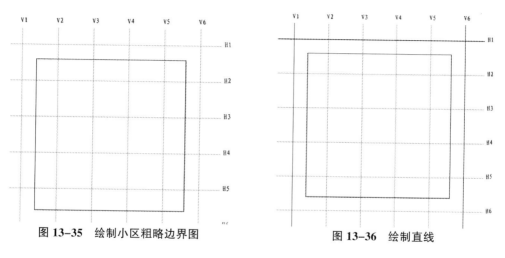

图 13-35 绘制小区粗略边界图

图 13-36 绘制直线

（4）执行"直线"命令，分别沿着 V1、H1、V6 绘制三条直线，效果如图 13-36 所示。

（5）执行"分解"命令，将矩形分解，分别选中左、右和上边线，单击夹点进行拉伸，使三条边线的长度分别和与之平行的辅助线相同，效果如图 13-37 所示。

（6）执行"修剪"命令，修剪后效果如图 13-38 所示。

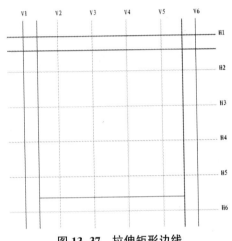

图 13-37　拉伸矩形边线

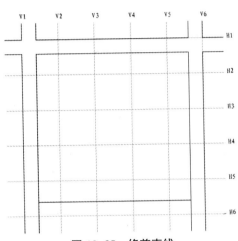

图 13-38　修剪直线

（7）单击"圆角"按钮，圆角半径 1000，修剪道路角点，修剪效果如图 13-39 所示。

（8）执行"直线"命令，以 V3 和步骤 3 绘制的矩形的上边线的交点为起点，以 V3 和步骤 3 绘制的矩形的下边线的交点为终点绘制直线，并将直线向右偏移 1000，效果如图 13-40 所示。

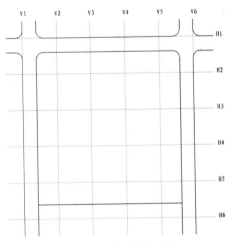

图 13-39　修建道路角点

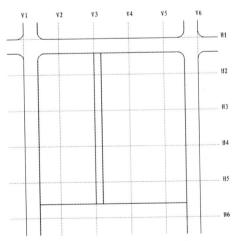

图 13-40　绘制并偏移直线

（9）执行"修剪""圆角"命令，圆角半径设置为1000，修剪后效果如图13-41所示。

（10）执行"直线"命令，以H3和步骤3绘制的矩形的左边的交点为起点，以H3和步骤3绘制的矩形的右边的交点为终点绘制直线，并将直线向下偏移1000，效果如图13-42所示。

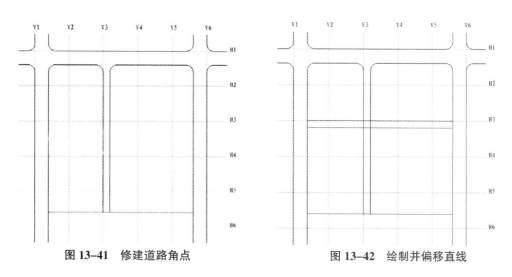

图13-41 修建道路角点　　　　　　　图13-42 绘制并偏移直线

（11）执行"修剪"命令，以步骤10绘制的两条直线为剪切边修剪步骤3绘制的矩形的左右边线，并执行"圆角"命令，圆角半径设置为1000，效果如图13-43所示。

（12）执行"圆"命令，以H3和V3交点作为圆心，绘制半径为2000的圆，并将圆向内偏移700，效果如图13-44所示。

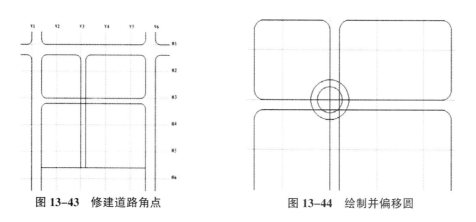

图13-43 修建道路角点　　　　　　　图13-44 绘制并偏移圆

（13）执行"修剪"命令，修剪效果如图13-45所示。至此，总平面图中的主要道路绘制完毕，效果如图13-46所示。

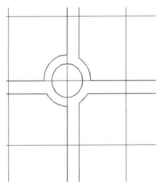

图 13-45　修建圆和直线

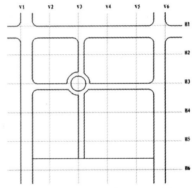

图 13-46　小区主要道路创建效果

3. 创建建筑物

在总平面图中，各种建筑物可以采用《建筑制图总图标准》给出的图例或者代表建筑物形状的简单图形表示。采用将建筑物做成图块，再插入的方法进行绘制。

具体操作步骤如下：

（1）执行"偏移"命令，分别将 V2 向左偏移 2500，V5 向右偏移 2500，H2 向上偏移 2500，偏移效果如图 13-47 所示。

（2）切换"道路红线"图层，执行"直线"命令，以步骤 1 偏移得到的辅助线的交点为起点，依次捕捉各个交点绘制道路红线，删除辅助线后的效果如图 13-48 所示。

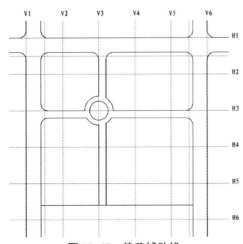

图 13-47　偏移辅助线

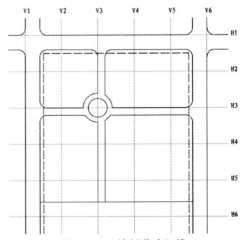

图 13-48　绘制道路红线

（3）执行"创建块"命令，使用绘制好的"已建建筑""新建建筑"图例，分别创建"已建建筑""新建建筑"图块，以图例的左上角点作为拾取点。

（4）切换到"已建建筑"图层，执行"偏移"命令，将步骤 2 绘制的道路红线分别向内偏移 600 作为插入块的辅助线，效果如图 13-49 所示。

（5）执行"插入块"命令，以步骤 4 偏移得到的辅助线中的上边线和左边线的交点为插入点，插入比例为 1，角度为 0，效果如图 13-50 所示。

（6）执行"工具"|"新建 UCS"|"原点"命令，根据规划部门提供的坐标原点的位置在绘图区内重新设置坐标原点，便于坐标标注。

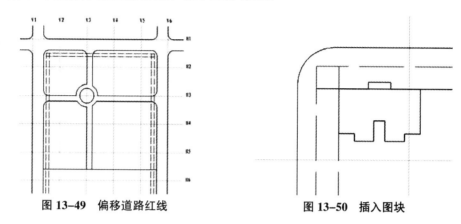

图 13-49 偏移道路红线   图 13-50 插入图块

（7）执行"工具（T）"|"查询（Q）"|"点坐标（I）"命令，命令行提示如下：

命令：'_id 指定点：（指定步骤 5 插入的图块的插入点）

X = 600.0000   Y = 24240.4905   Z = 0.0000

（8）切换到"坐标标注"图层，执行"标注（N）"|"引线（E）"命令。

命令：_qleader
指定第一个引线点或［设置（S)]<设置>：指定引线位置
指定文字宽度<0>：350
输入注释文字的第一行<多行文字（M）>：X = 600.0000 Y = 24240.4905（复制粘贴）

效果如图 13-51 所示。

（9）切换"已建建筑"图层，执行"偏移"命令，根据建筑物之间的间距偏移辅助线创建插入其他已建建筑物的插入点，偏移距离如图 13-52 所示。

图 13-51 添加坐标标注

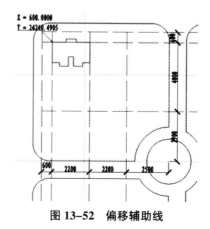

图 13-52 偏移辅助线

（10）使用与步骤（5）、步骤（6）、步骤（7）和步骤（8）同样的方法，插入其他已建建筑图块，插入点分别为水平辅助线和竖直辅助线的交点，插入比例为1，角度为0，坐标值是根据规划部门提供的数值利用"坐标查询"命令得出的。插入其他已建建筑，并标注点坐标后的效果如图13-53所示。

（11）切换到"新建建筑"图层，执行"插入块"命令，以步骤4偏移得到的辅助线中的上边线和右边线的交点为插入点，插入比例为1，角度为0，效果如图13-54所示。

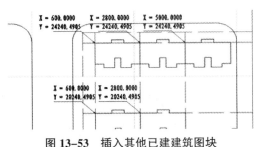

图13-53 插入其他已建建筑图块

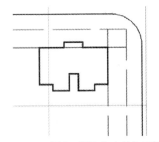

图13-54 插入"新建建筑"图块

（12）使用与步骤（6）、步骤（7）和步骤（8）同样的方法创建新建建筑的坐标标注，坐标值及效果如图13-55所示。

（13）切换到"新建建筑"图层，执行"偏移"命令，根据建筑物之间的间距偏移辅助线，创建插入其他新建建筑的辅助线，偏移距离和效果如图13-56所示。

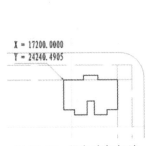

图13-55 添加坐标标注

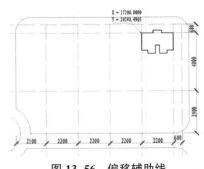

图13-56 偏移辅助线

（14）使用与步骤（9）、步骤（10）同样的方法，插入其他新建建筑图块，插入点分别为水平辅助线和竖直辅助线的交点，插入比例为1，角度为0，坐标值是根据规划部门提供的数值进行标注，具体插入效果和各角点的坐标值如图13-57所示。

（15）继续使用"偏移"命令偏移辅助线，构造"新建建筑图块"的插入点，在使用与步骤（9）、步骤（10）同样的方法插入图块并创建坐标标注。其中在插入图块时插入点为图块的右下角点，插入比例为1，插入角度为180，创建的效果如图13-58所示。

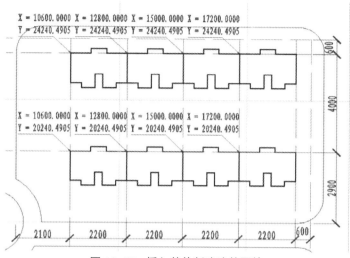

图 13-57 插入其他新建建筑图块

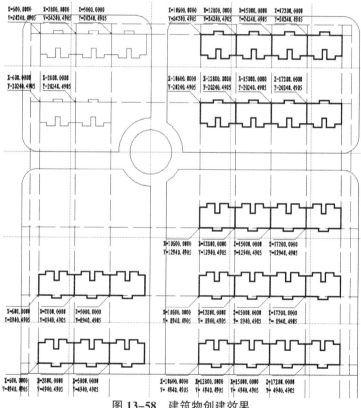

图 13-58 建筑物创建效果

4. 创建宅间道路

（1）切换到"道路"图层，执行"直线"命令，绘制宅间道路，以 H2 和 V3 辅助线的交点为起点，以 H2 和道路红线的左边线的交点为终点绘制直线，并将直线向下偏移 400，效果如图 13-59 所示。

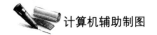
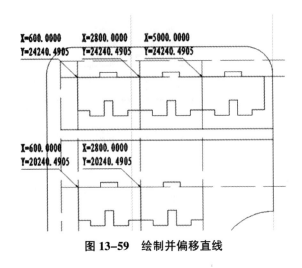

图 13-59　绘制并偏移直线

（2）继续执行"直线命令"，绘制入户道路，捕捉如图 13-60 所示的建筑物楼梯间所在位置的角点为起始点，竖直向下捕捉和步骤 1 绘制的直线的垂足为终点，并将直线向右偏移 300（或采用捕捉端点，绘制直线方法），效果如图 13-61 所示。

图 13-60　捕捉直线起点

图 13-61　绘制并偏移直线

（3）使用与步骤 2 同样的方法绘制其他入户小路，效果如图 13-62 所示。

（4）执行"修剪"命令，修剪后效果如图 13-63 所示。

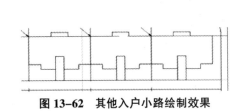

图 13-62　其他入户小路绘制效果

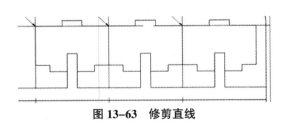

图 13-63　修剪直线

（5）执行"圆角"命令，圆角半径设置为 300，分别以组成道路角点的两条直线为圆角对象，效果如图 13-64 所示。

（6）使用与上述同样方法，创建其他入户小路，宅间路宽度为 400，入户路为 300，圆角半径为 300，关闭"坐标标注"和"辅助线"的图层后显示效果如图 13-65 所示。

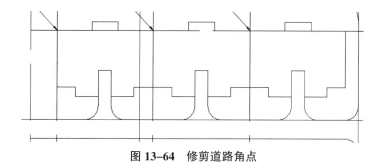

图 13-64　修剪道路角点

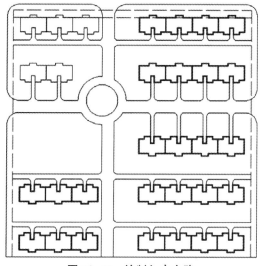

图 13-65　绘制入户小路

5. 创建停车场

切换到"停车场"图层，执行"矩形"命令，捕捉如图 13-66 所示的入口位置的道路角点为矩形起点，绘制 200×500 的停车位、按照如图 13-67 所示的尺寸，采用"矩形阵列（R）"，点击"选择对象（S）"按钮、拾取矩形为阵列对象、阵列 2 行 26

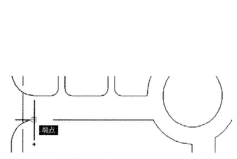

图 13-66　捕捉矩形起点

图 13-67　"阵列"对话框

列,"行偏移(F)"为"1200","列偏移(M)"为"200"。删除第一行第 11~15 个矩形,效果如图 13-68 所示。完成停车场创建。

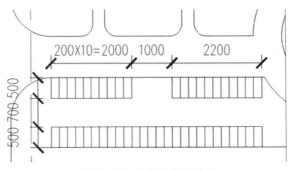

图 13-68　停车场布置效果

6. 创建小区绿化

一般来说,小区的绿化包括树木与花草的绿化。在通常情况下,树木可以从图库中找到已经绘制完成的树木图块,草的绘制可以使用填充功能完成。

具体操作步骤如下:

(1)切换到"绿化"图层,执行"图案填充"命令,弹出"图案填充和渐变色"对话框,参数设置如图 13-69 所示。单击"添加:拾取点"按钮,在绘图区内建筑物、停车场和道路以外的区域单击拾取填充对象,填充效果如图 13-70 所示。

图 13-69　图案填充参数设置

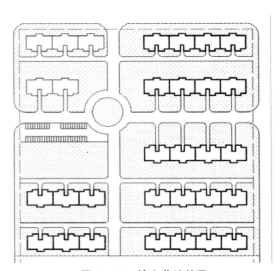

图 13-70　填充草地效果

(2)执行"创建块"命令,将树木图例创建成图块,以树木的中心位置为拾取点,再执行"插入块"命令,插入"树木"图块,插入点为绘图区内除道路和建筑物以外的区域内的任意点,具体位置不做限制,主要考虑美观和合理因素进行布置,插入比例为 0.5，角度为 0，效果如图 13-71 所示。

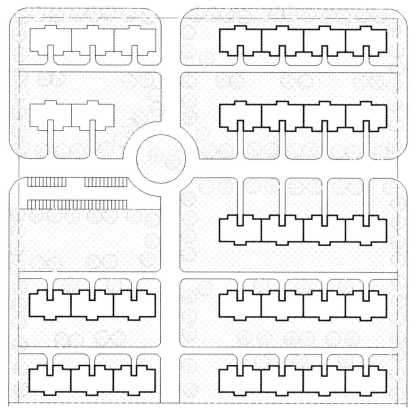

图 13-71　绿化布置效果

7. 创建说明文字

总平面的规划设计中一般规模较大，需要使用文字进行说明，如小区的主次入口、小区周围主要道路、小区内的各种设施说明等。

（1）执行"绘图（D）"｜"文字（X）"｜"单行文字（S）"命令，使用 wz500 文字样式，在适当位置进行说明文字的创建，文字创建的效果如图 13-72 所示。

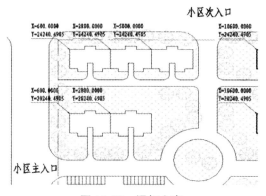

图 13-72　添加文字

（2）创建周围道路说明文字。切换到"轴线"图层，使用"直线"命令，在道路的中心位置绘制水平和竖直的道路中轴线，并将其线型比例设置为 100，使用与上述步骤（1）同样的方法创建 wz700 文字样式添加道路名称，效果如图 13-73 所示。

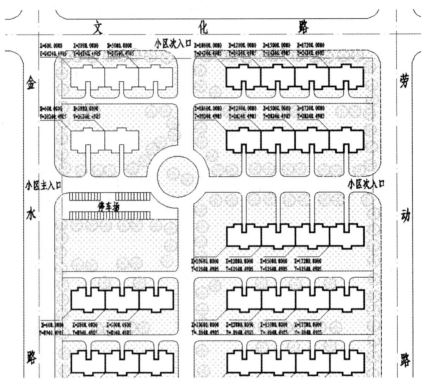

图 13-73 添加道路中轴线和道路名称

8. 创建尺寸标注

切换到"尺寸标注"图层，使用"线性标注"和"连续命令"，使用 B1-1000 标注样式，创建总平面图中的道路宽度和建筑物间距的尺寸标注。总平面图标注尺寸和效果如图 13-74 所示。

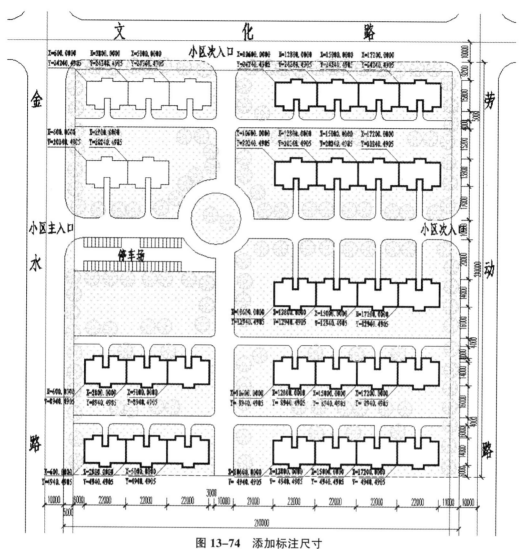

图 13-74 添加标注尺寸

9. 创建指北针

执行"插入块"命令，插入以创建的指北针图块，效果如图 13-75 所示。

10. 创建图名

选择"绘图（D）"|"文字（X）"|"单行文字（S）"，采用文字样式 wz700 创建图名，采用文字样式 wz350 创建比例。选择"多段线"命令，线宽设置为 100，绘制下划线，长度和图名长度一样，效果如图 13-76 所示，至此，小区底层平面图绘制完毕。

图 13-75 指北针

小区总平面图 1:1000

图 13-76 创建图名及下划线

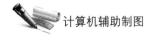

习题

仔细阅读图 13-77，然后根据本章绘图步骤绘制某大学学生公寓规划总平面图。

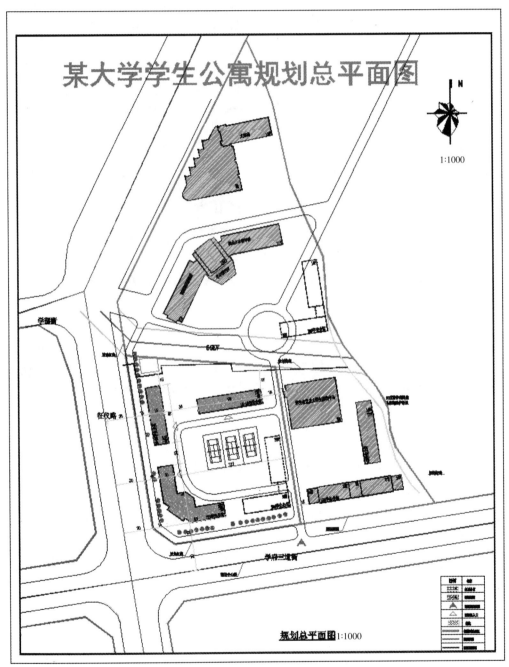

图 13-77 某大学学生公寓规划总平面图

参考文献

1. 陈秋晓等. 城市规划 CAD（第二版）[M]. 浙江大学出版社，2016.

2. 张宏军等编著. Auto CAD 建筑制图技术与实践（2007 版）[M]. 电子工业出版社，2007.

3. 卓越科技编著. Auto CAD 2008 建筑绘图 [M]. 电子工业出版社，2008.

4. 聂康才，周学红. Auto CAD 2010 中文版城市规划与设计 [M]. 清华大学出版社，2011.

5. 王玲，高会东编著. Auto CAD 2008 中文版园林设计全攻略 [M]. 电子工业出版社，2007.

6. 筑龙网. 园林景观设计 CAD 图集（一）[M]. 华中科技大学出版社，2007.

7. 郭俊杰等. Auto CAD 2008 建筑制图技术指导 [M]. 电子工业出版社，2008.

8. 刘瑞新主编. Auto CAD 2009 中文版建筑制图 [M]. 机械工业出版社，2008.

9. 庞磊等编著. 城市规划中的计算机辅助设计 [M]. 中国建筑工业出版社，2007.